旱作农业与河南旱地小麦栽培

韩绍林　编著

黄 河 水 利 出 版 社
·郑州·

内容提要

这是一本关于旱作农业和旱地小麦栽培的综合性著作。全书共分7章。第一章主要阐述了旱作农业概念、旱地类型划分，旱地农田水分状况、循环过程及水分平衡；第二章论述了旱地作物的生产潜力、降水生产潜力、估算方法以及我国和河南省旱地小麦生产潜力；第三章围绕旱地水分管理，重点阐述了旱地集雨蓄水工程、地面覆盖蓄水保墒、保水剂应用技术；第四章重点阐述了旱地土壤的蓄水耕作技术；第五章论述了旱地麦田的土壤水分变化动态及旱地小麦需水规律；第六章主要阐述了河南省及郑州市旱地概况、主要生态条件等；第七章系统论述了河南省旱地小麦的生育规律、高产栽培技术以及小麦抗旱性鉴定理论与方法。

此书可供有关农业教学、科研人员在工作中参考，可用于基层农业技术推广人员和农民群众学习旱作农业技术、指导旱地作物尤其是旱地小麦栽培实践。

图书在版编目(CIP)数据

旱作农业与河南旱地小麦栽培/韩绍林编著.—郑州：黄河水利出版社,2010.8
ISBN 978-7-80734-719-4

Ⅰ.①旱…　Ⅱ.①韩…　Ⅲ.①旱地-小麦-栽培-河南省　Ⅳ.①S512.1

中国版本图书馆CIP数据核字(2009)第165779号

组稿编辑：简群　电话：0371-66026749,13608695873　E-mail：w_jq001@163.com

出版社：黄河水利出版社
地址：河南省郑州市顺河路黄委会综合楼14层　邮政编码：450003
发行单位：黄河水利出版社
发行部电话：0371-66026940、66020550、66028024、66022620(传真)
E-mail：hhslcbs@126.com
承印单位：河南省瑞光印务股份有限公司
开本：787 mm×1 092 mm　1/16
印张：12.75
字数：300千字　印数：1—1 500
版次：2010年8月第1版　印次：2010年8月第1次印刷

定价：36.00元

#《旱作农业与河南旱地小麦栽培》

编辑委员会

顾　　问　王绍中

主　　编　韩绍林

副 主 编　王小红　张德奇　李新有　焦建伟　吴少辉
李书立　武继承　张灿军　毛富强　杜红朝
何　晓　刘景娥　周　静　梁玉印　朱桂霞
贾宏伟　郝法政　郑丰声　吕根有

编委成员　(按姓氏笔画排序)
王晓伟　刘雪平　李　威　李爱枝　李红娜
李淑珍　张玉乐　张发展　吴瑞敏　赵　品
郭　嘉　钱　蕾　程明向

统　　稿　王绍中　焦建伟　张德奇

前　言

干旱和水资源短缺是影响当今人类生存,特别是农业生产的一个严峻问题。全球干旱、半干旱面积约占地球陆地面积的34.9%,耕地中有灌溉条件的仅占15.8%。

我国是一个水资源不足,干旱、半干旱面积很大的国家。地处昆仑山、秦岭和淮河以北的干旱半干旱地区约占国土面积的65%,占全国耕地面积的51%和人口的40%,却只有全国水资源的19%。许多地区人均水资源低于500 m^3 的极度缺水警戒线。

河南省半干旱、半湿润易旱区耕地面积约6 600万亩,占全省耕地面积的63.9%,其中京广线以西的丘陵、旱地面积约3 810万亩,占全省耕地面积的36.7%。郑州市地处黄淮平原与黄土高原交接地带,西部五县属于豫西丘陵旱地区,全市旱地面积占耕地面积的56.73%,最多的巩义和登封旱地面积分别占到79.1%和78.72%,是一个典型的半干旱、半湿润易旱区。

河南省是农业大省,年粮食产量和小麦产量均居全国第一。进入21世纪,河南小麦连年丰收,为国家粮食安全作出重要贡献。但豫西、豫北的丘陵旱地小麦产量增长缓慢,已经成为全省粮食产量继续提高的一个重要限制因素。虽然河南省旱地的气候土壤条件优于我国西北干旱区,但我们在旱作农业的科研和技术推广力度方面还亟待加强,许多干旱半干旱地区行之有效的旱作农业技术没有在全省很好地开发应用,因而旱作农业尤其是旱地小麦的生产潜力还远未挖掘出来。

为了提高各级领导干部、农业科技人员和农民群众对旱作农业生产重要性及其生产潜力的认识,普及旱作农业科技知识,加速对现有旱地作物生产技术的推广应用,进一步提高旱区的水分利用率,发挥旱地应有的增产潜力,我们组织有关专家撰写出版了《旱作农业与河南旱地小麦栽培》一书。该书前半部分介绍了有关旱地、旱作农业的概念,世界和我国的旱地概况和分区;论述了河南省旱地的生态条件和分区;概述了集雨蓄水、兴修梯田、秸秆覆盖、地膜覆盖、化学保水以及小流域治理的水土保持集雨保墒的旱地综合治理技术。后半部分对河南省旱地小麦的生育规律及高产栽培技术作了比较系统的论述,对当前种植面积较大的旱地小麦品种作了介绍,是一本有关旱作农业和旱地小麦理论与技术的专著。它既有较高的理论水平,也有较强的实用价值,可供相关专业教学和科研人员参考，也适合旱区广大科技人员和农民群众阅读并指导旱地生产。我们期望该书的问世能对河南省的旱作农业发展起到一定的促进作用。

编写人员分工：第一章主要由韩绍林、王小红、张德奇等编写，第二章主要由李新有、张德奇、杜红朝等编写，第三章主要由王小红、焦建伟、张德奇、吴少辉、刘景娥、李爱枝等编写，第四章主要由李书立、焦建伟等编写，第五章主要由毛富强、杜红朝、张灿军等编写，第六章主要由焦建伟、贾宏伟、郝法政、梁玉印、吕根有等编写，第七章主要由韩绍林、李新有、焦建伟、武继承、李书立、何晓、周静、朱桂霞、郑丰声等编写。

参与编写的人员还有（按姓氏笔画排序）：王晓伟、刘雪平、李威、李爱枝、李红娜、李淑珍、张玉乐、张发展、吴瑞敏、赵品、郭嘉、钱蕾、程明向等。

王绍中、焦建伟、张德奇对本书进行了统稿及编审。

为方便读者，本书同时采用了公顷（hm^2）和亩两种面积单位，1 公顷（hm^2）= 15 亩，1 亩 = 667 m^2。

本书是集体智慧的结晶，因涉及学科较多、编写时间仓促，错漏之处在所难免，敬请读者批评指正。

韩绍林

2010 年 6 月 18 日

目　录

第一章　旱作农业概述

干旱问题是一个世界性问题，世界干旱、半干旱地区总面积约占地球陆地总面积的34.9%，遍及50多个国家和地区，全球14亿 hm^2 耕地面积中，有灌溉条件的耕地仅占15.8%，其余都是靠自然降水从事农业生产。随着人口增加，粮食和水资源的短缺以及干旱的加剧，旱作农业愈来愈受到各国的关注和重视。干旱是我国和世界农业最严重和常见的农业气象灾害，我国干旱、半干旱及半湿润偏旱地区的土地面积约占国土面积的52.5%，主要分布在昆仑山、秦岭、淮河以北的15个省、市、自治区。其中年降水量在250~600 mm的半干旱和半湿润偏旱地区的土地面积约占国土面积的21.7%。因此，我国干旱形势比较严峻，尤其在2008~2009年冬春之交，我国多个省份遇到了几十年不遇的特大旱灾，据农业部统计，截至2009年2月3日，全国近43%的小麦产区受旱，河南、安徽、山东、河北、山西、陕西、甘肃等7个粮食主产区小麦受旱1.43亿亩，比去年同期增加1.34亿亩。其中，严重受旱的5 692万亩，比去年同期增加5 610万亩，农业部启动了抗旱一级应急响应。面对干旱，我们应采取最积极的行动去研究和应对，减少干旱给农业带来的影响。

第一节　旱作农业概念及旱地类型划分

一、旱作农业的概念

旱作农业的发展历史久远，中国是世界旱作农业形成和发展的中心之一，从西安半坡遗址出土的农业文化遗存来看，我国旱作农业至今已有7 000多年历史。中国传统旱作农业成就辉煌，所积累的以耕、耙、耱为中心，大量施用农家肥，保持水土，轮作倒茬，选用耐旱作物和抗旱品种，用地养地相结合的传统旱农经验，在世界上产生了较大的影响。

旱作农业(dryfarming)是指在降水量偏少、有水分胁迫而无充分灌溉条件的半干旱和半湿润偏旱地区，主要依靠天然降水从事农业生产的雨养农业(rained farming)。国际上通用的旱农定义，如英美大百科全书中是这样对“旱农”定义：是指在有限降水(典型的是在年降水量少于500 mm)的地区，不采用灌溉而种植作物的农业，或者“旱农是指在有限降水的半干旱气候或地区从事无灌溉的作物生产”。考虑到我国旱农地区的自然资源及农业生产的特点，我国的农业科研、管理及生产工作者根据国内外旱作农业生产的发展，提出了中国旱作农业的概念与通用的旱农概念的区别：第一，地区范围由半干旱地区扩大到半湿润偏旱地区。半湿润偏旱区是我国主要的农业生产地区之一，夏季多雨，冬季干旱，虽然年降水量可达600 mm左右，但多集中在6、7、8、9月几个月，且年蒸发量很大，需要应用旱农措施保蓄降水，以提高降水利用效率来获得较好的作物产量。第二，主要依靠天然降水，但在特殊干旱条件下也要应用补墒措施(如耕作、倒茬、覆盖等)来接纳天然降水或种植耐旱作物,播种时浇水点种等补墒措施,生产实践中效果较好。第三,为了创造最佳的旱作农业生态经济系统,现代综合经营的旱作农业,在经营农作物生产的同时,因地适时种草、种树,发展畜牧业和保护性林业,以形成综合的、完整的旱农生态经济体系,增加其抵抗外部灾害的能力,以达到完善的旱农生态经济体系。

旱作农业有别于雨养农业的范畴,旱作农业属于雨养农业的一部分,但并非雨养农业的全部,雨养农业还包括降雨量相对充沛、农作物生产主要依靠天然降水的农业,如我国的南方、四川盆地等一些地区。同时,旱作农业不包括半干旱和半湿润偏旱地区的完全有保证的正规的灌溉农业,也不包括干旱地区的绿洲农业。

二、世界旱区的类型划分与分布

(一)干旱气候的类型

国际上一般将世界干旱地区划分为四种类型,即热带季节干旱型、热带半干旱类型、亚热带半干旱类型和中纬度干旱半干旱类型。

1. 热带季节干旱型

热带季节干旱型属热带沙漠气候,这类地区气候的主要特征是炎热、干燥。气温相当高,气温日较差特别大,昼热夜凉。降水常年不足 100 ~ 200 mm,且变率很大。旱季经常延长到半年以上,农作物生长季节一般仅有 84 ~ 168 d。植被贫乏,有大片无植被的沙漠地区,植物以稀疏的旱生灌木和少数草本植物,以及一些雨后短命植物为主。如非洲北部大沙漠区、亚洲阿拉伯半岛和大洋洲的澳大利亚的中部大沙漠区均属此种类型。大致分布于南北回归线至南北纬 30°之间的大陆内部或西岸。多为游牧区。

2. 热带半干旱类型

热带半干旱类型属热带草原气候,全年温度平稳,无明显低温干扰,气候特征是干季、雨季交替明显,雨季草木旺盛,干季草原呈一片枯黄色景象。年降水量可增至 550 ~ 750 mm。这一类型地区分布于热带干旱气候区的边缘,大致在南北纬 10°至南北回归线之间,如非洲中部的大部分地区,澳大利亚大陆的北部和东部等地。植被为灌木半荒漠植物群落,或有旱生性乔木的稀疏分布,形成热带草原景观。

3. 亚热带半干旱类型

亚热带半干旱类型属地中海式气候。主要位于南北纬 30° ~ 40°的欧美大陆的西岸,澳大利亚的东南部及非洲大陆的西南角,以地中海沿岸最典型。夏季因受副热带高压控制,从而高温干旱;冬季受西风控制多气旋活动,从而暖湿多雨,属冬雨型区。其农业生产特点主要是依靠冬季降水。澳大利亚南部由于冬季较暖,生长季节较长,因而农业生产条件也优于北非和西亚。

4. 中纬度干旱半干旱类型

中纬度干旱半干旱类型属温带大陆性气候,主要分布在亚欧大陆和北美大陆的内陆地区以及南北纬 40° ~ 60°的北美、南美东岸,包括北美大平原、加拿大大草原诸省的半干旱地区,阿根廷的中部无树大草原地区,以及广阔的欧亚干旱半干旱地区(包括我国干旱半干旱地区在内)均属于这一类型。因地处大陆内部,终年受大陆气团控制,干旱少雨,越往内陆降水越少。冬季严寒,夏季炎热,冷暖季节分明。这一类型地区的外围多属于温带草原地带，中心多为温带沙漠地带。植被类型前者属于温带草原或草甸草原类型，后者属于温带荒漠类型。半干旱地带的降雨与温暖的季节一致，这是有利于农业生产的一面；但年度与季节间变异很大，这是不利于农业生产的一面。

（二）其他划分干旱指标

在当前划分干旱指标中，根据不同角度、不同部门，形成了不同的划分指标和依据，一般按照气象干旱指标、农业干旱指标、水文干旱指标、社会经济干旱指标等几个方面来划分。其中气象干旱是其他三种干旱的基本原因。但气象干旱为轻旱和中旱时，对农业和社会经济干旱影响是不严重的，当发展到重旱或极旱时，其对农业和社会经济干旱影响将表现得尤为明显。气象干旱和农业干旱特点不同，农业干旱更为复杂，如作物某个生育阶段严重缺水等，年内降水分布不均等问题。每一类划分指标很难将各种情况考虑进去，也未能将各种问题反映出来，因此对干旱指标的研究一直在完善。

1. 划分干旱的气候指标

（1）干燥度比率或干燥度指数。布德科 1958 年提出了辐射指数，1969 年莱托称其为干燥度比率或干燥度指数（D）

$$D = R/LP \tag{1-1}$$

式中：R 为地面平均年净辐射；L 为水的蒸发潜热；P 为年平均降水量，根据干燥度比率的大小划分干湿区。

（2）年平均降水量。在我国干湿气候带的划分中，应用平均降水量作为指标。当年平均降水量小于 250 mm 时为干旱区，250～450 mm 为半干旱区。

（3）湿润指数。由桑斯威特提出、后由马瑟改进的湿润指数（I_m），联合国教科文组织出版物也采用这一指数。

$$I_m = (P - E_p)/E_p \times 100 \tag{1-2}$$

式中：P 为降水量；E_p 为可能蒸散量。

$$E_p = 16.0(10.0T/H)^a$$

式中：T 为月平均气温；a 为因地面而异的系数；年热量指数 $H = \sum_{1}^{12} h$；h 为月热量指数。

$$h = (T/5.0)^{1.514}$$

$$a = 6.75 \times 10^{-7}H^3 - 7.71 \times 10^{-5}H^2 + 1.79 \times 10^{-2}H + 0.49$$

当 $T < 0$ ℃时，$h = 0$。

（4）土壤水分亏缺量和相对蒸散：

$$d = E_p - E \tag{1-3}$$

式中：d 为土壤水分亏缺量；E_p 为可能蒸散量；E 为实际蒸散量。

$$\beta = E/E_p \tag{1-4}$$

式中：β 为相对蒸散。

2. 气象干旱指标

以降水量为主要依据来划分指标，各地根据实际情况划分指标有所不同。这是早期使用较多的干旱指标，有地区性的，也有季节性的。

以降水量低于某个数值或连续无雨日数划分：

(1)美国。降水量小于2.5 mm达到48 h(Blum,1942);1.5 d内无雨(Cole,1933);在3~9月期间,连续20 d(或30 d)或更多时间,24 h降水量小于6.4 mm(Conrad,1944)。

(2)印度。一周实际降水量小于正常值的一半(Ramdas,1950)。

(3)英国。降水量小于0.25 mm连续15 d以上(British Rainfall organisation,1936)

(4)美国亨利提出21 d或更长时间降水量少于或等于同期正常值的30%为干旱,不足正常值的10%为极端干旱。

(三)干旱气候的成因

形成干旱气候的原因很复杂,它是自然气候因素与人为因素综合影响的结果。自然气候因素如纬度、大气环流(主要指气压带、风带)、洋流、海陆位置、地形与地势等均影响气候的变化,其中特别是大气环流、海陆位置、地形与地势等与降水的分布、多少等有密切的关系;在人为因素方面,如地面状况、植被状况、水库面积、大坝的修建等人类活动,也能波及气候或地面小气候的变化。各个因素在各地区的干旱形成过程中,所起的作用、所占的地位是不尽相同的。有的占主导地位,有的则影响较小,但各种因素之间互相联系、互相制约,干旱的发生和发展往往是这些因素综合作用的结果。

1. 大气环流与干旱的形成

由于地球表面各个纬度接受太阳辐射的热量存在着差异,这种差异便是产生大气环流并引起不同气团形成的基本原因。大气环流由各式各样相互有联系的气流组成,如水平气流和垂直气流、地面气流和高空气流、经向气流和纬向气流等,在地球自转运动的影响下,从而形成地球表面的气压带和风带。

不同环流形势下的气候不同:①高压控制下气候湿润,低压控制下气候湿润;②风从高纬或大陆吹向低纬或海洋,使气候干燥,反之使气候湿润;③随季节变化,在不同气压带、风带交替控制下,气候的变化则更复杂。如赤道低气压带(南北纬5°~10°)接受太阳辐射最多,气温很高,全年皆夏,年平均气温在26 ℃左右;近地面空气膨胀上升,至高空外流使气压降低,成为低气压带。年降水量大都在2 000 mm以上,且全年分配比较均匀,形成热带雨林气候。又如,大致在南北回归线至南北纬30°之间的大陆的内陆和西岸,气流在高空汇集,使近地面气压升高,形成副热带(回归)高气压带,盛行热带大陆气团,常年干旱少雨,年降水量不足125 mm,日照强烈,气温极高,形成热带沙漠气候。如非洲北部大沙漠区,亚洲阿拉伯半岛和澳大利亚大沙漠等。

在低纬度,信风全年都沿着副热带高压带向赤道流动,成为南北半球热带海洋上最稳定的气流。北半球为东北信风,南半球为东南信风。信风对温度和降水的分布均有极密切的影响。如非洲中部的大部分地区,处在赤道低压带和信风带交替控制地区。当赤道低压带控制时,盛行赤道气团,形成闷热多雨的雨季(一般由11月至翌年4月);信风控制时,盛行热带大陆气团,形成干旱少雨的旱季。旱季、雨季交替明显,全年降水量在750~1 000 mm,从而形成热带草原气候。又如亚洲中南半岛、印度半岛及我国台湾、广东、广西、云南南部等处,一年中风向随季节转变非常明显。夏季,赤道低压带北移,东南信风越过赤道右偏成西南季风,赤道气团带来大量降水,成为雨季(一般6~9月);冬季,赤道低压带南移,东北季风控制,降水明显减少,成为旱季,干湿交替也极其明显。年均气温在20 ℃以上,年降水量大多在1 500~2 000 mm,形成热带季风气候。

西风对降水的影响也很突出，各地面向西风的海岸一般全年多雨，例如，西欧、北美西海岸，智利的西南海岸等都是。随着从西岸往东深入内陆，气团很快变性，水汽含量大大减少，降水量随之急剧降低，所以内陆相当干燥，多形成沙漠。例如中亚和西亚，我国新疆、甘肃、内蒙古等地区就是如此。在大陆东部，冬季虽然盛行西风，但因系来自内陆，含水极少；夏季西风下层已为东南季风所代替，它来自海洋，带来比较充沛的降水，所以降水量大增。因此，在中纬度大陆东部冬季干燥，夏季潮湿，降水高度集中在夏季。

季风主要是因海洋与大陆之间的热力差异及这种差异的季节变化所引起的现象，这种随季节而改变的风，冬季由大陆吹向海洋，夏季由海洋吹向大陆。冬季风时，受极地大陆气团控制，气候较冷凉而干燥少雨；夏季风时，受极地海洋气团或热带海洋气团的影响，带来大量降雨，气候暖热而多雨。从而在我国秦岭—淮河线以南的广大地区，北美大陆中南部和澳大利亚东南部，形成亚热带季风湿润气候，年降水量在 750 ~ 1 000 mm。同时，在我国秦岭—淮河线以北的华北、东北地区和苏联的远东地区形成温带季风气候，年降水量 500 ~ 600 mm。季风的强弱、来临的迟早直接制约着降水量的多寡和雨季来临的迟早。印度孟买从 6 月到 9 月夏季西南季风盛行时期的降水量占全年的 95%。在我国华北地区东南季风盛行时期的降水量一般也占全年的 60% ~ 70%，长江流域也达 30% ~ 50%，所以季风气候地区雨量集中，雨热同季，有利于作物生长。但干湿界限非常明显。雨季来临的迟早与季风的进退密切相关。在我国东南部雨季一般为 4 ~ 8 月，北部为 6、7、8 月三个月，西南部为 5 ~ 9 月。在印度和我国的某些地区，当夏季风早到并表现特别强盛时，往往酿成严重的水灾，当夏季风来临迟缓或较弱的年份，又往往造成季节性的或大范围的干旱。所以，季风气候地区年降水量的变率较大，成为我国季节性旱涝的主要原因。

在不同气流最经常相互作用的地带称为气候学锋带。锋带地区往往有丰富的降水和其他天气现象。例如，在东南季风活动下，初夏极锋停留在长江流域，是这里产生梅雨气候的原因之一；随着极锋的北移，雨带也就北移，因而成为我国北方以 7 ~ 8 月降水量最多的重要原因。

此外，中高纬度的气旋和反气旋也是大气环流的主要角色。上述的大气环流仅仅是风季的准静范式，实际上天气并非静止的。在中高纬度内气旋和反气旋活动表现为大气环流的大规模扰动。气旋与反气旋发生与发展的条件是由锋生过程和气压的动力变化决定的。气旋活动频繁的地方，一般多阴雨天气，降水增多。如春末夏初，长江流域频繁的气旋活动，使这一代阴雨不断；但在不同地区又可有另一种天气表现，如华北春季的气旋活动则往往出现风沙现象。在反气旋活动多的地方，一般表现为高气压，天气干燥晴朗，降水稀少；冬季半年则易形成寒潮，夏半年则易于增温。

由上可见，大气环流对降雨的形成、分布有密切的关系。大气环流的形成，决定于太阳辐射。海陆分布以及地球自转偏向力等比较稳定的作用，另外也受到太阳活动按周期性变动等的影响。这些因子相互制约和相互作用的结果，使大气环流在基本上具有稳定性之外，还在某些部分具有易变性。大气环流的易变性虽不能改变整个地球的一般环流的趋向，但对个别地区、个别时期气候状况，却起着决定性作用。经常造成旱涝灾害。如 1959 年江淮流域发生的持久性干旱，就是由于该年 7 月，亚洲大陆北纬 40° ~ 50° 上空盛行较强的纬圈环流，使亚洲上空来自北极的冷空气势力很弱。不易影响到江淮地区，地面副热带高压位置偏北，锋面活动多在华北北部，从而使南岭以北、黄河下游以南的中部地区和关中盆地，长期处于单一的副热带高压控制之下，所以发生严重干旱。降水量少的河南东南部、湖北中部及湖南北部7月份降水量还不到10 mm，只占各地7月多年平均的百分之几。但同期华北及东北大部分地区降水都比平均值高，尤其在北纬40°附近，7月降水量在200～500 mm，超过多年平均值的1～2倍。

由于我国土地广阔，地形复杂，几乎每年都会发生不同程度的旱涝灾害，干旱一般是单一气团长期控制的结果，常成片分布；而雨涝则与锋面、切变线或气旋活动有关，分布常呈带状，而且旱和涝常常是同时出现在不同的地区。这些现象的出现，都与大气环流有关。

2. 地形地势与干旱形成

不同的地形地势，如河谷、高原、丘陵、山地、盆地等，由于海拔、坡度、坡向等因素的不同，接受太阳辐射的状况也不相同，从而引起热力的差异，形成了不同地形地势条件下的气候特征。如山地的降水量，在一定的高度下随高度的增高而增加。因为高山是气团移动的障碍，气团和锋面的移动在山前受阻，延长了降水的时间，增加了降水量；另一方面山坡能迫使气流上升，从而也增加降水量。如天山的海拔2 000 m处年降水量约500 mm，到了3 000 m处则有800 mm左右。而海拔1 000 m左右的乌鲁木齐市区年降水量仅为242.7 mm。又如山西有三个多雨区：中条山东段高山区，陵川东部山区，五台山高山区，年降水量均在700 mm以上（全省平均550 mm）；还有三个雨量偏多区：太岳山区，太行山区，吕梁山区，年降水量600～700 mm，均表明地形抬升作用形成的地形性降水。山脉对降水的影响，还表现为山坡的向风面与背风面的不同，在盛行风向的向风坡，具有强迫上升运动，多云多雨，一般具有海洋气候的特征。在背风坡则有焚风效应，夏季干热，冬季干冷，具有大陆性气候的特点，如喜马拉雅山脉的南坡是西南季风的向风坡，为世上雨量最多地区，乞拉朋齐年降水量达10 866 mm，在6～9月内降水量达8 077 mm。而喜马拉雅山北面的我国西藏，降水量一般在250～500 mm。越过唐古拉山以后，进入藏北高原降水量则更少，一般不到100 mm。再如，秦岭为东南季风的障碍，也是显著的气候分界线。在秦岭以南的汉中、南郑年降水量为800 mm左右，而秦岭以北西安、宝鸡则只有600 mm左右。东西走向的山脉，不仅影响降水，还可影响温度的分布。因为东西向的山脉可以阻挡北来的寒冷气流，使山南温暖，山北寒冷。如秦岭的南坡，夏季迎风而冬季背风，气候的海洋性较明显；而北坡则正好相反，气候的大陆性极其强烈。

高原上的降水，随高度的增加空气中水汽减少，所以降水量也就减少。一般在广大高原的中央部分，降水量最少，只有高原的边缘才较多。如藏北有些地方年降水量在100 mm以下，而青藏高原的南缘和北缘则降水较多。如青南高原的东部迎孟加拉湾的暖湿气流，年降水量高达557（达日）～774 mm（久治），为青海省降水最多的地区；向西北递减，至柴达木盆地的冷湖仅为15 mm。在青海省东部、祁连山东段，由于锋面及地形的抬升作用，年降水量在514（门源）～523 mm（湟中），则是青海省降水量次多的地区，而海西的茶卡年降水量却仅有210 mm。

各种方位的坡地对于加强对流作用也具有不同的影响，以受热最多的坡地影响较强烈。所以山地上最大降水也常出现在夏季的向阳坡。在我国大部分地区东（南）坡是雨坡，西(北)坡是旱坡,但新疆水汽来自西方,所以偏西的坡也是雨坡。就土壤湿度而言,因为坡地排水好,坡顶一般最干燥,只有在春季融雪或连续降雨期才较为潮湿;坡的中部比较湿润;坡底则相对最湿。南坡因土温高、蒸发量大、土壤湿度较小,与北坡正好相反。所以我国一般称南坡为阳坡,北坡为阴坡。根据 1956 年夏天在会宁稍岔沟内观测结果的报道,一般北坡的绝对湿度比南坡大 0.5 mm 左右,而相对湿度高 3% 左右。在 0 ~ 5 cm 土壤湿度差别不明显,在 10 cm 以下差别则较大。就平均情况而论,土壤湿度以东坡为最小,山顶、西坡、南坡次之,北坡最湿。

3. 人类活动与干旱形成

人类活动是多种多样的。由于人类活动可以在局部地区的中小范围内改变下垫面的性质,从而在一定水平范围内造成小气候上的差异,如半干旱地区地面植被的严重破坏,常引起土地的沙化和干旱,修建水库可以相对增加附近地区空气的湿度,营造防护林带可以降低风速、降低土壤蒸发,提高林网内的湿度和温度,改善作物生态环境。所以人类在一定程度和范围内,可以使气候从有利的方面为人类服务;但在人口不断增长,"人口压力"不断增大的增况下,如肆意破坏生态就能引起地面气候的改变,使旱情加剧。据 1985 年第九届世界森林大会公布的资料,目前世界上热带森林的损失面积每年达 1 200 万 hm^2,200 多种动物和 2 万种植物濒于灭绝的境地;地球上 1/3 的土地受到沙漠化的威胁,世界上现存的森林面积已不到陆地面积的 1/3。如今天举世注目的非洲大旱和饥荒,就与森林被毁有关。以灾情严重的埃塞俄比亚为例,1940 年森林覆盖率在 40% 以上,到了 1981 年只剩下 3.1%,这就更加重了干旱的严重性。

到 20 世纪 70 年代后期,由于人类长期利用化石燃料,大气中二氧化碳浓度增加,导致全球气候异常,因此引起科学界对人类活动影响气候变化问题的高度重视。应该承认,人类有序活动可以调节气候,人类无序活动可导致气候灾难。在这里只涉及后者。叶笃正院士概括了人类活动直接影响气候和其他环境活动的两个基本方面:一是温室气体排放;二是对地表状态的改变。

(1)温室气体排放对干旱的影响。大多数学者认为,工业革命后近两个世纪以来,由于人口增加和经济增长,特别是燃烧化石燃料、土地利用变化和农业上的一些人类活动,导致了地球大气中二氧化碳等温室气体浓度增加,在某些地区气溶胶增加,从而导致气候系统发生变化。这种变化超过了气候自然变化限度,从而不可逆转。假定大气 CO_2 浓度每年增加 1%,模拟出的全球平均温度到 2050 年可能升高 0.8 ~ 1.8 ℃,最佳估计为 1.2 ℃。如果考虑到气溶胶的"阳伞效应",大多数人认为可能在一定程度上抵消温室效应。考虑两者的模拟结果,预计到 2100 年时全球平均气温将增加 1 ~ 3.5 ℃(IPCC,1995)。许多研究还表明,大气中温室气体浓度增加不仅影响全球温度,而且对降水、土壤水分等也有影响,特别是导致全球水循环加剧,对区域水资源产生重大影响,降水量、强度和频率的变化会直接影响干旱强度。

(2)下垫面改变对干旱的影响。随着人口的增加,对食品的需求量相应增加,为了保证人类食品供给,人类过度利用自然资源(如过度开垦土地和过度放牧),造成土地沙漠化,风蚀加剧。在干旱和半干旱地区,大水漫灌和过量的灌溉,不仅浪费了宝贵的水资源,而且导致土地盐碱化,产生农业上的生理干旱。不合理的种植制度会造成人为的农业水分亏缺,导致农业干旱。人类这些不合理利用土地资源和水资源的做法,造成生态环境恶化,易发生局地性干旱。

学术界一直在探讨砍伐森林是否成为改变气候的又一诱因。从气候系统圈层的时空尺度来看,在陆地上大面积的植被覆盖如原始森林等可以改变陆地上的热力异常。从CO_2平衡角度看,森林可吸收排入大气的CO_2的10%~20%,吸收后变成固体物质存贮于自然中,因此森林可延迟大气中CO_2增加。砍伐森林不仅破坏了对CO_2的调节作用,而且在其燃烧和腐烂后,还排出CO_2从而影响气候。陈军锋等评述了森林对降水的影响。森林能否增加降水的问题目前取得的共识是森林枝叶繁茂,对雾等凝结水有较强的捕获能力,因此森林可增加水平降水。森林能否增加垂直降水,有两种观点:一种观点认为森林上空湿度大、温度低,有利于成云致雨、降水增加。另外,森林使下垫面粗糙度增加,空气扰动高度增高,可增加对流雨。另一种观点认为森林对降水影响很小,甚至没有影响。黄秉维认为森林致雨的结论可能由降水量观测误差所致。周晓峰等认为森林对蒸散有影响。在高温地区,结构简单森林群落蒸散量远低于耕地。森林阻滞地表径流作用显著,林冠能截留部分降水,凋落物层吸收水量为自身重的2~4倍,可达11~35 t/hm^2,其稳定入渗率一般为农耕地或放牧草地的3~12倍,但森林结构不良时则结果相反。森林对河流总径流量的影响虽有争议,但其趋势是面积较小集水区和流域(数十平方千米),森林能减少河流径流量;面积较大的流域则相反。森林能有效削减或延缓洪期,但随着降水时间延长,削洪作用减弱甚至没有作用。森林可减少径流泥沙含量,减少土壤有机质损失,净化水质,改善河床状态。另外,森林还有防风、固沙、调节气温、释放杀菌剂、增加生物多样性、美化景观等多方面的调节作用。总之,森林是地—气接口上一种高效系统,也是一种结构复杂、功能多样的生态。

三、我国旱作农业类型分区

(一)中国干旱、半干旱地区的划分

我国的干旱、半干旱地区地处广阔的欧亚干旱、半干旱地区,旱区面积约占欧亚大陆界地面积的24.6%,属中纬度干旱、半干旱类型。

1. 干湿气候的划分

旱、干旱与湿、湿润是相对的,因此与农业生产结合划分出干湿的等级,明确其数量指标,以便根据实际情况来制定农业生产措施,确保实现农业增收增效。根据世界气象组织1975年的《干旱与农业》一书,从各个角度提出了不同干旱定义及分级指标,分类简述如下。

1)降水量指标

干旱与湿润地区的划界常依据某个地区的年平均降水量的多少来划分。这个指标世界各国的标准不很一致,一般以年平均降水量小于250 mm的地区为干旱区,适宜发展畜牧业和灌溉农业;年平均降水量250~500 mm的地区为半干旱地区,可从事雨养农业即旱作农业;年降水量500~750 mm的地区为半湿润偏旱区,此类地区降水年际或季节变率大,农业生产中也需要采用旱作技术。我国则把400 mm等雨量线定位中国旱区与湿区的分界线,并将250 mm和600 mm等雨量线定为干旱和半干旱地区、半湿润和湿润地

区的分界线。

2）干燥度指标

干燥度指标是采用某一时期平均降水量与最大可能蒸发量之比来综合评价干湿气候的划分。用干燥度指标，既考虑了水分的收入又考虑支出，定量地说明水分的盈亏。干燥度指标用公式表示为

$$K = E_m/P \tag{1-5}$$

式中：K 为干燥度；E_m 为年（或季、月）最大可能蒸发量；P 为年（或季、月）平均降水量。

一般来说，$K<1.00$ 时为湿润地区，$1.00 \leqslant K<1.5$ 时为半湿润偏旱地区，$1.50 \leqslant K<4.00$ 时为半干旱地区，$K \geqslant 4.00$ 时为干旱地区。在应用干燥度指标时，最大可能蒸发量 E_m 很难直接测定，一般采用经验公式计算，在较多的经验公式中，中国干湿区划采用积温计算法（张宝堃等）及修改后的彭曼公式计算最大可能蒸散量。

3）水分平衡指标

根据水分平衡原理计算一个地区的水分盈亏，然后根据水分盈亏量的多少划分干旱区的范围及等级，是评价农田水分条件的一种有效方法。农田水分平衡表达式如下：

$$R + Q = E_t + E'_t + r + D + E_p \tag{1-6}$$

式中：R 为降水量；Q 为周围径流流入量；r 为地表径流量；D 为地下渗透量；E_t 为植物蒸腾量；E'_t 为棵间土壤蒸发量；E_p 为土壤储水量。

当周围没有水流入该地区时，$Q=0$；在土层深厚的农田里，地下渗漏量极少，可认为 $D=0$；采用长期资料时，土壤自身蓄水量变化很小，故 $E_p=0$，式（1-6）可转化为 $R=E_t+E'_t+r$。

将 $E_t+E'_t$ 合并为总蒸发量（E），则公式可简化为 $R=E+r$，令 I 为农田水分平衡项，则

$$I = R - E - r = (R - r) - E \tag{1-7}$$

式中：$R-r$ 为进入农田土壤的有效降水；E 为土壤充分湿润时，作物正常生长所需的总蒸散量。

当 $(R-r)<E$ 时，I 为负值，表示水分亏缺；当 $(R-r)>E$ 时，I 为正值，表示水分盈余；$R-r=E$ 时，$I=0$，表示水分盈亏平衡，由此就可确定一个地区水分平衡的基本情况。

2. 中国干旱半干旱地区的范围

因目的、指标及分级标准的不同，有多种方面的类型划分，综合起来主要有以下两种划分形式。

1）以干燥度为主要指标的干旱地区的范围和界限

采用这种指标划分的，有中国科学院的“中国气候区划”、“中国综合自然区划”和中央气象局的“中国气候区划”，其划分的主要指标值见表1-1。

中国科学院的“中国气候区划”进行三级区划，第一级气候地区划分从北到南以气候带为依据，从东到西以干燥度划分。第二级气候区划分，结合各区情况，甘肃、甘新、华北三个地区重点考虑年、季干燥度。第三级划分视各地情况适当运用年、季干燥度，年降水量、降水日等因素。这个区划以 $K \geqslant 4.00$ 为干旱，K 在 $1.50\sim4.00$ 或 $1.20\sim4.00$ 为半干旱，根据这个区划我国干旱与湿润地区的分界线大致是从海拉尔，经乌兰浩特、通辽、张家

口到榆林、兰州、阿坝、昌都、拉萨，由东北到西南，干旱与半干旱的界限大致是自内蒙古的海流图经武威、张掖、酒泉、敦煌、大柴旦、玉树、倾多、拉萨、日喀则至格尔昆沙一线。

表 1-1　几种不同区划划分干湿地区的干燥度指标

干湿情况	时间	中国科学院 中国气候区划	中国科学院 中国综合自然区划	中央气象局 中国气候区划
干旱	年	≥4.00	≥2.00	≥3.50
	季			≥2.00
半干旱	年	1.5 ~ 4.00(或 1.20 ~ 4.00)	1.50 ~ 2.00	1.50 ~ 3.49
	季			1.50 ~ 1.99
半湿润	年	1.00 ~ 1.50(或 1.00 ~ 1.20)	1.00 ~ 1.50	1.00 ~ 1.49
	季			1.00 ~ 1.49
湿润	年	<1.00	<1.00	<1.00
	季			≤0.99
很湿	年	≤0.49		
	季			

中央气象局的“中国气候区划”在第二(气候大区)和三级(气候区划)中，分别采用年、季干燥度指标。因干燥度标准与划分方法的不同，此区划划分的我国干旱、半干旱地区的范围大致为：东自海拉尔、齐齐哈尔、锦州，向西南经承德、太行山、运城，再折向西北，经洛川、兰州、酒泉、敦煌、和田至喀什一线以北的广大地区。青藏高原气候区域除东南部的部分地区外，也属于这个范围。

中国科学院的“中国综合自然区划”按干湿情况，以干燥度为主要参考指标，划分除第一级(自然地区)范围大致自海拉尔经乌兰浩特、通辽、十八盘梁、石家庄、阿坝、昌都、倾多一线的西北地区。干旱、半干旱的分界线大致是从包头、兰州、武威、张掖、酒泉折向大柴旦、格尔木经唐古拉山口转向黑河、鄯善一带。

2)以降水量为主要指标的干湿地区的范围和界限

以这种指标进行大范围干湿地区划分的主要有全国农业区划委员会的“中国自然区划”、“中国综合农业区划”，中国科学院的“中欧各国综合自然地理区划”以及“中国农业地理总论”，其划分的主要指标如表 1-2 所示。

“中国自然区划”以 400 mm 年降水量等值线将我国划分为干旱和湿润两个部分，再划分三大自然区域时，划出了西北干旱区域，面积约占国土面积的 29.8%。“中国综合自然地理区划”以 500 mm 等降水量线为指标，划分的干旱、半干旱地区面积占国土面积的 50% 以上。“中国综合农业区划”和“中国农业地理总论”分别都以 400 mm 和 250 mm 降水量线作为划分干湿区及干旱和半干旱地区的指标，其中干旱、半干旱面积分别占 30.8%、19.2%，合计占国土面积的 50%。

表 1-2　不同干湿划分的年降水量标准　（单位：mm）

干湿划分	中国农业地理总论	全国农业区划委员会 中国自然区划	中国自然地理总论	全国农业区划委员会 中国综合农业区划
干旱	250	100		<250
半干旱	400	400	500	250~400
半湿润				400~750
湿润				>700

从以上不同的划分可以看出：①因划分指标的不同，或同一指标具体标准的不同，或因再分级中运用的方法不同，划出的干旱地区的范围和界限也就不同；②干旱地区的范围和界限尽管目前还没有一致的划分，但是从大的范围看还是比较一致的。即无论以干燥度 $K=1.5$ 还是以 400 mm 年降水量等值线划分，中国干旱地区的面积都约占全国总土地面积的 50% 以上。如果加上半干旱及半湿润偏旱区的交错地带，则干旱、半干旱地区的面积更大。

（二）中国北方旱作农业类型分类

1983 年 8 月，农牧渔业部在延安召开了"北方旱作农业会议"，提出把干旱地区划分为 4 种类型，并以此为基础，综合前人的研究成果，开展了中国北方旱农类型及其分区评价的研究，完成并出版了《中国北方旱农类型及其分区》，首次从农业生产的角度，对中国的干旱地区进行了详细划分和分类。

一级类型区以 80% 保证率的年降水量作为区划的主导指标，干燥度作为辅助指标。依据这个指标，将北方地区划分为 5 个类型区，其中半湿润区由于降水量较多，基本不需要实行旱作。另外 4 个区分别为干旱区、半干旱偏旱区、半干旱区、半湿润偏旱区。

二级类型区的命名采用三段复合命名法，即按照自然地理区域、干旱特征、农业类型的顺序来命名，具体分区如下。

（1）干旱区。本区包括内蒙古自治区的西北部、宁夏自治区北部、甘肃省黄土高原西部、河西走廊、青海省柴达木盆地以及新疆维吾尔自治区伊犁盆地外的全部。本区共分 12 个二级区：①阴山北麓高平原干旱牧区；②河套平原干旱灌溉农区；③内蒙古西部高原风沙干旱牧区；④宁夏北部干旱灌溉农区；⑤陇西黄土高原北部干旱农牧区；⑥河西走廊干旱灌溉农区；⑦柴达木盆地干旱牧农区；⑧阿尔泰山南坡、天山东部干旱牧林区；⑨南疆干旱灌溉农区；⑩吐鲁番盆地炎热干旱灌溉农区；⑪天山北坡干旱灌溉农区；⑫准格尔西部山地干旱农牧区。

（2）半干旱偏旱区。本区东起呼伦贝尔高原，向西南延伸，经鄂尔多斯高原，过陇西黄土丘陵沟壑、祁连山北麓到达柴达木盆地外围，属内蒙古、甘肃、青海等省（区）的一部分。本区共分 7 个二级区：①内蒙古东北部高平原半干旱偏旱牧区；②阴山北部丘陵半干旱偏旱农牧区；③内蒙古鄂尔多斯高原风沙半干旱偏旱牧区；④隆中黄土高原西北部半干旱偏旱农牧区；⑤青海东部低山丘陵半干旱偏旱农林牧区；⑥祁连山北麓高寒半干旱偏旱农、牧、水源林区；⑦柴达木盆地东南部山地半干旱偏旱牧区。

（3）半干旱区。本区自东向西为大兴安岭西麓、东北西部丘陵－平原、冀北晋北高原山地、河北平原中部，晋陕黄土高原北部、内蒙古河套地区、鄂尔多斯高原东部、陇西黄土丘陵区、祁连山地、青海湖环湖地带、湟水谷地上游、海南高原山地、青南高原北部和新疆伊犁盆地。包括12个省（市、区）。本区共分25个二级区：①大兴安岭西麓高平原半干旱牧区；②松嫩平原东北水土流失半干旱农业区；③松嫩平原中西部半干旱农牧区；④吉林西部平原风沙半干旱农（牧）区；⑤大兴安岭东南麓科尔沁低山丘陵半干旱农牧区；⑥科尔沁沙地半干旱农牧区；⑦西辽河平原半干旱灌溉农业区；⑧辽宁西北低山丘陵水土流失及风沙半干旱农业区；⑨燕山北部山地丘陵水土流失半干旱农林牧区；⑩晋北、冀西北山地半干旱农林牧区；⑪河北黑龙港半干旱农业区；⑫太行山东麓半干旱灌溉农业区；⑬阴山南麓丘陵山地半干旱农林牧区；⑭太原、忻定盆地半干旱灌溉农业区；⑮土默特平原半干旱灌溉农业区；⑯吕梁北段黄土丘陵半干旱农业区；⑰鄂尔多斯高原东北部半干旱牧林农区；⑱毛乌素沙地边缘风沙半干旱牧林农区；⑲陕北黄土丘陵半干旱农牧区；⑳陇中黄土高原中部丘陵沟壑半干旱农牧区；㉑海东黄土丘陵半干旱农牧区；㉒青海湖环湖半干旱农牧林区；㉓黄河源头半干旱牧林区；㉔可可西里内陆寒漠区；㉕伊犁河谷半干旱农牧区。

（4）半湿润偏旱区。本区包括大小兴安岭、松嫩平原东部、吉林中部平原、辽西南的中北部、燕山北部山地、华北滨海低平原、豫北－豫西、太行山、太岳山地、关中平原、临运盆地、延隰黄土丘陵、陇中黄土高原南部和海北门源山谷滩地等14个省（市、区）、311个县旗。本区共分13个二级区：①大小兴安岭山地丘陵半湿润偏旱农林区；②松嫩平原东部半湿润偏旱农业区；③吉林中部平原半湿润偏旱农业区；④辽宁西南－中北部半湿润偏旱农业区；⑤燕山北部山地半湿润偏旱林牧农区；⑥华北滨海半湿润偏旱农牧区；⑦华北低平原半湿润偏旱农业区；⑧豫北、豫西半湿润偏旱农业区；⑨太行太岳山地半湿润偏旱农业区；⑩关中平原、临运盆地半湿润偏旱农业区；⑪延隰黄土丘陵半湿润偏旱农牧区；⑫陇中黄土高原南部丘陵沟壑半湿润偏旱农牧区；⑬门源半湿润偏旱农牧区。

按照这样的划分，河南省的豫北和豫西属于半湿润偏旱区。

第二节　旱地农田水分状况、循环过程及水分平衡

一、旱地农田水分循环与转化

（一）农田水分转化规律

农田作物根层的水分含量、存在状态及其动态变化对作物生长的影响至关重要，农田水分的保持和转化过程具有为作物提供组织水分、运输物质营养、促进生物代谢和有机物合成等重要作用，是农作物生物资源形成的重要条件。

1.农田水分的存在状态与循环过程

农田水分的来源主要有降水的渗入、灌溉水的渗入和浅埋区地下水的毛细上升运动。其存在状态以土壤微细颗粒分子引力为主要作用形成以结合水和毛细水状态保持在土壤

孔隙系统之中，由于土壤的孔隙率和比表面积很大，使土壤能以强大的基质势将大量的分子态水分保持在土层中，形成田间持水量，通常可达30%以上，为土壤中植物的生长提供基本的水分资源。在气象要素的影响下，一部分水分会通过水气界面蒸发并上升到裸地表面，进入大气层中，一般称做土壤水分的地面蒸发；另一部分会通过植物根系被吸收进入植物体内形成植物水，植物的蒸腾作用强度在一定意义上代表植物的生产力水平。作为作物生长需水量的主要依据。土壤中的水分还可以在基质势梯度和重力势的作用下向下部超根层运移或转化为地下水。

土壤水分的含量受土的颗粒组成、结构特征和补给水源的影响，颗粒愈细、黏粒成分愈多、持水性愈强和补给水分愈充足，其含水量愈大，但土壤水分的动态变化和运动状况在很大程度上还决定于渗透性、毛细性状和传导性能。当土壤的天然含水量与其最大持水量的差值愈大，土壤具有愈强的对水分的吸持力，它反映了土壤的欠饱和状态；例如，黄壤的土壤水吸力 S 与土壤容积含水量 Q_1 的关系可表达为

$$S = 20.719 \times 10^5 / [1 + e^{(-3.89 + 24.645 Q_1)}]$$

式中：S 为土壤水吸力，单位为Pa；Q_1 为土壤容积含水量。

土壤水吸力在土壤脱水过程和吸湿过程中的表现存在明显差异，同一含水量的脱水过程比吸湿过程表现出更大的土壤水吸力，它对不同土壤水分动态变化过程中土壤水分的植物有效性有明显的影响。

北方干旱地区的土壤水分主要受降水补给过程和降水间期持续蒸发过程的影响，在夏秋季节的6～9月受雨期降水的持续补给，土壤水分保持在较高的含水水平，土壤水分在根层可增加100～200 mm的储水量，使其接近田间持水量水平；中秋过后至来年春末夏初的雨季来临之前属干旱或少雨季节，土壤水分处于持续蒸发消耗为主的水分亏缺状态，其中低温的冬季可使土壤水分保持较低的蒸发消耗水平。

2. 作物对水分的吸收与散失

农作物体内一般含有水分70%以上，作物体内不同组织、不同生长时期的水分含量和存在状态也有着一定的差异，大体可分为：一部分主要存在于作物细胞原生质胶体组织中，被胶体微移，可间接表征作物的水分和物质储备与作物抗性；另一部分主要存在于原生质微粒之间及传输组织系统中，积极参与作物体内的物质传输和代谢作用，可称为自由水，自由水的含量及其运动速度可作为作物代谢作用和生长速度的强度指标。水分在作物体内构成组织、运输物质和能量、参与生物化学过程和物质合成，是作物生存和生产最重要的环境和资源物质。

作物对水的吸收可通过植物表面的开放性孔口进行，但最主要的吸水器官是根系组织，由水分的渗透压力和植物细胞的水势梯度转化为作物的根压和蒸腾拉力的驱动，田间水分从根系被吸收并被传输到作物各个需水部位，并最终通过上部作物表面蒸腾排泄；不同的作物种类、土壤水分与水质、土壤结构性状、大气蒸发能力等都对作物吸收有重要影响，蒸发能力的增强、土壤渗透势及水分的增加、根系的发育与细胞水势差和输水能力的增加、水中盐分渗透压的降低均有利于作物对水分的吸收。

作物水分的散失主要通过作物表面的蒸腾作用进行，并与作物对水分的吸收和传输组成一个复杂的作物水分循环系统。作物的蒸腾作用主要是作物体内的水分通过叶面气

孔以水蒸气的状态进入大气中,它是作物吸收和水分传输的主要动力,对作物的代谢和生长过程至关重要,植物光合作用所需的水分就是通过这种植物体内的水分传输来获得,并借此获得最大量的有机和无机营养物质,促进作物原生物质的形成。

蒸腾作用的强度主要受控于植物叶面的气孔阻力、水分供应、湿度及风速等环境气象因素,其衡量指标可用蒸发速率和蒸发效率来表征。单位时间、单位叶面的水分蒸腾量称为蒸发速率,通常变化在0.1~2.5 g/(dm^2·h);作物消耗单位水量所合成的干物质量称为蒸发效率,通常变化于2~10 g/kg。

北方旱地作物的生长条件中水分供应不足和蒸腾作用强烈通常是最主要的问题,蒸腾量与吸水量的差值通常称为作物的水分亏缺,当其达到一定数量时,作物的代谢作用和生长过程就会受到严重影响,降低作物的生产力水平,甚至导致植物死亡。因此,作物对水分吸收和散失强度及其水分亏缺的大小通常作为分析作物需水状况和制定补充灌溉定额的主要依据。

(二)水分平衡与作物需水

1. 旱地农田水分平衡

受农田水分循环要素和土壤水分动态变化的影响,农田土壤中储存的水分及其有效性在不断变化,水分平衡就是研究农田水分的收支状况以评估其对作物需水的满足程度,确定农田水分高效利用的节水和农业措施。

输入农田水分的因素主要有降水量P、土壤层中水分流入量I_g、地表水输入量I_s和地下水上升补给量U;输出项主要有土壤蒸发量E_s、作物蒸腾量E_c、农田表面径流输出量R_s、土壤层中水分流出量R_g和向下渗漏量F,则农田水分平衡关系可用毫米水深表达为:

$$\Delta W = (P + I_g + I_s + U) - (E_s + E_c + R_s + R_g + F) \quad (1\text{-}8)$$

式中:ΔW为农田水分总储量的增加量。

对于北方旱地农田而言,降水作为其唯一的补给水源,而排泄项主要为蒸发耗散损失和蓄满或超渗条件下的地表径流量,则其水分平衡关系可简化为

$$\Delta W = P - R_s - ET_a \quad (1\text{-}9)$$

式中:ET_a为农田实际蒸散耗水量。

农田土壤总存量W可用计算土层厚度和土壤容积含水量之积来确定:

$$W = hQ_v \quad (1\text{-}10)$$

单位为mm水深。一定时段内的土壤储水量的变化值ΔW可由末时与初时的储水量之差求得:

$$\Delta W = W_{t2} - W_{t1} \quad (1\text{-}11)$$

地面径流量通常用特定地形等自然条件下的径流系数来表示,其值为年径流量与年降水量的比值。北方旱区的土石山区径流系数为0.1~0.2,平原和平地上的径流系数大多小于0.08,丘陵坡地区在0.1~0.5。

在旱地农田中,降水是唯一的天然土壤水分补给来源,则土壤水分的支出主要是土壤和作物的蒸发和蒸腾作用。在全年或多年评价的水分收支大体平衡的,但在年内不同时期或作物生长阶段农田土壤水分亏缺会出现较大差异。如晋东南地区农田土壤水分亏缺量在5~6月最大,裸地可达233 mm,作物农田可达250~270 mm;夏季雨期的8~9月水

分亏缺最小，一般为 60～80 mm。

2. 旱地作物需水量

作物需水量是指作物在适宜的土壤水分和肥力条件下，通过正常生长发育获得高产水平的作物所需水量，它包括田面蒸发、作物蒸腾和作物株体含水量的综合，后者通常只占总需水量的不足 1%，所以一般用农田的蒸发蒸腾量来表示作物的需水量，也称为作物耗水量。

影响作物需水量的因素很多，影响机理也比较复杂，在实际中一般用参考作物潜在蒸散量与作物和土壤水分影响函数（或影响因数）的乘积来确定作物需水量，即

$$Et_c = f(W_s) \cdot f(B) \cdot ET_o \tag{1-12}$$

式中：Et_c 为作物需水量；ET_o 为参考作物潜在蒸散量；$f(W_s)$ 为土壤水分影响函数；$f(B)$ 为作物因素影响函数。

作物需水量也可用产量与单位产量的需水量即需水系数相乘来表达：

$$ET_c = KY \tag{1-13}$$

式中：K 为作物产量需水系数，mm/kg；Y 为作物地区代表产量，kg/hm^2。

北方干旱地区主要作物需水量多年平均值参见表 1-3。

表 1-3　北方干旱地区主要作物需水量多年平均值　（单位：mm）

分区	冬小麦	春小麦	棉花	夏玉米	春玉米
东北	—	330～550	—	—	470～600
华北	425～525	500～600	500～650	300～350	—
西北	400～550	350～550	500～600	350～400	450～650
新疆	500～1 000	—	500～1 100	—	500～650
淮河区	370～500	—	500～600	350～400	—

（三）节水理论与水分调控

北方旱作农业区因降水不足而形成资源型缺水，因蒸发强烈而造成较大的农田土壤水分散失和剧烈的动态变化，均不利于作物需水量的稳定供给和作物的正常生长，节约用水和提高水分的利用效率就成为旱作农业发展的必由之路。

1. 水分亏缺与农田土壤水分供给的有效性

水分亏缺是作物正常生长过程所需的蒸腾强度与农田土壤水分供给水平之间数量关系的衡量指标，可用作物蒸腾需水量与根系实际吸水量之差来表示：

$$CWD = T - S_r \tag{1-14}$$

式中：CWD 为水分亏缺值；T 为作物蒸腾需水量；S_r 为根系实际吸水量，单位均为单位时间的毫米水深值。对某一时段或全生育期的水分亏缺总量可用该时段的总水分亏缺值表示。

水分亏缺随昼夜和季节的变化较大，当水分亏缺达到影响作物正常生长发育时才能产生水分胁迫，此时的水分亏缺值称为临界水分亏缺值。

水分亏缺对作物的生长发育、光合作用速率、营养物质的运输和吸收、蛋白质的合成

和生物产量的转化与积累产生明显的影响,持续严重的水分亏缺可最终导致作物的代谢失调,甚至死亡。

水分亏缺主要是由于旱地农田的土壤水分供给不足产生的作物生长缺水量。在旱地农田作物需水量中,真正用于作物生长的植株蒸腾量只占34% ~54%,而土壤水分的植株间地表蒸发量达总田间耗水量的45% ~66%。陕西永寿的黄土高原地区冬小麦生育期棵间土壤蒸发量的测定结果表明,全生育期土壤蒸发量为250.6 mm,占总耗水量的66%(1984~1987年)。陕西屯留试验测定,小麦生育期间土壤蒸发量占总耗水量的45.8%,作物蒸腾量占54.2%(见表1-4)。由此可见,以农田作物耗水量表征的农田作物需水量中,对作物生长有效的作物蒸腾量只占总需水量的一半左右;而土壤水分田间蒸发量是对作物生长无效的水分损失,却占总需水量的一半以上,应被视为无效农田耗水量,造成了农田土壤水资源的严重浪费。

表1-4 冬小麦农田棵间土壤蒸发量与植株蒸腾量的比较(1987~1989年陕西屯留)

生育期	农田总耗水量(mm)	土壤蒸发量(mm)	占耗水量(%)	作物蒸腾量(mm)	占耗水量(%)
播种—拔节期	143.1	84.6	59.0	58.5	41.0
拔节期—灌浆期	133.0	40.6	30.5	92.4	69.5
灌浆期—成熟	24.0	12.0	50.0	12.0	50.0
全生育期	300.1	137.2	45.8	162.9	54.2

在旱地农田水分唯一补给来源的降水量中,通常还有10% ~20%以田面径流的形式排出农田,使农田土壤水分存储量减少。而在北方旱作农业区较长的干旱季节,各种作物需水量的农田水分亏缺量达230~270 mm(晋东南地区200 cm土层测定值)。

另外,储存在农田土壤层中的水分以结合水为主,其以较强的土壤基质水势结合于土壤表面水层的内层,其活动性和被植物吸收的有效性降低。通常认为土壤对水分的吸持力大于1.52 MPa的吸附水和薄膜水是不能被植物吸收的,被视为无效土壤水分,其对应的土壤含水量称为凋萎系数;吸持力小于1.0 MPa的土壤水分才是较好的作物有效性水分。大于凋萎系数的土壤有效性水分一般占粉黏质土壤田间持水量的30% ~60%。土壤水分的有效性还受蒸腾速率的显著影响,不同的作物根系发育程度不同的生育期作物的吸水能力存在着较大的差别,根系发育的作物具有相对较强的吸水能力,表现为作物对水分亏缺的适应性和抗性也存在着很大差别。

由于各种因素的综合影响,北方旱地农田作物的需水量在较长时间的干旱季节出现较大的农田水分亏缺和作物水分亏缺,最终影响作物的生长和经济产量。试验表明,旱作小麦农田水分亏缺1 950 m^2/hm^2(相当于195 mm)时,可比满足需水时的正常高产减少41.1%以上。同时强烈的土壤蒸发量又将宝贵的土壤水分资源变为对作物生长无效的水分浪费,这部分土壤水分在土壤水分动态变化过程中主要由作物可吸收的毛细水和外层薄膜水等有效水分组成,其数量通常可达到或超过作物的有效耗水量-作物蒸腾量的水平。

2. 节水理论与水分调控

各种节水理论和方法的共同目的是通过对农田水分平衡、土壤水分动态、作物耗水过程及水分生产效应进行调节和控制，以达到节约水资源和增加作物经济效益的双重目标，这就是水分调控。水分调控是实现旱作农业节水和提高水分利用效益的主要手段和过程。

随着对土壤水分形成、分布、动态变化、有效性组成以及作物吸水规律与作物的抗旱性能等一系列重大问题认识的不断深化，人们提出了各种新的节水理念，旨在通过各种节水措施对农田土壤水分进行调控，以实现作物对土壤水资源的高效利用和农业高产的目标。

根据旱地水分平衡关系、农田水分循环规律、土壤水分存在状态及其有效性的基本认识可以看出，农田地表蒸发量、地表径流量是未被作物有效利用的农田弃水。农田土壤水分动态变化低水平期形成的附加水分胁迫对作物生长和土壤水分利用效率的影响，是旱地降水资源农田水分利用中存在的主要问题。迄今为止人们在旱作土地上实施的各种节水措施基本上可分为三大类，即补充灌溉节水措施、农艺节水措施和农田管理节水措施。其中的补充灌溉节水措施是水分亏缺严重的农田水分补充措施，其水源可由区内农田降水和产流集蓄方式获得，或者是区内或区外的其他水源；农艺节水措施和农田管理节水措施是通过田间水土工程、农业生物措施、耕作管理等田间工程和辅助措施，最大限度地增加降水入渗和减少土壤蒸发以增加农田土壤有效利用水量和提高作物用水效率。沈振荣将田面产流称为可回收水量，而将各种蒸发损失水量称为不可回收水量；将无效水分转化为有效利用水分的水量定义为“资源型”真实节水量，将增加经济产量的节水量定义为“效益型”真实节水量。

非充分节水灌溉是在水资源严重不足的干旱地区利用有限的水量对作物进行不充分的补充水分供给获得最大的作物经济产量的灌溉方法。它以作物水分生产函数为依据，在特定条件下求得有限水量在作物生育期不同阶段的最优水分分配，也可称为有效灌溉。

调亏灌溉是基于作物的生理生化作用受遗传特性或生长激素的影响，在作物生长发育的特定阶段主动施加一定的水分胁迫，使作物经受适度的缺水锻炼和增加抗性，从而影响光合产物向不同组织器官的分配，达到提高经济产量而舍弃营养器官的生长量及合成有机物的总量，同时提高作物种植密度而提高总产量的一种新的节水理论。

控制性作物根系分区交替灌溉是康绍忠等提出的一种新的节水技术，是在土壤垂直剖面或水平面的某些区域保持干燥，而仅让一部分区域灌水湿润，并交替控制部分根系区域干燥、部分根系区域湿润，以利于通过交替使不同区域的根系经受一定程度的水分胁迫锻炼。刺激根系吸收补偿功能和根源信号传输以调节气孔保持适度开度，达到不牺牲作物光合产物积累而大量减少奢侈的蒸腾耗水的节水目的，同时还可减少棵间土壤蒸发损失。

二、旱作农业蓄水保墒机制

我国干旱地区水资源主要依赖于自然降水和人工灌溉。土壤是多孔介质，大小不同的各种颗粒间存在大大小小的许多孔隙，自然降水或人工灌溉后，水分受重力作用沿土壤孔隙下渗，下渗过程中，水分因土粒分子引力或毛细管引力作用而被保持在土体中，形成容量庞大的“土壤水库”。研究结果表明，不同土质土壤的库容能力不同，1 m深黄土可蓄水250～300 mm，即1 m深黄土层可蓄水2 400～3 000 m^3/hm^2。

（一）农田土壤水分状态

土壤耕层构造由耕作土壤及其覆盖物组成，是人类耕作加工土壤后形成的犁地层、内部结构表面形态及覆盖物的总称。其中表面形态和覆盖物决定了大气与土壤水、气、热的关系，造成好气、嫌气性土壤环境，进而控制好气、嫌气性生物学过程，是使耕层土壤养分的消耗积累进程发生变化的主要因素。土壤耕层是“土壤水库”的主要蓄水保墒层，此层中水存在固态水、气态水和液态水3种形态（见图1-1）。其中液态水主要存在于土粒周围及毛细管孔隙内，对作物根系吸收有重要作用。液态水按其在土粒间的理化特性可分为吸湿水、薄膜水、毛管水、重力水和地下水。

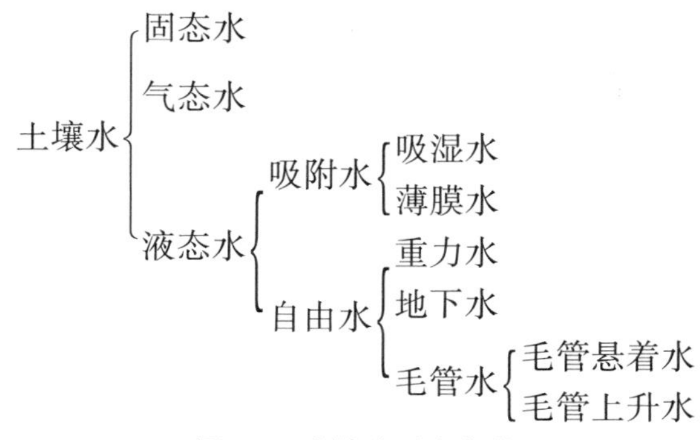

图1-1　土壤水形态分类

1. 吸湿水

吸湿水是受土壤颗粒表面分子吸附作用束缚在土粒表面的水分。由于受分子引力达几千甚至上万个大气压，因而不能被植物根系吸收利用。

2. 薄膜水

土壤颗粒与水分接触时的分子引力将水吸附到其表层，形成一层膜状液态水称为薄膜水，薄膜水所受分子引力在633 281.25～3 141 075.00 Pa，而作物根毛吸水力约为1 519 875 Pa，因此仅有部分薄膜水可被作物吸收。

3. 毛管水

毛管水是土壤颗粒中细小孔隙的表面张力吸持在土壤中的水分。毛管水所受引力仅28 371.00～633 281.25 Pa，可全部为作物吸收利用，具有溶解养分、运动迅速等特点，可不断供给作物耗水。毛管水是土壤水分，特别是干旱地区农田土壤水中最重要的部分。它又分为毛管悬着水和毛管上升水。毛管悬着水指在地形部位较高，地下水位较深，降水或灌水后，借助毛管引力保持在上层土壤中的水分。毛管悬着水达最大时的土壤含水量称田间持水量，它是植物利用有效水的上限，也是计算灌溉量进行节水灌溉的重要参数。毛管上升水指在地形低洼地区，由于地下水位浅，借毛管作用上升的水分。毛管上升水达最大时的土壤含水量称毛管持水量。

4. 重力水

土壤含水量达田间持水量后，超量水分在重力作用下，沿土壤大孔隙下渗的水分称重力水。重力水很快下渗至耕层以下,不能给作物持续供水。

(二)农业蓄水保墒机制

1. 作物的水分胁迫与水分调控

水是作物体重要的组成部分,在植物的生命活动中起着十分重要的生理生化作用。植物主要通过根系从土壤中吸收水分,靠体内输导系统输送到各个组织中去。植物体的水分状况由水分收入和支出两个方面决定,植物体内的水分入不敷出时,植物处于水分胁迫状态。水分的收入主要依靠作物根系吸取。土壤水分亏缺及作物根系吸水不足,就会产生作物体内水分胁迫。

水分胁迫影响作物一系列的生理生化过程,水分亏缺时,作物气孔开张度将变小,以降低蒸腾作用来调节作物体内水分平衡关系。但气孔变小也减少了光合作用所需的原料——二氧化碳进入叶片,光合强度下降,同时,由于物质与能量交换被削弱,叶片温度升高,容易造成叶绿素结构的破坏,降低光合效率,而且作物的呼吸作用加强,有机物质积累减少,营养物质运输缓慢,造成作物生物产量下降。

影响作物光合作用的水分利用效率(指蒸腾 1 kg 的水所能同化的二氧化碳克数)的四个环境因子是光合有效辐射、土壤水势、气温和土壤盐分。随着气温的升高和土壤水势的降低,水分利用效率提高。当土壤水分亏缺时,土壤水势增大,作物的蒸腾系数变大,水分利用效率下降。虽然土壤缺水时能量平衡中潜热交换减少,作物冠层气温会有所升高,有利于提高水分利用效率,但可能会造成升温幅度过大,超出适宜温度范围,反而限制了同化作用,影响水分利用效率的提高。综合考虑气温、水的影响,在土壤缺水时,会降低光合速率与水分利用效率。

所以,在北方旱农地区的旱作农田,提高作物产量意味着提高作物的光合效率和水利用效率,同时也意味着作物耗水量的增加。相反,农田缺水限制了作物产量的提高。

因此,在水分来源有限的情况下,需要通过农田水分调控技术来实现有限水源的合理利用。

2. 农业蓄水保墒的基本原理

(1)改变下垫面的状况,以影响能量平衡收支状况。不同下垫面的能量平衡状况不一,人类可以通过一系列的农业措施来改造下垫面,使近地气层的能量分配和农田水分状况发生变化,创造出干旱气候下有利于作物生长发育的微气候环境。

(2)改变土壤结构和土壤水文常数,培育良好的土壤水分库容结构,通过土壤对季节性水分亏缺进行调节,使作物形成理想的株型,沿着正确的生物学轨道发展。

(3)调节农田水肥关系,通过培肥地力,可以有效地改善干旱气候条件下作物的生理生化过程,提高作物光合作用强度和水分利用效率,进而实现理想的作物产量。

3. 农田蓄水保墒的技术依据

我国北方旱农地区农田蓄水保墒技术的选择,应充分考虑到自然资源特点、社会经济特征以及生态环境的保护与改善,对影响旱作农业发展的关键因子和薄弱环节进行改造,以达到节水增产的目的。其中关键技术是充分利用当地的自然资源,控制与利用径流,减轻土壤侵蚀退化,提高自然降水的保蓄率和利用率,抑制无效蒸发,提高作物的水分利用率。

首先应以当地资源条件和农田水分状况为依据，建立适宜的作物种植方式、耕作体系和轮作制度，来适应干旱环境，提高水分保需率和利用率；其次是对影响作物生长发育和产量的障碍因子以及薄弱环节实施治理和改造，抗御不利因素的影响，所使用的调控技术要具有可操作性，并能产生较好的经济、社会、生态效益。

在我国北方主要旱农地区进行的农田水分调控技术研究表明，只要技术合理、措施得当，农田供水和作物需水的矛盾均可在一定程度上得到缓解和解决。

（三）农田蓄水保墒的特点

自然降水进入土壤后，就转化为土壤中的水分。但这些水分是保留在土壤之内以供作物吸收利用，还是通过土壤蒸发散失于大气之中，这主要取决于蓄水之后保水工作是否进行得及时与合理。

据有关黄土高原土壤水分移动性的研究，黄土高原上除在雨后不长的时间内有下行水流的再分配外，全年大部分时间土壤水分处于上移过程中，物理蒸发影响的深度可以达到表层以下 2 ~ 3 m 的深处。不同深度的土层，其上移蒸发失水的强度也不相同。上部 0 ~ 100 cm 土层的失水率可达到田间持水量的 40% ~60%；100 ~ 200 cm 土层的失水率仅为田间持水量的 5% ~25%。在旱作农业生产中，大量的冬闲地或夏闲地都是蓄墒保墒的重点。如夏闲地虽处在雨季，但根据西北农业大学的观测结果，雨季末期土壤内水分的补给量往往也仅占到周期降水量的 30% ~50%，大量的降水热仍消耗于土壤蒸发。由此可见，如何抑制土壤蒸发，使已蓄存于土壤中的水分能更多地用于作物生长，便成为旱作农业中至关重要的一个问题——保墒问题。

根据土壤科学家们的研究，土壤水分的蒸发可分为三个阶段，即毛管运行阶段、薄膜运行阶段及气态扩散阶段。当土壤蓄水较多，毛管孔隙大部分充满水分，土壤表面水分汽化蒸发时，则毛管孔隙内的水分受毛管力的牵引，迅速上升，补充蒸发的损失，这一阶段即称为毛管运行阶段。此阶段的土壤水分含氧一般均在毛管断裂含水量以上，约相当于群众所称的“黑墒”或“黑黄墒”的土壤湿度范围。此阶段中如欲抑制或减少土壤水分蒸发的损失，就必须进行松土，减少表层土壤与下层土壤的毛管联系，以阻止毛管水上升至地表。地表土壤因为下层毛管水不能及时补给而很快变干，可减少日光对湿润土表的暴晒及干风的吹袭，从而使蒸发量有所降低。

当土壤水分含量在毛管断裂含水量以下时（相当于黄墒阶段），土壤水分便只能以薄膜形式做液态移动，由水膜厚处向水膜薄处移动，但由于移动缓慢，蒸发率很低，此一时期称为薄膜运行阶段。在此阶段内土壤水分一方面缓慢地移向地表进行蒸发，另一方面在土壤内各孔隙间也可汽化，经干土层的大孔隙向大气扩散。这一阶段内调节土壤水分的耕作方法主要是耱地或镇压。耱地有使表土细碎及轻微压实的作用，可以减少表层及土内的大孔隙，阻止气态水向外扩散，有一定的保墒作用；同时耱地之后，土壤仍有一层较薄的疏松表层，很快干燥后覆盖在湿润的土层上，亦有一定的保墒功能。

在下层土壤湿度较高的情况下，用石碾子、磙子、V 形或网状镇压器进行镇压，也可以起到接墒、提墒的作用。镇压后，一方面，上层土壤变得较为紧实，可以接通已断裂的毛管水，把土壤下层水分引提至上层，以满足种子萌发对水分的要求；另一方面，在下层土壤水分较少的情况下，亦可压碎表面土块及减少土内的大孔隙，阻止气态水的扩散。据测定，镇压可使上层土壤水分增加1%～2%，并减少地表土壤的蒸发。如镇压后结合整地，就更有利于保墒。

在黄土高原，土壤水分移动性能的强弱主要受含水量的控制。含水量高，水分移动较快；含水量低，水分移动的速度就下降。各种质地的土壤，从田间持水量到凋萎湿度范围内，导水率常降低十倍、百倍、千倍及万倍以上。但导水率低到相当程度时，土壤日蒸发量降低，表现一种相对稳定的状态，这种现象称为“田间稳定湿度”。在无作物根系吸收的情况下，轻壤土为10%～11%，中壤、重壤土为15%～16%，相当于田间持水量的50%左右。此种情况常出现在表层下面40～60 cm的土层中。

当土壤水分降低至凋萎点左右时，土壤水分的薄膜运行实际上已接近停止，土壤水分的损失主要以气态水向外扩散的方式进行，蒸发速率又降低很多，这时土壤水分运行的阶段称为气态扩散阶段。此时干土层已相当深，必须再有降水或人工灌溉才能满足作物生长的需要。

第二章 旱地作物的生产潜力

第一节 旱地作物生产潜力的概念和含义

关于作物生产潜力,国外众多学者从问题的不同层次和角度出发,提出了许多不同的概念(Cellho,Dale,1980;Colin Clark,1963;Cooper,1975;Loomis,Williams,1963)。我国自竺可桢(1964)最早研究气候资源与粮食生产的关系以来,农业、气候等领域的众多研究工作者对作物生产潜力的含义、概念、测定及计算方法,提高作物生产力的障碍因素,开发措施等问题进行了广泛和深入的研究,确定了作物生产潜力的基本含义:在一定的气候、最优的栽培管理和无杂草病虫危害条件下,单位土地面积上作物的最优品种在其生长期内,可能获得的最高经济产量,通常用 kg/hm^2 或 t/hm^2 表示。作物的生产潜力基本上包括了3个层次,即光能生产潜力、光温生产潜力、气候生产潜力(水分或降水生产潜力)。

一、光能生产潜力(光合生产潜力)

农作物在品种最优、群体结构合理、理想环境(即整个生长期的温度、水分和肥料等都处于最适宜)条件下,光合器官以最大的速率充分摄取自然太阳光能,根据光合理论计算可能获得的产量。在目前的大田生产条件下,一般不可能达到作物的光能生产潜力。只有在农业生产的栽培管理措施充分优化,作物的生长环境得到全面完善的情况下才有可能实现。光能生产潜力是作物产量的上限。

二、光温生产潜力

农作物在品种最优、群体结构合理、水分和肥料供应适宜的条件下,充分利用自然的光能和温度条件,可能收获的最高产量。光温生产潜力是大田生产可以实现的产量远期目标。

三、气候生产潜力(水分或降水生产潜力)

农作物在品种最优、群体结构合理、肥料供应适宜的条件下,采用最优的栽培管理技术,充分利用自然的气候资源——太阳辐射、温度、降水,可能收获的最高产量。气候生产潜力是大田生产可以实现的产量,接近当地的最高产量。

关于这三种生产潜力的计算方式,不同研究者提出很多计算公式,所得结果也有较大差异,主要原因在于不同学者测量的理论最大光能利用效率差值很大,高者达8%~10%,低者2.5%,所得到的产量差异很大。例如,豫西旱区小麦的光能生产潜力,黄秉维计算法潜力产量为 23 057.5 kg/hm^2，而按目前常用公式计算为 55 000 kg/hm^2 以上。为统一了解国内和河南省旱地小麦生产潜力，本书仍采用多部著作中通用的计算公式和计算结果，其目的在于对小麦生产潜力有一个理论概念。

以下将对降水生产潜力进行详细阐述。

第二节　降水生产潜力及估算方法

旱作农业光照资源充足而降水资源不足，农田及作物的水分利用水平就成为农业经济生产能力的主要制约因素，通常用生产潜力来表征农田在特定资源条件下应予实现的最大生产力水平。旱地农田水分生产潜力在降水作为唯一天然水源的条件下可用降水生产潜力来表示。在水分资源不足的旱地农田中，降水生产潜力的开发也就成为旱作农业经济生产力提高的重要途径。

一、降水生产潜力

降水生产潜力是指将水资源天然最有效利用条件下的作物产量，而北方旱作农业区降水的地区分布和年季变化都很大，作物的年现实农田产量变化很大，不易确定降水生产潜力，可以作物耗水系数作为水分生产潜力的表达和判断指标，其倒数是农田水分利用效率，在不同气候年的稳定性和可比性较好。

作物耗水系数，是指每公顷农田生产 1 kg 经济产量所消耗的水分毫米数，在不考虑旱作农田径流的情况下，可表示为：

$$R_W = F_W / G \tag{2-1}$$

式中：R_W 为作物农田耗水系数，mm/kg；F_W 为作物全生育期农田耗水量，mm；G 为作物经济产量，kg/hm^2。作物农田耗水量 F_W 由降水量 P 和农田土壤水分变化量确定：

$$F_W = W_1 + P - W_2 \tag{2-2}$$

式中：W_1、W_2 分别为作物收获后和播种前 2 m 土层水分含量，mm。

当一定耗水量所能产生的经济产量最大时，其耗水系数最低，此时的农田水分生产效率最大，称为生产效率潜力值，即 $1/R_W$；则降水生产力为：$Y_W = F_W / R_W$。

对存在农田径流的坡地区，其中耗水量应减去径流量。

在特定地区作物所获得的最高产量能反映实际条件下降水的较高生产效率，可作为地区降水生产潜力的参考依据，北方旱地区主要作物降水生产潜力田区试验值及最高单产参见表 2-1。

北方旱作农田不同土地和降水条件下作物的生产潜力和最高产量存在很大差别。例如，旱地冬小麦的最高产量为 6 565 ~ 7 725 kg/hm^2，水浇地冬小麦则为 7 800 ~ 9 357 kg/hm^2；春小麦旱地最高产量为 3 045 ~ 7 342 kg/hm^2，水浇地春小麦则为 7 650 ~ 15 195 kg/hm^2；旱地玉米最高产量为 6 304 ~ 13 273 kg/hm^2，水浇地则可达 9 982 ~ 19 830 kg/hm^2。

表 2-1 中国北方旱地区主要作物降水生产潜力值及水分利用状况

作物	试验地点	耗水量(mm)	田区试验潜力值(kg/hm^2)	耗水系数(mm/kg)	水分利用效率(kg/mm)	年份	最高产量(年份)(kg/hm^2)
春小麦	内蒙古·武川	464.0	2 148.5	0.147	6.79	1988	
	河北·张北	269.8	2 680.5	0.101	9.94	1987	2 833.5(1988)
	宁夏·海原	304.1	4 698.0	0.065	15.45	1991	4 798.0(1991)
	宁夏·固原	330.8	2 971.5	0.111	8.98	1984	3 967.5(1993)
冬小麦	山西·屯留	332.2	5 125.5	0.065	15.43	1989	
	陕西·澄城	428.1	6 339.0	0.068	14.81	1989	7 725.0(1984)
	陕西·乾县	281.0	4 300.7	0.065	15.30	1988	6 354.0(1988)
	河南·洛阳	385.3	4 950.0	0.078	12.85	1993	
春玉米	山西·屯留	359.5	8 710.5	0.041	24.23	1988	
	山西·寿阳	453.7	13 272.0	0.034	29.25	1995	
	陕西·富县	478.0	6 828.0	0.070	14.28	1982	
	陕西·乾县	414.8	8 340.0	0.050	20.11	1988	8 646.0(1988)

二、降水生产潜力的估算方法

作物降水生产潜力的计算方法主要有两种。

(一)FAO 推荐使用的水分生产潜力计算方法

(1)热量生产潜力计算:

$$\left.\begin{aligned} Y_{QT} &= (Y \cdot PE \cdot K \cdot C_T \cdot C_H \cdot G)/(E_a - E_d) \\ Y &= F \cdot Y_0 + (1 - F) \cdot Y_C \\ F &= (R_{se} - 0.5R_g)/0.8R_{se} \\ R_g &= (0.25 + 0.5n/N)R_a \times 59 \end{aligned}\right\} \quad (2\text{-}3)$$

式中:Y_{QT}为热量生产潜力,kg/hm^2;Y 为标准作物总干物质质量,kg/hm^2;PE 为生育期日平均可能蒸散量,mm/d;E_a 为生育期内平均饱和水气压,由平均气温查饱和水气压表求得,hPa;E_d 为实际水气压,由饱和水气压乘以平均相对湿度求得,hPa;K 为作物种类订正系数;C_T 为温度订正系数;C_H 为收获部分(经济产量)订正系数;G 为生育期天数;F 为白天的云覆盖度;Y_0 为生育期完全阴天时标准作物总干物质生产率,$kg/(hm^2 \cdot d)$;Y_C 为生育期完全晴天时标准作物总干物质生产率,$kg/(hm^2 \cdot d)$;R_{se}为晴天最大有效短波辐射量,$J/(cm^2 \cdot d)$,由纬度标准辐射表查;R_g 为实测入射短波辐射,mm/d,可根据纬度查算;R_a 为大气顶层太阳辐射,mm/d,可根据纬度查算;n/N 为月日照时数与可照时数的比值。

(2)自然降水条件下作物水分生产潜力计算:

$$\left.\begin{aligned} Y_W &= Y_{QT} \cdot I_Y \\ I_{Yi} &= I_{Y(i-1)}(1-\mu_i) \times 100\% \\ \mu_i &= K_Y(1 - ET_{ai}/ET_{mi}) \\ ET_m &= K_c \cdot PE \end{aligned}\right\} \tag{2-4}$$

若将 I_Y 视为作物农田水分影响函数,上式可表示为:

$$\left.\begin{aligned} Y_w &= Y_{QT} \cdot f(W) \\ f(W) &= \prod_{i=1}^{n}\left[1 - K_Y\left(1 - \frac{ET_{ai}}{ET_{mi}}\right)\right] \end{aligned}\right\} \tag{2-5}$$

上两式中:Y_w 为作物水分生产潜力,kg/hm^2;I_{Yi}为作物生长第 i 个阶段的产量指数;$I_{Y(i-1)}$为作物生长第 $i-1$ 阶段的产量指数;μ_i 为作物生长 i 阶段产量降低率;ET_{ai}为第 i 生育阶段的农田实际耗水量,mm;ET_{mi}为第 i 阶段作物农田需水量,mm;K_Y 为产量反应系数;K_c 为作物需水系数;PE 为农田可能蒸散量,mm;n 为作物生长阶段总数。

(二)用光温水逐级订正的阶乘模型计算农田作物水分生产潜力

该模型按照作物生产力形成的光、热、水等自然资源的关系,首先估算作物的光合生产潜力,再计算温度和水分对光合生产潜力的影响,逐级估算热量生产潜力和农田水分生产潜力。

计算过程为

$$\left.\begin{aligned} Y_P &= f(Q) \\ Y_T &= Y_P \cdot f(T) \\ Y_W &= Y_T \cdot f(W) \end{aligned}\right\} \tag{2-6}$$

式中:Y_P 为光合生产潜力,kg/hm^2;Y_T 为热量生产潜力,kg/hm^2;Y_W 为农田水分生产潜力,kg/hm^2;$f(T)$、$f(W)$为温度订正函数和水分订正函数。

计算 Y_P、$f(T)$、$f(W)$的方法在不同地区有不同的方法,如晋中地区:

$$\begin{aligned} Y_P &= f(Q) \\ &= (1-\alpha)(1-a)(1-r)(1-g)(1+c)(1+w) \cdot F \cdot E \cdot H^{-1} \cdot Q \cdot K \cdot M \cdot A \cdot aL \end{aligned}$$

冬小麦:

$$f(T) = \begin{cases} 0 & T \leqslant 3\ ℃ \\ (T-3)/17 & 3\ ℃ < T < 25\ ℃ \\ 1 & T \geqslant 20\ ℃ \end{cases}$$

$$f(W) = 1 - K_Y(1 - ET_a/ET_m)$$

$$ET_a = P + \Delta W - R$$

$$ET_m = K_c \cdot ET_0$$

式中:α 为作物群体对生理辐射的反射率;a 为非光合器官受光率;r 为呼吸消耗率;g 为茎叶死亡脱落率;c 为植物的灰分含有率;w 为风干植物含水率;F 为量子转换效率;E 为作物光能利用率;H 为能量转换系数,J/g;Q 为太阳总辐射,kJ/cm^2;K 为生理辐射系数;M 为面积、质量换算系数($M=10^5$);A 为经济系数;aL 为群体辐射吸收系数;T 为平均气温;

P 为降水量,mm;R 为农田地表径流量,mm;ET_0 为标准作物蒸散量,mm。

第三节　我国和河南省旱地小麦生产潜力

我国北方旱作农业区冬小麦主要种植在黄土高原的东南部和黄淮平原冬麦区。北方冬麦区是旱作农业的集中分布区,年降水量为 320 ~ 700 mm,全年日照时数 2 600 ~ 2 800 h,太阳总辐射量 5 400 ~ 5 800 MJ/m²,年积温 2 000 ~ 3 500 ℃。小麦品种多属强冬性或冬性类型。

春小麦主要种植在北方春麦区和西北春、冬麦区。本区属大陆性气候,寒冷干燥。在小麦生长季节里,太阳辐射强,日照多,年日照时数在 2 800 h 以上,昼夜温差大,有利于小麦生长发育和养分积累。不利条件是年平均气温较低,小麦生长季节降水量少,仅 50 ~ 130 mm。气候属半干旱偏旱、半干旱类型。北方旱作农业区小麦的生产潜力见表 2-2。

表 2-2　北方旱作农业区小麦的生产潜力(摘自"中国旱作农业")

作物	位置	地区	光温生产潜力 (t/hm²)	气候生产潜力 (t/hm²)
冬小麦	黄土高原中部	陕西洛川、富县、长武等	5.62 ~ 6.61	5.29 ~ 6.14
	南部	陕西千阳、凤翔	6.36 ~ 6.53	6.34 ~ 6.36
	东部	山西屯留		6.48 ~ 8.82
	东南部	陕西澄城、合阳	7.66 ~ 7.88	5.98 ~ 6.14
	黄淮海平原北部	石家庄、沧洲以北	15.00 ~ 16.50	3.75 ~ 7.50
	中部	邯郸、济南、新乡、济宁、连云港地区	13.50 ~ 16.50	3.75 ~ 7.50
	南部	驻马店、阜阳、蚌埠一线	13.50	7.50
春小麦	西北春麦区	宁夏中部(盐池、同心、海原)	7.65 ~ 8.06	2.22 ~ 2.82
		宁夏南部(西吉、固原、隆德、泾原)	6.85 ~ 7.40	3.80 ~ 5.32
	北方春麦区	内蒙古武川	5.55 ~ 6.02	3.44
		河北张北	8.94 ~ 9.12	4.97 ~ 7.14

资料来源:陶毓芬等(1997);彭乃志等(1997);李开元、李玉山(1997);丘宝剑(1987)。

河南省旱地小麦的生产潜力分别为:光能生产潜力 53 947.5 ~ 56 554.5 kg/hm²,光温生产潜力为 20 115 ~ 24 877.5 kg/hm²,光温水生产潜力 8 773.5 ~ 11 017.5 kg/hm²,详细结果列于表 2-3。三种生产潜力的计算公式如下。

(1)光能生产潜力:

$$YGHE = 37.002YQC \cdot E/(1 - F) \tag{2-7}$$

式中:$YGHE$ 为光能生产潜力,kg/hm²;YQC 为到达地面的太阳年总辐射值,MJ/m²;E 为小麦经济系数(0.46);F 为小麦籽粒水分含量(12%)。

用太阳总辐射资料和小麦经济系数及小麦种子含水率即可估算出旱区小麦光能生产潜力。据计算,河南省旱区郑州、汝州、洛阳、渑池、三门峡 5 个地(市)县等,小麦生育期内光能生产潜力在 53 947.5 ~ 56 554.5 kg/hm²。

(2)光温生产潜力:由光能生产潜力的意义和计算可以看出,光温生产潜力可由光能生产潜力乘以一个温度影响系数 C_t 即可得出：

$$\left.\begin{aligned} YGEN &= C_t \cdot YGHE \cdot E/(1-F) \\ C_t &= \frac{1}{12} \cdot \sum_{i=1}^{12} \cdot \frac{T_i}{30} \end{aligned}\right\} \tag{2-8}$$

式中：$YGEN$ 为光温生产潜力，kg/hm^2；$YGHE$ 为光合生产潜力；E 为小麦经济系数；F 为小麦籽粒含水量；T_i 为日平均气温。

据计算，河南省旱区小麦光温生产潜力在20 115～24 877.5 kg/hm^2，而目前旱地小麦实际产量只占光温生产潜力的40%～90%。

(3)光温水生产潜力：光温水生产潜力是指栽培条件最佳、作物所需的各种营养能够充分供给，仅仅是由于当地的气候条件即光、温、水的自然状况决定的生产潜力。再考虑由光、温、水限制的气候生产潜力，更能反映旱区小麦的实际生产水平。光温水生产潜力可由下式计算：

$$YGWS = GW \cdot YGEN \cdot E/(1-F) \tag{2-9}$$

式中：GW 为水分订正系数($GW = P/E_0$)；P 为月降水量；E_0 为蒸发力[$E_0 = 0.001\,8(t+25)^2 \cdot (100-a)$]；$t$ 为月平均气温；a 为月平均相对温度。

从计算结果可以看出(见表2-3)，河南省旱区小麦光温水生产潜力在8 773.5～11 019 kg/hm^2，是目前河南省旱区小麦平均实产的2～3倍。由此可见，旱区小麦产量水平还可以再上新台阶。

表2-3　河南省旱区小麦生育期间气候生产潜力及产量估算　(单位：kg/hm^2)

项目	地点	月份								全年生物量	产量
		10	11	12	1	2	3	4	5		
光合生产潜力	郑州	12 876	9 483	8 949	9 786	10 707	14 976	17 686.5	21 451.5	106 275	55 552.5
	洛阳	13 780.5	10 056	9 124.5	9 870	10 987.5	15 642	17 877	20 856	108 193.5	56 554.5
	汝州	14 160	9 597	9 325.5	9 234	9 574.5	14 013	16 728	20 571	103 203	53 947.5
	三门峡	13 827	10 548	10 363.5	10 827	11 104.5	14 739	16 936.5	22 071	110 416.5	57 717
	渑池	14 136	9 960	9 915	9 745	10 177.5	14 245.65	16 596	21 453	106 428	55 632
光温生产潜力	郑州	7 725	3 111	645	0	856.5	4 732.5	1 068.3	18 105	45 858	23 971.5
	洛阳	8 433	2 332.5	912	276	1 186.5	5 443.5	11 155.5	17 853	47 592	24 877.65
	汝州	8 496	3 225	933	222	919.5	4 483.5	9 903	16 950	45 132	23 592
	三门峡	8 019	3 079.5	414	0	93.3	4 834.5	10 093.5	18 097.5	46 221	23 769
	渑池	7 350	2 430	0	0	81	3 532.5	8 697	16 390.5	38 481	20 115
光温水生产潜力	郑州	4 320	1 198.5	115.5	0	235.5	1 575.0	4 579.5	6 358.5	18 382.5	9 609
	洛阳	4 839	960	141	40.5	301.5	1 693.5	3 904.5	6 375	18 255	9 543
	汝州	5 220	1 261.5	160.5	42	292.5	1 663.5	5 319	7 122	21 081	11 019
	三门峡	4 629	952.5	45	0	118.5	1 120.5	3 408	6 510	16 783.5	8 773.5
	渑池	5 745	969	0	0	21	1 345.0	3 712.5	7 132.5	18 925.5	9 894

注：$\frac{\text{全年生物量} \times 0.46}{0.88}$ = 产量(kg/hm^2)，摘自《河南省旱地小麦高产理论与技术》。

河南省大多数旱地小麦由于受水分供应不足的限制，光温条件的优势未能充分发挥，目前小麦的实际生产水平远低于多雨地区或有灌溉条件的麦田。从 18 个县(市)比较典型的旱地小麦近些年的单产记录(见表 2-4 ~ 表 2-6)可以看出，河南省旱地小麦的平均单产比全省平均单产低 94.1 kg/亩(2008 年)。

表 2-4　河南省 18 个旱地县(市)2000 ~ 2008 年小麦生产情况(一)

(单位:面积，10^3 hm^2;产量，t;单产，kg/hm^2)

县(市)名	2000 年			2001 年			2002 年		
	面积	产量	单产	面积	产量	单产	面积	产量	单产
灵宝市	31.83	89 119	2 799.84	31.26	94 413	3 020.25	30.72	86 268	2 808.20
陕县	21.23	57 284	2 698.26	19.57	60 680	3 100.66	17.48	28 616	1 637.07
渑池县	26.62	85 231	3 201.77	25.78	86 527	3 356.36	23.44	28 363	1 210.03
新安县	25.76	73 767	2 863.63	23.87	57 053	2 390.16	22.88	43 866	1 917.22
孟津县	27.75	91 991	3 314.99	26.97	84 463	3 131.74	25.67	66 986	2 609.51
宜阳县	36.34	100 298	2 759.99	35.31	110 693	3 134.89	35.90	87 101	2 426.21
伊川县	30.69	97 276	3 169.63	30.61	105 235	3 437.93	30.68	82 186	2 678.81
洛宁县	30.49	92 511	3 034.14	30.56	102 310	3 347.84	30.40	67 611	2 224.05
嵩县	21.11	36 675	1 737.33	21.60	66 485	3 078.01	21.36	42 046	1 968.45
汝阳县	16.73	40 838	2 441	17.32	51 983	3 001.33	17.18	38 743	2 255.12
巩义市	29.18	70 192	2 405.48	27.90	98 738	3 539.00	27.70	73 505	2 653.61
新密市	29.96	68 093	2 272.8	28.64	97 119	3 391.03	28.66	54 066	1 886.46
登封市	24.23	53 058	2 189.76	24.53	65 270	2 660.82	24.48	44 338	1 811.19
宝丰县	24.08	76 241	3 166.15	24.21	93 757	3 872.66	24.46	92 470	3 780.46
鲁山县	26.08	66 668	2 556.29	28.59	80 521	2 816.40	28.50	79 286	2 781.96
郏县	28.23	119 736	4 241.45	28.83	136 878	4 747.76	28.78	125 409	4 357.51
林州市	35.10	102 732	2 926.84	33.98	112 497	3 310.68	32.91	101 034	3 070.01
安阳县	55.62	263 124	4 730.74	51.46	257 614	5 006.10	50.95	243 169	4 772.70

表 2-5　河南省 18 个旱地县(市)2000 ~ 2008 年小麦生产情况(二)

(单位:面积，10^3 hm^2;产量，t;单产，kg/hm^2)

县(市)名	2003 年			2004 年			2005 年		
	面积	产量	单产	面积	产量	单产	面积	产量	单产
灵宝市	28.89	96 389	3 336.41	26.71	92 401	3 459.42	27.05	87 905	3 249.72
陕县	12.30	39 459	3 208.05	11.28	35 168	3 117.73	11.79	36 709	3 113.57
渑池县	20.20	76 495	3 786.88	17.59	63 330	3 600.34	19.88	65 507	3 295.12
新安县	21.70	94 418	4 351.06	20.76	87 530	4 216.28	20.26	81 367	4 016.14
孟津县	24.94	86 591	3 471.97	24.66	105 285	4 269.46	24.81	98 929	3 987.46
宜阳县	36.08	163 520	4 532.15	37.65	163 873	4 352.54	37.91	137 538	3 628.01
伊川县	31.18	132 398	4 246.25	31.29	130 496	4 170.53	33.37	131 328	3 935.51

续表 2-5

县(市)名	2003 年			2004 年			2005 年		
	面积	产量	单产	面积	产量	单产	面积	产量	单产
洛宁县	28.92	114 201	3 948.86	28.34	118 951	4 197.28	28.76	113 790	3 956.54
嵩县	20.35	86 704	4 260.64	20.66	76 855	3 719.99	21.36	83 624	3 914.98
汝阳县	16.99	71 217	4 191.7	17.08	66 546	3 896.14	17.82	67 485	3 787.04
巩义市	24.57	92 392	3 760.36	21.57	82 961	3 846.13	23.68	81 699	3 450.13
新密市	28.66	113 926	3 975.09	28.34	98 462	3 474.31	28.13	93 989	3 341.24
登封市	22.69	73 514	3 239.93	22.16	70 887	3 198.87	22.22	63 982	2 879.48
宝丰县	24.42	110 293	4 516.5	24.16	108 255	4 480.75	24.12	106 749	4 425.75
鲁山县	28.35	89 472	3 155.98	27.17	80 150	2 949.94	28.82	84 869	2 944.80
郏县	28.97	140 824	4 861.03	28.83	139 358	4 833.78	28.84	132 000	4 576.98
林州市	31.95	103 230	3 230.99	31.30	106 061	3 388.53	31.13	100 848	3 239.58
安阳县	38.93	189 523	4 868.3	39.32	200 522	5 099.75	42.05	211 285	5 024.61

表 2-6　河南省 18 个旱地县(市)2000～2008 年小麦生产情况(三)

(单位:面积,10^3 hm^2;产量,t;单产,kg/hm^2)

县(市)名	2006 年			2007 年			2008 年		
	面积	产量	单产	面积	产量	单产	面积	产量	单产
灵宝市	27.06	103 522	3 825.65	26.83	75 044	2 797.02	26.48	104 153	3 933.27
陕县	12.49	47 727	3 821.22	12.83	43 355	3 379.19	13.37	52 074	3 894.84
渑池县	22.37	87 293	3 902.24	21.97	75 339	3 429.18	22.08	86 558	3 920.20
新安县	20.60	89 055	4 323.06	21.13	88 418	4 184.48	21.64	88 924	4 109.24
孟津县	24.93	111 200	4 460.49	26.50	117 444	4 431.85	27.36	118 944	4 347.37
宜阳县	37.48	161 120	4 298.83	38.47	165 535	4 302.96	39.23	160 671	4 095.62
伊川县	35.20	151 020	4 290.34	35.82	154 886	4 324.01	37.48	153 494	4 095.36
洛宁县	28.86	124 729	4 321.86	28.74	121 189	4 216.74	29.81	130 936	4 392.35
嵩县	21.62	92 516	4 279.19	21.85	91 781	4 200.50	22.58	94 912	4 203.37
汝阳县	18.40	77 415	4 207.34	18.62	77 079	4 139.58	19.26	79 036	4 103.63
巩义市	23.19	93 420	4 028.46	22.93	89 311	3 894.94	23.02	77 618	3 371.76
新密市	27.48	101 439	3 691.38	27.81	94 630	3 402.73	26.67	99 137	3 717.17
登封市	22.26	76 537	3 438.32	22.02	74 669	3 390.96	22.30	146 908	6 587.80
宝丰县	23.72	114 556	4 829.51	23.79	116 041	4 877.72	24.01	120 192	5 005.91
鲁山县	24.52	86 231	3 516.76	28.83	95 053	3 297.02	28.95	98 522	3 403.18
郏县	29.27	142 706	4 875.50	29.41	148 635	5 053.89	29.62	155 548	5 251.45
林州市	31.06	112 949	3 636.48	33.33	124 878	3 746.71	33.47	127 307	3 803.62
安阳县	45.40	257 874	5 680.04	49.33	288 071	5 839.67	49.61	294 010	5 926.43

另外，在干旱地区也有小面积高产田，由于认真实施了蓄水保墒，充分利用自然降水，小麦连年获得较高产量，有的年小麦单产达到或接近当地光温水（气候）生产潜力的理论产量。如洛宁县王村乡农民赵守义，在黄土塬典型褐土上，多年来坚持深耕细耙、蓄水保墒、增施有机肥料、合理施用化肥、精细管理等一系列旱作技术措施，从 1988 年至 2001 年小麦单产一直保持在 7 500 kg/hm^2（500 kg/亩）以上，水分利用效率在 17.4 $kg/(mm \cdot hm^2)$以上，其中最高单产达到 9 175.5 kg/hm^2（611.7 kg/亩），超过了气候生产（低限）理论产量 8 773.5 kg/hm^2 的水平，水分利用率达到 21.30 $kg/(mm \cdot hm^2)$（见表 2-7）。

表 2-7　1988～2001 年赵守义小麦产量及水分利用效率

年份	小麦产量 (kg/hm^2)	水分利用效率 ($kg/(mm \cdot hm^2)$)	年份	小麦产量 (kg/hm^2)	水分利用效率 ($kg/(mm \cdot hm^2)$)
1988	7 815.0	18.15	1995	7 686.0	17.85
1989	8 314.5	19.35	1996	7 789.5	18.15
1990	8 892.0	20.70	1997	8 844.0	20.55
1991	7 620.0	17.70	1998	8 599.5	19.95
1992	7 584.0	17.70	1999	7 630.5	17.70
1993	9 175.5	21.30	2000	7 507.5	17.40
1994	9 127.5	21.30	2001	7 612.5	17.40

2007 年底，洛阳市农科院在嵩县闫庄建立 100 亩旱地小麦高产攻关田，小麦品种为洛旱 6 号，2008 年 6 月 5 日用机器收割 1.96 亩，亩产 607.4 kg，三要素构成为每亩穗数 43.7 万，穗粒数 34.3，千粒重 48 g，理论产量 612.0 kg/亩，与实产基本相符。这一产量创我国旱地小麦高产新纪录。

第三章　旱地水分管理技术

第一节　集水抗旱技术概述

集水是一种古老的技术,从西周开始,以旱地为主的传统农业开始发展,至今已有4 000年的历史。旱作农业的中心就是充分利用土壤中的水分。但是,在雨水稀少的半干旱地区,降水无论如何不能满足作物生长发育的需要,而旱井、水窖、涝池的出现却解决了干旱半干旱地区农业和生活用水的问题。

我国半干旱地区地表水和地下水极其匮乏,唯一的潜在水资源就是天然降水。因此,利用有限的径流资源发展种植业逐步形成径流农业是干旱地区的有效途径。如1988~1989年在甘肃定西进行小麦玉米带状种植的补灌试验表明,5月下旬灌溉900 m^3/hm^2,比对照旱地增产7倍,产量达到7 845 kg/hm^2。集雨补灌效果非常明显。在甘肃河东地区,降水资源量年均可达500亿~600亿 m^3。因此,挖掘降水资源的潜力是巨大的。研究表明,在黄土高原典型半干旱地区,降水在下垫面的分配比例是20%~25%用于第一性生产,10%~15%形成径流流失,60%~75%为无效蒸发。形成径流和无效蒸发的水分实际上就是集水农业的主要利用对象,可集水量丰富。本地区人均耕地面积高于全国水平,利用一定的可耕地或荒地修筑集水面或田间微型集水工程是完全可以实现的。黄土高原缓坡丘陵的地形是大自然赐予的天然集水面。利用道路、场院、庭院等场所进行集水已经成为旱区人民的主要手段,而深厚的黄土母质为降水的集存创造了良好的条件。频率较高的大(暴)雨又可提高降水的富集效率。同时,传统水土保持措施已经相当完善,为集水农业的发展奠定了良好的基础条件。

集水高效农业就是旱农地区直接集存雨水用于农田补灌,是提高旱地作物生产力的发展方向。其核心是利用天时,主动抗旱,以雨水治旱。就是利用旱区相对稳定的自然降水资源,采用自然径流与人工产流、蓄积相结合的途径进行水分的富集叠加、时空调控、高效利用;通过改善和开发旱地作物生长发育的微生境,解决旱地农田水分严重亏缺的问题,并使之与作物和农艺技术合理配套,提高旱地作物生产力和水分利用效率。

富集的途径主要有两大技术:一是工程富集技术。它的技术路线是人造集水面的富集,贮水水窖存储与设施农业联体构筑,时空调节利用;二是大田富集,即通过集水面和受水面的修筑,集的径流叠加在受水面上,存储于土壤水库中。雨水富集工程和大型水利工程相比,技术简单,农民易掌握,便于推广;工程量小,投资少,不需重复投资;适合于居住分散,适应农村生产体制,便于管理。在甘肃定西进行了小麦、玉米间作补灌试验,在需水关键期补灌90 mm水量,使每公顷产量达到7 555 kg,这是当地大面积平均产量的5倍左右。据此建立了作物需水关键期有限补偿灌溉的概念,以后的试验结果表明,春小麦拔节期一次供水45 mm,最高产量6 512.95 kg/hm^2;拔节期+抽穗期二次供水90 mm,最高产量 7 335.05 kg/hm^2，玉米在需水关键期的大喇叭口期补灌 75 mm，最高产量 9 051 kg/hm^2，这个产量已经达到或接近当地一类半干旱区粮食产量的光热趋势，也就是说只要找准作物需水关键期，正常降水年份补灌 75 ~ 90 mm，就可以基本上解除水分胁迫，它显然是节水灌溉的有效途径。

以修筑梯田和小流域综合治理为代表的农田基本建设则为半干旱和半湿润易旱地区的农业发展作出了不可估量的贡献。

干旱成灾与农业生态条件、农业技术水平和社会经济因素有关，干旱每年出现的地区和强度不同，对不同作物、不同生育时期的影响不同。因此，不可能采取单项措施或一成不变的措施来解决，而应着眼于建立具有地区特色的抗旱技术和综合技术，以减轻干旱危害，增加产量。

第二节　集水的类型

在干旱、半干旱地区，尽管降水量很少，但把雨水集中起来，其水量仍相当可观。如在 1 hm^2 的土地上降 10 mm 的雨就等于 100 m^3 的水。集水技术是干旱地区发展径流农业的基础。所谓径流农业，就是充分利用现有的降水资源和径流资源把集水技术与农业生产相结合的农业生产技术的总称。在干旱地区，降水量常年较少，在作物生长季节不能满足作物生长发育的需要。通过采取集水措施，把地表上较大面积上的降水聚集起来，以满足耕地上作物生长的需要。

一、地形集水

利用地形，对集水区进行处理，使地表不易渗水，增加径流。在土壤冲刷不严重的坡面上，清除岩石和草木，并把土壤表面压实，一般就可增加降雨径流量。再沿岗坡等高线修渠道或石坝来汇集径流水，输送到坑塘和水窖集存起来。还可用化学药品处理土壤，封闭土壤孔隙或使土壤具有斥水性，形成集水面。

集水区集水结构又称集水面积种植。包括集水区和种植区两个部分，把集水区收集的降水，直接引入种植区以种植作物，或把集水区与蓄水区结合起来，把集水区收集的降水引入蓄水池集存起来，然后在旱季缺水时，利用蓄水池的水引入农田进行补充灌溉。

（一）集水区集水结构的修建工程

集水区地点的选择要注意地形、坡降及天然径流的流向和地质土壤等状况，一般要有一定的坡度，但坡面不宜太长，也不宜太陡，以 1.5% ~12% 为宜。坡面平缓的小集水区（坡度为 1.5%），降水集存的效果最好。在坡度 2% ~5% 的缓坡农田上，可实行等高带状种植；坡面为 5% ~12% 的山坡地带，可筑等高垄沟或拦水埂。集水区的几何形状有 V 字形、梯形、环状和凹形等。

对集水区集水表层要进行处理。对不透水的天然地表层，只要作适当的修整处理，清除杂物即可。对壤土或黏壤土集水区表层，清除石头、杂草，加以平整和夯实，或用红土和原地土混合夯实，或在夯实地表上铺棚膜以防渗。还可对土壤作化学处理，封闭地面孔隙，增加地表径流。用沥青制造廉价、不透水的集水区，特别是利用稀释和乳化的沥青或混合沥青的各种喷涂材料来喷洒土壤表面，效果很好。在集水区的坡面上清除草木，整平地面，洒消毒剂，再喷两层沥青，一层用来封住土壤毛孔，另一层用来防止风化。对集水表层进行地面覆盖，是另一种增加地表径流的方法，用一层防水薄膜将土壤盖上，对多孔的、不稳定的土壤来说较为经济。

(二)种植区的设计与修筑

种植区有水平阶地梯田、宽床和畦沟体系、等高沟或水平沟、微型集水面积种植等。

在集水区下边修建水平阶地梯田作为种植区，这是一种大型径流农业一般所采用的集水结构。其修整的具体要点如下：选用0.5% ~1.5%的缓坡地；要有厚层土壤，既能提供足够的土壤蓄水，又可减少修筑梯田时下切的影响；在可能情况下，可将所有梯田都修筑成相互平行和宽度相等的梯田，以便进行大型机械化耕作；阶地梯田应沿其长度严格保持水平，以保证土壤水分的均匀集蓄；为防止出现集水区的径流超过梯田可以吸水和蓄水的能力，在梯田的两端应有排水口，可以将水排到草坡护面水道或其他安全存水的场所。梯田的宽度主要取决于所用的机械，栽苗机和条播机的宽度增加，梯田就要较宽一些；典型的宽度是：坡度5% ~6%的土地上为10 m，坡度2%的土地上为30 m，坡度1%的土地上为50 m；集水区与梯田的典型比值为2，年平均降水量越小，需要的集水面积就越大。

等高沟和水平沟与水平或阶地梯田相同，即从集水区收集径流以改善种植区的土壤水分，但它比阶地梯田移动土壤少，更可被小范围和雨量少的地区采用，北方旱区的一些地方在干旱的坡耕地上修建水平沟农田，把坡面改为沟坡相间，把坡面的径流集中到水平沟农田中，以高矮相间的种植结构和高度密植拦截雨水。据河北承德地区试验，靠人为整地和种植措施，不仅能使水平沟部位的农田多得到66.5 ~223.9 mm的降水，而且又能把整个天然降雨的部分雨水较长时间地保持在土壤中，供作物生长需要，从而大幅度提高了天然降水的利用率，使产量低而不稳的坡耕地达到高产稳产水平。

微型集水面积种植，亦称窄带、条带集水面积种植。在降水过少、地形复杂、难以使用其他集水区种植结构的地方，可使用这类种植。这种微型集水面积种植有以下四种方式：

(1)集水区和种植区相间排列，一个集水区面向一个种植区。种植区为沟，内种两行作物，集水区为垄，分别单行向沟倾斜，两者的宽度都为50 cm。

(2)行间集水种植，即在作物行两边有两个集水区，一般通过在行间修建向两侧流水的背垄而达到集水种植的目的。

(3)在等高线上有小道或阶地，它们之间是作为收集降水的集水面，利用小道之间的径流可以灌溉生长在紧挨小道上坡的作物和牧草。

(4)平坑集水面积种植，即在10 ~1 000 m^2 的范围内，用15 ~20 cm高的土埂围着。每微型集水面积内，在最低处挖约40 cm深的平坑，里面种上一株树或若干株其他作物。平坑聚存来自微型集水面积的径流。

(三)集水补灌

集雨节灌是利用塘、堰、水窖，把雨水集存起来，在关键期用于灌溉。

在半干旱和半湿润易旱地区，降水有限，季节分布不均，年际变化大。一些国家分别采用了各种拦截雨水、减少蒸发和选用对雨水利用率高的作物等措施。如墨西哥自20世纪70年代初开始，在7个州对玉米、大麦、大豆和其他豆类等十多种作物开发了多种类型的集水农业。中东各国则自古以来就实行集水农业，利用小农业集水区挖掘水池拦截地面径流、保存雨水进行补充灌溉。

在我国干旱缺水地区，很难修建骨干水利工程，只好采用传统方法解决现实的缺水困难。据不完全统计，到2000年，西北、西南、华北13个省、区共修建各类水窖、水池等微型蓄水工程464万个，总蓄水量13.5亿 m^3，发展灌溉面积150多万 hm^2，解决了约2 380万人、1 730多万头牲畜的饮水困难和近1 740万人的温饱问题。"微"水不微，为旱作农业开辟了一条新路。

在作物缺水的关键时期进行补充灌溉，用很少的水量，就可以发挥很大的作用。科技工作者的试验表明：玉米每666.7 m^2 补灌50 m^3，可以比旱地增产320 kg；宁夏西吉县1998年统计，全县集雨节灌的地膜玉米平均每666.7 m^2 产440 kg，小麦205.8 kg，蔬菜1 603 kg，与传统种植比较，增产率分别为47.6%、55.8%、13.8%。

在干旱的年份或干旱的时期，利用有限水源集存的雨水进行补灌，是降水偏少地区的重要措施。利用雨水集流工程，在干旱地区所能集存的雨水等水源毕竟有限，因此，如何经济而高效地使用这些宝贵的雨水资源，研究适宜的补灌方式、补灌时期和补灌量十分重要。

补水灌溉的作物，应为经济价值较高的经济作物和增产潜力大的优质粮食作物。

补水灌溉的方式，目前主要有滴灌、渗灌、微喷灌与地膜覆盖相结合的膜上灌、膜下灌以及控制性分根交替灌溉等。

二、农田集水

利用沟垄种植，改变降水在农田中的分配，集中水分供作物生长发育应用，沟植与沟植垄盖都是农田集水技术，还可利用地膜将水引入农田附近的水窖，用于作物关键期的补灌。

（一）沟垄种植

沟垄种植是一项传统经验和现代科学技术相结合的抗旱增产技术。适用于西北地区川、台、民坝和水平梯田、埝地等，种植玉米、高粱等高秆作物。作物种在沟底，相当于抗旱深种，种子在湿土中便于发芽出苗；同时垄沟可大量蓄水，防止或减少地表径流，将雨水通过沟底渗入深层贮蓄起来；沟内可避风，使土壤蒸发小，有利于保墒防寒。陕北地区土壤疏松，黄土渗水性能良好，不会造成涝害。

（1）确定垄距。根据地力和所播种的作物确定垄距。水肥条件好的地块，垄距为90～100 cm，每沟种2行，行距为40 cm；水肥条件差的地块，可采用窄垄单行种植，垄距为80 cm左右，若种谷子也可减到60～70 cm；沟深24～30 cm，要求达到湿墒层。要坚持垄距标准，划线开沟，保证行间平行，行距相等。

（2）施肥。随开沟，随施肥，随播种。暂时不播种的，必须随即覆盖3～6 cm厚的湿土保墒。

（3）播种。播前选种、拌药。留苗密度按地力灵活掌握。玉米每666.7 m^2 播种量2～4 kg，留苗2 500～3 000株；高粱播种量1.5～2.5 kg，留苗6 000～8 000株；谷子播种量0.3～0.4 kg，留苗20 000～25 000株。播后根据墒情及时镇压。

(4)培土。结合追肥,通过中耕培土,把原来的土垄培向作物根部,形成新的土垄,使沟、垄位置互换,以防作物倒伏。

小麦沟播,深开沟9～10 cm,浅覆土2～3 cm,田间形成沟和垄,以改善土壤水分状况。利用配套机具,能一次完成开沟、集中施肥、播种、镇压联合作业。冬前0～20 cm土层,沟播土壤水分比平播多1.5%～2%,有利于冬前壮苗和越冬保苗;返青和拔节期沟播的土壤水分仍多于平播,可促率增穗。沟播由于深开沟,将表层的干土堆在埂上,种子播于湿土中,随后浅覆土,有借墒播种的功效。沟播情况下,降水向沟内集中,平播则降水均匀分布,在降水量较小时,沟播与平播的表层土壤水分有明显差异。

玉米起垄耕作,植于沟内,利用垄作小气候特点,既提高田间土壤温度,又减少了农田土壤蒸发和降水径流,起到了集水、保墒、增温的作用。与平作地相比,土壤温度高1～2 ℃,蒸发减少20%左右,土壤水分提高1%～2%。平地起垄,一条垄一条沟为一带,带宽1.2 m左右,其中垄宽0.6 m,高0.1～0.2 m,筑好后拍实集水,肥料沟施或穴施于沟内。在沟内种两行玉米,行距0.4～0.5 m,株距0.267 m。在肥力较高地块,沟可宽些,种3行玉米。坡地应沿等高线做垄。一次做垄可使用2～3年,作物收获后只在沟内进行耕作。

这项技术还可应用于高粱、豆类及部分瓜菜,对经济作物特别适用。

(二)沟植垄盖

沟植与地膜覆盖相结合,形成了沟植垄盖技术。它是在起垄的情况下,垄上覆膜、沟内种植的一项技术措施。沟植垄盖具有明显的集水增墒效应,它改变局部地形,使降水实现再分配,提高了利用效率。据试验,在垄宽80 cm的情况下,沟宽在50 cm以下,集水效果很明显。

三、根际微集水

根际微集水指利用高吸水树脂等化学物质,在作物根区保存水分。

如利用保水剂进行根区微集水。在农业上应用的高吸水性树脂俗称“保水剂”,它是一种新型功能的高分子材料,这类物质含有大量强吸水基因,结构特异,在树脂内部产生高渗透缔合作用,而能吸收并保持比它自身重量大上百倍甚至上千倍的纯水。由于各类型吸水性树脂原料不同,制法各异,品种甚多,组成了保水剂的庞大家族,有超吸水树脂、超力湿润剂、土壤保湿剂、高吸水剂、有机土壤结构改良剂、持水剂等。20世纪70年代中期,国外开始将保水剂用于玉米和大豆的种子涂层大田试验,并在干旱地区推广。至80年代初期,我国开始研制保水剂并进行生产,取得明显的进展。

保水剂吸水性强,对纯水的吸收量可达自身重量的300～2 000倍,最高可达5 000倍,对雨水的吸收能力仅次于纯水。保水剂颗粒一旦与水接触,即能很快吸收周围环境的水分。保水剂颗粒还能直接吸收水分散发于土壤中,用以补充土壤水分。它还能保持原吸水量的60%～70%,而且水分蒸发速度远比纯水蒸发速度为慢。随着植物生长和根部周围环境缺水具有均匀缓慢放水的能力,起到“土壤水库”的作用,其保持的85%～90%的水分都可供植物吸收利用,供水时间长,一般对当季作物有效,有的品种可供水2年甚至更长。

保水剂的使用方法以种子包衣和根部涂层为主，亦可直接应用于土壤和作栽培基质。

第三节　旱地集雨蓄水农业工程技术

豫西、豫北丘陵旱地，不仅水资源缺乏，而且水土流失严重，每逢雨季，暴雨形成大量的地面径流，顺坡而下，它所经过的农田，不仅水过田干，而且挟带走大量的表层肥土和肥料。据测定，坡度为10°～30°坡耕地，每年的流失水量为216 m^3/hm^2，冲走表土96.9 t。这些表土含有氮素51 kg，有机质765 kg，相当于流失厩肥8.25 t/km^2。年复一年的水土流失，使表层土壤层次变薄、地力严重下降；在水土流失严重的坡耕地，有机质含量仅1.7～2.5 g/kg，有效磷含量12～15 mg/kg，许多农田变成难以耕种的石渣地。豫西的洛阳－三门峡一带旱坡地水土流失严重，其年平均水蚀模数在1 225 t/km^2 以上，个别地方高达1 500～2 215 t/km^2。据豫西13个县（市）统计，水土流失面积总计14 434.2 km^2。占豫西13个县（市）总面积的62%，成为河南省地力最薄、产量最低的地区之一。通过修筑水平梯田、水平沟、隔坡梯田、鱼鳞坑等水土保持工程技术的研究与应用，可有效提高降水的拦蓄入渗，增加了土壤蓄水量，提高了降水的利用率。

一、梯田拦蓄雨水工程

洛阳市农业局旱地办统计，至2000年底全市共进行坡耕地改造12.44万 hm^2。有效地控制了水土流失，提高了降水的就地拦蓄入渗，增强了土壤接纳存蓄降水的能力。根据调查，经过坡耕地改造后，单位土壤增加蓄水量300 m^3/hm^2 以上，相当于为农田浇了一次水，小麦平均增产30%左右。孟津县王良乡桐乐村组织全村村民通过打堰填土，增加活土层，将全村207 hm^2 坡耕地全部治理一遍，实现了“小水不出地，大水不出沟”，增强了保水能力。几年来，小麦单产均稳定在3 000 kg/hm^2 以上。南召县是一个“七山一水一分田，一分道路和庄园”的典型山区县，年降水量虽在900 mm以上，但多集中在7、8、9月三个月，7、8、9月降水量占全年降水量的57.4%，旱灾频繁，平均年2.6次，有“十年九旱”之称。该县根据自身实际，围绕“土”字做文章，在“土”字上下工夫，按照“提高质量，保证速度，加强防护”的原则，对全县的岗坡丘陵区进行了坡耕地的改造，建成“沿着等高线，绕着坡势转，里切外垫倒流水，活土层达到二尺半（83 cm），田埂高宽各1尺（34 cm），人路水路穿中间”的高标准水平梯田2.07万 hm^2。改造后的梯田基本达到连续80 mm降水无径流、达到暴雨无冲毁农田的要求，最大限度地蓄积天然降水。在2000年春长达5个月没有降水的情况下，5月中旬测定5～20 cm耕层含水量均在10%以上，比没改造的坡耕地高6%以上。

（一）梯田的建设

梯田按断面形式可分为，水平梯田、坡式梯田、隔坡梯田、反坡梯田、复式埂坎梯田和削坡复式梯田。按修筑田坎所用材料可分为石坎梯田，土石山区多为石坎梯田，黄土区多为土坎梯田。

梯田工程主要技术要点如下：

(1)梯田类型的选择。主要按地形、坡度而定,另外还需考虑土壤质地、雨量大小、水源状况、距村庄的距离、机耕难易程度等因素。按地形、坡度而论,丘陵地区一般在7°～25°的坡地上可修水平梯田和隔坡梯田,7°以下的缓坡地可修坡式梯田,25°以上就不适宜再修梯田。土石山区修石坎梯田,黄土区应修土坎梯田;劳畜力充足的地方,宜一次整平,修水平梯田;地多人少的地方则适宜修坡式梯田;雨量小的干旱半干旱地区宜修隔坡梯田和集流梯田。

(2)梯田建设的设计。梯田断面的设计,包括确定梯田的田面宽度和田坎高度,一般情况是地面坡度越陡,田面宽度越小,相应的田坎高度越大,田坎宽度越缓。田面过窄,不便耕作,田坎蒸发面比例加大,不利增产;田面过宽,挖填量大,造成人力、物力、时间浪费,同时田坎过高不易稳定,田坎过缓,占地多。因此,梯田设计应以耕作方便、田坎稳定、少占耕地为原则。

(3)梯田建设的基本指标。梯田建设集中连片面积应不小于3.33 hm^2,沟、池、路配套,田间道路宽2～3 m,比降不超过15%,田面沿等高线基本平行,宽度不小于10 m,土层厚度达到60 cm以上,田面纵向、横向水平,田边有宽1 m左右、大约10°的反坡。田边修拦水土埂,土埂顶宽0.3 m,内坡与外坡比为1∶1,田坎坡度50°～70°,田坎坚实。

(4)梯田的生土熟化技术。第一,梯田田面要平整,地埂夯实,使蓄水均匀,梯田修好后,要深翻一次,打破土块,并结合镇压耙耱,使土地沉实,上松下实,有利于抗旱抓苗;第二,新修梯田一定要注意土壤改良,第一年应选用能适应生土的豆类、马铃薯或绿肥、豆类牧草,进行生物改土,而后种植粮食作物。

(5)植物护埂技术。为减轻暴雨对土埂的冲刷,在埂上种草覆盖,以鸢尾作为护埂植物,苗期生长快覆盖严密,羊不爱吃不蹬踏。长成后横向扩展少,与作物基本不争肥水。冬季干枯后叶片可作饲料。但对其移栽技术,包括种植密度和管理方法等尚需进一步研究。

20世纪60年代以来,洛阳地区相继建成了一批坡改梯工程,这些工程使地表形态由坡地变成了平地,划小了地块,截短了坡长和径流线,限制了集流面积,减少了地面径流速度,可以有效地拦蓄降雨,实现水不出田,土不下坡,较好地解决了水土流失的问题。与治理前相比,地面径流减少70%,洪水泥沙减少90%,据测定,每亩多蓄水12～15 m^3,保土4～5 t,并且培肥了土壤,土壤总孔隙度增加5%～10%,毛管孔隙度增加14%～15%,0～100 cm土壤含水量增加50 mm。

(二)梯田的种类

1.水平梯田

水平梯田是梯田的高级形式,它是在坡耕地上沿等高线修成的田面水平、台阶式田块的梯田,具体按照"沿着等高线,绕着山头转,里砌外垫,外高里面陷、三个一尺半,集中连成片"的标准进行建设,保证一次性降水100 mm可全部拦蓄。"三个一尺半"即深耕1尺半、埂高一尺半、埂宽一尺半、河南省宜阳、伊川、新安常采用此种方法,具体做法如下:

(1)选择地点。水平梯田应规划在25°以下的坡耕地上,并且要规划好道路,以利机械耕作和运输。

(2)确定埂线。先用简易定平仪测量坡度,然后按坡度确定梯田规模,按斜坡长确定田埂线。

(3)确定田面宽度和梯田高度。田面宽度要随坡度而定,坡度大时,田面较窄,坡度小时田面较宽,一般情况下,小于5°的缓坡地,田面宽度30 m左右,超过60 m工程量太大;坡度15°~25°的陡坡地,田面宽度以5~10 m为宜,修埂填土同时进行,保持等高,一般埂高埂宽都在40~50 cm。

(4)修筑田面。总的原则是尽量保留表土,保证当年增产。

在浅山区利用当地石头资源,修建石砌梯田,效果也很好。汝阳县登山村摸索出"弯、厚、拱、长、平"的五字诀。弯:梯田要沿着等高线,绕着山头转达,大弯就势,小弯取直;厚:土壤就近取,不能近取远挑,活土三尺不能不少;拱:斜堰易滑坡、直堰易塌陷,抹七再出三,垒成拱形堰,面积不减少,坚固又美观;长:顺着坡势走,沿着水路行,能长则长,耕作方便;平:地面要平整,地边要有埂,水土不流失,保好活土层。这样修筑的梯田,小雨不出地,大雨不毁田,使该村小麦亩产由治理前亩产80 kg提高到300 kg。

2. 坡式梯田

坡式梯田一般是在不超过10°的平缓坡地上,保留原坡面,按等高线修梯田。只修田埂,不平整地面,而是经过逐年冲淤与定向翻耕逐年加高田埂,使坡耕地逐渐变为梯田,这些坡耕地若一次修成水平梯田,一是用工太多、投资过大,二是水平梯田往往破坏耕层,当年增产效果不大,在人少地多的偏远山村先少修一些水平梯田,将大面积修成坡形埂田,通过连年耕作,使田面坡度减缓,最后演变成坡度较小的坡式梯田。具体方法如下:

(1)修地埂。5°以下的缓坡地,一般以道路为界,与等高地块与地块高差不超过2 m,线基本平行修地埂,地面宽度20~40 m,地埂长度100 m以上,埂高0.4~0.5 m,埂顶宽度0.3 m,迎水坡比1:8~1:1,背水坡比1:0.2~1:0.3,5°以上的坡耕地,地埂线基本按等高线布设,田面宽度最少8 m,埂线宽度半径不小于10 m,地埂间距按水平梯田进行设计,要每年定向深耕两次,以利加速地面平整。

(2)修筑坡式梯田。地埂修好后,每3年加高一次,尽量在埂下取土,采用下切上垫进行施工,使坡度逐渐减缓。以后条件许可情况下每隔2~3个地埂修成一级水平梯田。据测定分析,耕地坡度减少1°,土壤蓄水可提高1%~2%。在黄土丘陵区,还有一种砚凹池状梯田,具体方法是里切外垫、修堰补壑、深翻改土,修建的梯田边缘比中心高30 cm,呈"砚凹池"状,收到了很好的蓄水保墒效果。如孟津县砚凹池梯田1 560亩,在日降水量100 mm的情况下,水土不流失,小麦产量由治理前的150 kg/亩提高到416 kg/亩。

无论哪种梯田,都要修筑相应的排水系统,以防暴雨冲垮田埂,造成新的水土流失,同时,要尽量保持表土和底土不混合,使地面上有较厚的熟土层。坡耕地改为梯田后,要通过推广秸秆还田、种植绿肥、增施有机肥等手段,培肥地力,充分发挥蓄水保墒作用的增产效果。据伊川县调查统计,每亩还田200 kg麦秸,土壤容重减少0.04 g/cm^3,孔隙度增加0.67个百分点,有机质含量提高0.1个百分点,速效磷含量提高2.8 mg/kg。小麦亩产提高8%(见表3-1)。

表 3-1　梯田秸秆还田培肥地力效果

处理	土壤容重 (g/cm³)	孔隙度 (%)	含水量 (%)	有机质 (%)	速效磷 (mg/kg)	速效钾 (mg/kg)	小麦亩产 (kg)
麦秸 200 kg/亩	1.34	46.79	15.2	1.1	10.3	210	352.5
对照	1.38	46.12	12.6	1.0	7.5	190	326.0
增减	-0.04	+0.67	+2.6	+0.1	+2.8	+20	+26.5

二、雨水集流技术

旱作农业区域的降水特征决定了其降水高效利用的难度，由于其降水分配的季节性不均和供需错位，只有通过人为的调节措施，进行雨水收集、贮存，才能供农作物生长关键季节使用，从而提高降水的利用率。

雨水集流技术就是利用自然和人工营造的集流面积把降水径流收集到特定的场所，如蓄水池、蓄水窖、蓄水井等。目前，我们多采用庭院、场院、屋顶、路面、坡地、塑料大棚棚面等进行降水的收集。据甘肃定西地区水土保持研究所的测定，不同集水材料的集水效率具有明显的不同，有塑料薄膜、混凝土、混合土、原土处理的集水面，集水效率分别平均为59%、58%、13%和9%；单位面积年集流量分别为0.259、0.256、0.055、0.038 m^3/m^2，均高于自然状态下的集流面。山西临汾地区水土保持研究所对村庄道路、砖瓦屋顶、水泥砂浆抹面、塑料薄膜覆盖面、灰土夯实的集流效率进行了试验测定，结果表明其集流效率分别为15.50%、30.30%、83.03%、89.63%和32.34%。根据这些试验、研究和测定结果，自1989年起河南省旱地办公室在河南省主要旱作农业县进行了雨水集流技术的推广应用，其主要技术如下。

（一）利用庭院、屋顶集雨，解决旱区人畜吃水问题，发展庭院经济

农村一般都有碾实的场院、庭院，建筑的房屋坡面均匀、防水性能好，这些是人为的“天然”集流、雨水收集面，从而为旱区的季节性降水收集提供了良好的条件。河南省旱地办公室在总结其他经验的基础上，在豫西北严重缺水区，根据其多年降水量、降雨强度进行了庭院蓄水设施的修建，解决旱区农村人畜吃水的问题，同时利用富余水发展了庭院经济。

（二）利用坡地、道路集雨，发展微集水节水灌溉工程

河南省的旱地多为丘陵、岗地和山坡地，有天然的集雨面和集流坡，同时随着当地经济的发展和国家、省政府对旱作农业的开发，修筑了众多的硬化路面，如柏油路、水泥路等，再加上碾实、“硬化”的田间小道，都可以用来作为旱地蓄水井、窖的集雨面和集流面。根据全省旱作农业发展的实际及各地的农业生产状况，1989～2001年全省共修建人工防渗蓄水井、蓄水窖、蓄水池7万多座，总蓄水量达800万 m^3。一般的蓄水井、窖50～80 m^3，大的蓄水100～200 m^3；一般蓄水池蓄水3 000～5 000 m^3，大的蓄水量达到20 000 m^3。同时，配套以节水灌溉工程，促进了全省旱作农业的健康发展。如卫辉市太公泉乡道士坟村地处太行山区，地上无坑塘，地下无井泉，水源奇缺，石厚土薄，种在天，收在天，

人畜吃水十分困难，生产用水更无法保证，风调雨顺的年份，粮食产量仅 1 500 kg/hm^2 左右。1992 年在省、市、县旱地办的大力支持下，该村积极配合，克服重重困难，大搞井窖与滴灌系统相结合的微集水工程建设，按照科学选址、科学防渗防漏与现代化滴灌相配套的原则，利用天然坡面截蓄径流、挖窖蓄水，采取蓄水窖、地埋管、滴灌设备 50 套使昔日用水贵如油的穷山村显示了勃勃生机：解决了全村人畜的吃水问题，家家用上了自来水管。建成了旱涝保收田 20.8 hm^2，实现了人均一亩水浇田，作物产量明显提高，1993 年小麦总产达 48 450 kg，比历史最高的 1989 年增长 29.2%，1994 年全村粮食总产达 14 万 kg，比 1993 年增长 27%。滴灌小麦产量最高达到 5 610 kg/hm^2，1996 年全村粮食达到 16 万 kg，比 1993 年增产 31%；每户水窖周围都发展了自己的菜园，蔬菜品种多，实现了户户、季季有鲜菜；开始了农产品的深加工，全村每年加工红薯 4 万多 kg，生产粉条 8 000 多 kg，增值 1 万多元。利用集水向高产高效农业发展，逐步发展了日光温室 3 座和畜牧养殖厂 2 座。其中容量达 7 000 多 m^3 的"天下第一窖"就建在该村，成为远近闻名的"旱地水窖第一村"。兰州大学干旱农业生态国家重点实验室赵龄教授、河南农业大学杨好伟教授等专家一致认为，道士坟村发展的水窖微集水工程和节水灌溉为旱作农业的发展找到了新的突破口，为加快发展旱地农村经济找到了新的出路，为北方旱作农业发展作出了创造性的贡献。

道士坟村的发展成为卫辉市和河南省微集水节水灌溉工程发展的典范，并带动了全市和全省微集水节水灌溉工程的发展，推动了河南省旱作农业的高效持续发展。10 年来，卫辉市共建成水窖 7 744 座，总蓄水量 150.38 万 m^3，增加节水灌溉设备 1 500 套，埋设节水灌溉管道 2 800 m，解决了山丘旱区 38 个行政村 8 017 人和 7 131 头牲畜的用水问题。同时，新增灌溉面积 857.8 hm^2，平均单产 3 000 kg/hm^2，年增产 262.74 万 kg，增加经济效益 341.56 万元。尤其是近几年山丘区连续遭受干旱威胁，特别是 2001 年春季连续 4 个月干旱，更显示了微集水节水灌溉工程的巨大威力。据试验测试，1995 年的大旱之年，滴灌 1 次的冬小麦单产 2 250 kg/hm^2，滴灌 2 次的单产 4 650 kg/hm^2，滴灌 3 次的单产 5 625 kg/hm^2，而同等肥力没有浇水的地块单产仅 900 kg/hm^2，3 种不同的滴灌次数分别比未滴灌的小麦增产 150%、417% 和 525%，增收了 124.2 元、345.0 元和 434.7 元，水分利用率由地面灌溉的 25% 提高到 95%，达到了巧用的目的，使有限的蓄水灌溉效益提高 4～5 倍。

汝阳县马寺村，是汝阳县南部贫困山区十八盘乡西部的一个穷山村，全村 205 户 675 人，35.1 hm^2 坡耕地，人均坡耕地仅 0.052 hm^2。"打井没有地下源，引水难取沟中泉，山涧滴水难入田，一遇干旱成灾难"是其过去的写照。通过对其自然条件、经济条件的调查，1991 年在省、市、县旱地办的支持下，开始了微集水节水灌溉工程的建设，经过 10 年的不懈努力，完成土方 9.58 万 m^3，建成了微集水节水灌溉农田 58 处，总蓄量 5.2 万 m^3，使该村 70% 的坡耕地变成了可灌溉农田，人均可灌溉农田 0.036 hm^2。同时，解决了该村 90% 农户饮水难的问题，60% 的农户用上了自来水。该村粮食总产由原来的 145 t 增加到 281 t，增长 93.8%，其中夏粮由 55 t 增长到 94 t，增长 70.8%；秋粮由 90 t 增加到 187 t，增长 107.8%，全村人均占有粮食 415 kg；全村经济收入由 1992 年的 23.5 万元提高到 2000 年的 89.6 万元，增长了 2.8 倍，其中种植业收入由 1992 年的 12 万元增加到 2000 年的 38

万元，增长2.2倍；农民人均纯收入由1992年的286元增加到2000年的1 150元，增长了3倍多。

灵宝市南部丘陵山区的周家塬村，年降水量不足600 mm，农民经济贫困、发展缓慢，自1998年实施旱作农业项目以来，全村采取微集节水补灌为突破口，将旱地贮水窖与其他先进的节水农业技术结合起来，确定“突出重点，集中连片，综合开发，提高效益”的原则，提出“修一条好路，建一处旱窖，浇一片果园，富一户人家”的指导思想，在全村经过统一规划、统一实施，典型引路、示范带动，取得显著成效。3年累计完成微集水工程1 200余座，建千方高位蓄水池1处，埋设PUVC输水管道9 000 m，配备节能型移动灌溉设备20套，滴灌设备2套，发展节水浇灌溉面积166.67 hm^2。该项工程使全村133.33 hm^2小麦年增产25万kg，166.67 hm^2果园新增果品20万kg，年增产值60万元，为群众脱贫致富奔小康创造了良好条件。济源下冶乡朱庄村位于王屋山腹地，是典型的旱作农业区，1992年在省、市旱作农业办公室的支持和指导下，该村大力发展微集水石榴生产，取得显著效益。2000年全村种植石榴10 hm^2，总产8万kg，销售到上海、郑州等大城市，总收入30多万元，仅此一项全村人均增收600余元，成为旱作农业结构调整的典型村。

（三）修建小型蓄水水库

以小流域为单元，修建小型蓄水水库，将旱地区域的降水拦蓄起来，一方面可以回补河川、谷地的地下水位，为川地的集约高效农业提供丰富的水分资源，另一方面为丘陵旱地集雨补灌、节水灌溉提供水分保证。同时，也可以将水资源的利用与水土保持、生态环境改善等紧密结合在一起，促进旱作农业生态环境的不断改善，为旱作农业区域的综合高效发展提供水分资源。如陕县东凡乡全乡耕地面积1 933.33 hm^2，仅有水浇地面积400 hm^2。旱坡地占总耕地面积的79.3%，易发生春旱、伏旱、秋旱，干旱发生面积90%以上。为战胜旱魔，东凡乡人民先后修建小型水库2座（库容87万m^3的金山水库和35万m^3的石疙瘩水库），3处塘坝蓄水10万m^3，百米深井40眼（正常使用29眼），挖小土井120眼，建流动泵站24处，在2001年严重干旱的情况下旱地浇水面积266.67 hm^2，地膜覆盖553.33 hm^2，抗旱保苗1 600 hm^2。加上小麦地膜覆盖技术的应用，2001年小麦在长达5个月的干旱中，平均单产3 225 kg/hm^2，与全县相比，平均增产225 kg/hm^2，其中280 hm^2地膜覆盖小麦平均单产4 620 kg/hm^2。

三、小流域治理

山区和丘陵地形复杂，一个小流域沟、支沟、毛沟纵横，为了保持水土，战胜干旱，必须搞好以流域治理为重点的水土保持工作。治理的原则，应按地貌类型确定重点，先治上、后治下，先治坡、后治沟，沟道上下层层截流、节节拦蓄，做到小雨不出地、中雨不冲沟、大雨不成灾。治理时，必须统一规划，综合、集中、连续治理，坚持工程措施与生物措施相结合，因地制宜，合理调整农业结构，宜林则林，宜草则草，宜农则农，不断削弱洪峰，减轻土壤侵蚀。发挥蓄水拦水绿化荒山荒坡、改善生态环境的作用。具体做法是：远山和30°以上的陡坡，以刺槐为主，营造水保林，快速封山；对25°～30°荒坡和坡耕地，分别开挖鱼鳞坑和反坡梯田种植用材林和经济林；对25°以下的坡地，修造水平梯田，蓄水保土，发展种植业。沟道治理方面，对狭窄的毛沟用刺槐或用土石封沟，对沟面宽畅的支沟或主沟闸堰布防，封沟淤地，改河造地。经济林上山，沟底建良田。据嵩县水土保持试验站调查，刺槐封沟5年，树冠截留占发生径流量的11.84%，每亩刺槐持水量可达136.9 t，林地的渗水性和蓄水性增强，侵蚀模数减少63.2%，拦泥沙效益明显（见表3-2）。

表3-2　刺槐封沟试验

项目	采样深度（cm）	容重（g/cm^3）	透水速度（mm/min）	孔隙度（%）	含水量（%）	径流量（mm）	侵蚀深度（mm）	侵蚀模数（kg/hm^2）
刺槐封沟	0～20	1.19	0.20	63	19.5	25.6	0.01	295.5
沟坡荒地（CK）	0～20	1.30	0.18	58	14.6	58.9	0.08	802.5
削减率（%）		8.5				56.5	85.0	948

洛阳市1988年实施农业综合开发以来，本着“先易后难”原则，集中力量治一道沟，治一架山，治一个流域，取得了明显的效果。据2001年统计，小流域治理798.8 km^2，治理后土壤年水蚀模数由2 640 t/km^2下降到1 160 t/km^2，林草覆盖率由13.4%上升到19.6%，形成了林草护农、林茂粮丰的生态环境。如新安县北冶乡1991～1994年共投入劳动积累工175.3万个，投入资金300多万元，四年治理四架山，动土石方145.8 m^3，栽植水保林、经济林8 215.5亩，抽槽整地7 005亩，完成荒山造地和坡改梯面积540亩，栽种苹果树、桃树、花椒、杜仲、香椿、刺槐、核桃、松柏共计54.8万株，昔日的荒山秃岭不毛之地，今日林茂粮丰一片葱绿。

第四节　地面覆盖保墒、蓄水抗旱技术

我国农耕历史悠久，关于覆盖栽培的历史，在《齐民要术》卷三的《种胡荽》篇中有“十月足霜，乃收之。取子者，仍留根，间拔令稀，以草覆上”的记载，说明我国在六世纪中叶已有覆盖栽培。传统覆盖农业在我国已经有几千年的历史，其中秸秆覆盖和地膜覆盖应用面积较大。

缺水是影响旱地小麦生产的主要限制因子，因此旱地小麦生产技术应当以蓄天上水、保土壤水为核心，实施蓄水、保水和节水综合配套技术，最大限度地提高天然降水的水分生产效率，提高旱地小麦生产水平。

旱作农业中蓄纳降水与保墒工作密不可分。通过修筑梯田、平整土地、深耕深松等措施尽可能减少地表径流，最大限度地把天然降水贮蓄在土体之内，逐步供给作物吸水。另外，湿润的土面受到风吹日晒，土壤中水分就会不断地汽化而散失于大气中，使土壤变得干旱，这种现象称为土壤水分的蒸发。因蒸发而引起的土壤水分损失可达同期降雨量的50%～60%，因而如何减少和控制土壤水分蒸发是保墒技术的基本点和出发点。裸地土壤的蒸发，一般需要具备3个条件：①要有不断的热量补给，以满足水分汽化所需的热量；②土面的水汽压要高于周围大气中的水汽压；③土壤内部能源源不断地向蒸发面提供水分。前两个条件决定于大气气象因素，即所谓“大气蒸发力”或“潜在蒸发力”，第三个条件决定于土壤水分含量及其导水性能。实际的蒸发速率则取决于诸因素中的较小者。

减少和控制土壤水分蒸发的保墒技术就是针对上述土壤蒸发的三个条件采取对应措施,例如,可以通过地面覆盖隔断地面与大气接触,减少热量补给;可以通过耙、耱、中耕等手段切断土壤毛细管,控制和减少土体内部水分向表土移动,而切断蒸发的水分源头。

塑料薄膜作为覆盖材料在中国出现之后,给农业栽培技术带来重大变革。地表覆盖是当前世界旱农地区广泛推广的一项耕作技术,能有效地保水。在我国,覆盖栽培技术在传统农业中已早有利用,近年来在北方旱作农业生产中更广泛地得到推广应用,并成为少耕、免耕法的一个重要组成部分。地表覆盖不仅能抑制土壤水分蒸发,减少地表径流,蓄水保墒,还能增温保温,保护土壤表层,改善土壤物理性状,提高水分利用率。覆盖材料可因地取材,可用作物残茬、秸秆、砂石、塑料薄膜等。下面就秸秆覆盖、地膜覆盖作一介绍。

一、秸秆覆盖技术

秸秆覆盖指利用农业副产物(茎秆、落叶、糠皮)或绿肥为材料进行的农田覆盖。在一般情况下,大田作物的秸秆覆盖材料多用麦秸、麦糠和玉米秸。

(一)秸秆覆盖的作用

干旱少雨、没有水源是旱区农业生产的最主要障碍因素。由于秸秆覆盖具有抑制土壤无效蒸发、改善田间水分状况的作用,应用秸秆覆盖和少免耕相结合的保护性耕作技术,可以有效地起到蓄水保墒、减少水分无效蒸发、提高水分利用效率的作用。

深松覆盖和免耕覆盖技术,由于地面秸秆残茬覆盖的作用,使雨水渗入时间延长,特别是深松覆盖打破了犁底层,使自然雨水下渗较深,蓄水效果大为增加;同时由于地面覆盖的作物秸秆减轻了雨滴对地表的直接作用,阻碍了地表上的水流速度,降雨强度较小时基本不产生径流,而降雨强度较大时径流量也大大减少,有效地提高了水分利用效率。与传统耕作相比较,深松覆盖和免耕覆盖休闲期间土壤蓄水量提高 8.79% ~13.39% 和 7.72% ~8.05%,降水贮蓄率提高 13.72% 和 11.28%,降水利用率提高 25.55% 和 11.83%,水分利用效率提高 16.37% 和 10.62%(见表 3-3)。

表 3-3　秸秆覆盖对旱地小麦水分利用效率的影响

处理	水分利用效率 [kg/(hm^2·mm)]			降水贮蓄率(%)			降水利用率(%)	降水利用效率 [kg/(hm^2·mm)]		
	2000 年	2001 年	平均	2000 年	2001 年	平均		2000 年	2001 年	平均
传统耕作	12.5	10.1	11.3	46.9	51.5	49.2	60.7	9.34	7.14	8.24
免耕覆盖	14.2	10.8	12.5	52.5	57.0	58.4	70.3	10.22	8.21	9.22
深松覆盖	14.7	11.6	13.2	53.0	58.9	56.0	70.6	11.13	9.56	10.35

由表 3-4 可以看出,无论是在小麦生长的耗水期,还是在休闲期间的蓄水期,土壤蓄水量均为深松覆盖 > 免耕覆盖 > 传统耕作,说明深松覆盖和免耕覆盖的保水和蓄水能力均较强。从小麦拔节到成熟耗水高峰期不同耕作方式土壤蓄水量的变化来看,免耕覆盖、深松覆盖、传统耕作的土壤蓄水量分别下降 106.8、107.2、96 mm,深松覆盖土壤蓄水量的

下降幅度最大,免耕覆盖次之,说明深松覆盖和免耕覆盖下小麦对水分的利用更为有效(李友军等,2006)。

表 3-4 秸秆覆盖对旱地小麦土壤蓄水量的影响 (单位:mm)

处理	播种期(9月下旬)	苗期(10月中旬)	冬前(12月中旬)	拔节期(3月上旬)	成熟期(6月上旬)	休闲期(7月上旬)	休闲期(7月下旬)
传统耕作	364.5	417.0	371.2	351.9	255.9	290.2	422.6
免耕覆盖	390.6	441.1	394.6	379.9	273.1	312.6	456.6
深松覆盖	395.9	458.2	401.1	385.8	278.6	315.7	479.2

在灌溉条件下,秸秆残茬覆盖可以推迟灌溉期,减少灌溉次数,节约灌溉用水量。从表 3-5 可以看出,不覆盖秸秆的小麦全生育期灌 5 次水,灌溉水量为 2 700 m^3/hm^2;而秸秆覆盖的冬小麦全生育期只灌一次水,灌溉定额为 600 m^3/hm^2,节约用水 2 100 m^3/hm^2,节水效应十分显著。从耗水的组成来看,不覆盖秸秆全生育期灌 5 次水的处理,冬小麦耗水以灌溉水为主,占到耗水量的 48.1%,对土壤储水的利用很小,对生育期的降水也不能充分利用;而覆盖秸秆灌 1 次水的处理,冬小麦耗水以利用生育期间的降水和播前土壤储水为主,对灌溉水的消耗很少,只有耗水总量的 12.7%(赵聚宝,1996)。

表 3-5 秸秆覆盖对旱地小麦水分利用效率的影响

处理	总耗水量(m^3/hm^2)	耗水量的组成					
		有效降水量		土壤供水量		灌溉水量	
		m^3/hm^2	%	m^3/hm^2	%	m^3/hm^2	%
不覆盖秸秆	5 610.0	2 506.5	44.7	403.5	7.2	2 700	48.1
覆盖秸秆	4 714.5	2 506.5	53.2	1 608	34.1	600	12.7

1. 提高土壤的蓄水、保水和供水能力

农田覆盖一层秸秆,一方面可使土壤免受雨滴的直接冲击,保护表层土壤结构,防止地面板结,提高土壤的入渗能力和持水能力;另一方面可以切断蒸发表面与下层土壤的毛管联系,减弱土壤空气与大气之间的乱流交换强度,有效地抑制土壤蒸发。因此,秸秆覆盖可以改善农田土壤水分状况,提高土壤的蓄水、保水和供水能力。

豫西旱作区小麦玉米一年两熟制下少免耕覆盖技术的应用效果及增产机理,可显著降低坡耕旱地水土养分流失,降低了雨滴打击作用,减缓水流速度,径流发生次数减少 60%,径流量减少 80.3%。养分流失最严重的是钾,其次是氮,磷的流失相对较小,免耕覆盖下氮侵蚀量减少 7.71%,磷侵蚀量减少 38.6%,钾侵蚀量减少 31.74%。表层土壤有机质增加 0.02~0.03 个百分点,速效氮、磷、钾养分增加 0.16~14 mg/kg。免耕覆盖能降低养分的富集作用,削弱坡上下的养分差异。在耕层土壤深松与免耕处理微生物态碳的含量明显高于传统处理。

土壤质地和结构差异、降雨水分入渗以及土壤水分蒸散等原因,造成土壤水分在土壤剖面上分布得不均匀和不一致。土壤水分上升期与下降期是两个相反的过程，应分别进行分析，根据不同土壤层次水分含量变化的幅度和周期，将土壤水分剖面变异划分为速变层、活跃层、次活跃层和相对稳定层4个层次。

小麦生育期间土壤水分变化总体是下降的，上层土壤由于受外界气候的影响较大，变异系数大，随着土壤深度的增加变异系数逐渐减小。高留茬深松的土壤水分速变层在0~10 cm，活跃层在10~90 cm，次活跃层在90~160 cm，没有相对稳定层，说明高留茬深松技术改善了土壤条件，保持了良好的耕性，土壤水分可利用层次较深。

夏休闲季节是土壤水分恢复期，土壤水分含量持续上升，不同层次含水量的变异系数均高于小麦生育期间，说明受外界气候的影响，土壤水分干湿交替变化的频率与强度均强于水分消耗阶段。高留茬深松下土壤水分速变层在0~10 cm，活跃层在20~40 cm，次活跃层在40~120 cm，相对稳定层在120~160 cm。一次深翻处理由于地表平整度较好，径流量大，在雨季水分的恢复程度与深度最小。降水季节与小麦需水之间的不吻合性决定了土壤水分的阶段性差异。根据土壤水分周年变化特点，大体可以把土壤水分变化阶段划分为小麦生育期间的消耗阶段（持续增加期、缓慢下降期、相对稳定期和快速下降期）和夏休闲季节的恢复阶段（缓慢上升期和快速上升稳定期）。

张洁等通过对地膜、秸秆和液膜三种覆盖栽培模式对冬小麦土壤水分动态的影响进行分析，结果表明，地膜覆盖能显著提高产量，增产8.32%，增产效果优于秸秆覆盖和液膜覆盖；地膜覆盖和液膜覆盖返青期有增温保墒作用，耕层土壤含水量较对照增加4.4%和3.0%；秸秆覆盖在冬小麦的关键生育期保墒效果好，返青期和抽穗期0~100 cm贮水量较对照高15.2 mm和9.8 mm，前期的低温效应，对冬小麦生长有抑制作用，但后期表现出优势。不同覆盖可提高水分利用效率，秸秆覆盖有利于豫西地区土壤的培肥和可持续利用。

中国农业科学院农业气象研究所（信乃诠，王立祥，1998）的田间定位试验结果表明，冬小麦生育期秸秆覆盖的降水保蓄率比对照提高24.2%；农田休闲期秸秆覆盖，测定期间的自然降水保蓄率比对照提高60.5%（见表3-6）。麦田夏闲期间秸秆覆盖麦播前0~50 cm土层含水量比对照高1.7%~2.3%，储水量提高11.9 mm。

表3-6　秸秆覆盖对降水保蓄率的影响

处理	冬小麦生育期间			春玉米生育期间			农田休闲期间		
	降水量（mm）	土壤蓄水量（mm）	降水保蓄效率（%）	降水量（mm）	土壤蓄水量（mm）	降水保蓄率（%）	降水量（mm）	土壤蓄水量（mm）	降水保蓄效率（%）
秸秆覆盖	196.8	153.4	77.9	247.6	207.0	59.6	157.3	125.0	79.5
对照	196.8	105.6	53.7	247.6	137.7	39.6	157.3	29.9	19.0
差值	—	47.8	24.2	—	69.3	20.0	—	95.1	60.5

原西北农业大学在渭北旱塬地区于夏闲地、小麦越冬期、小麦返青期，用麦草覆盖在翻耕地上所进行试验表明，夏闲期每亩覆盖量为400、300、200 kg，0~50 cm土层内的土

壤蓄水量比不覆盖的分别增加 11.1、7.2、2.5 mm；越冬期分别增加 15.1、11.8、3.5 mm；返青期分别增加 12.6、6.3、3.5 mm。减少水分蒸发的效果主要表现在土壤上层，表层0 ~ 20 cm 的含水量明显提高，上层土壤长时期保持湿润状态。

秸秆覆盖利于作物根系对土壤深层储水的吸收利用，具有明显的"提墒"作用。据测定（信乃诠，王立祥，1998），秸秆覆盖保蓄的水分主要是在0 ~ 100 cm 土层内，尤其是集中在0 ~ 50 cm 土层内，麦田休闲期秸秆覆盖，0 ~ 50 cm 土层所增加的土壤储水量占总增加储水量的 60.5%。

大量研究表明，秸秆覆盖对土壤含水量的影响表现为：土壤墒情好时比土壤干旱时明显，农田休闲期比作物生育期明显，作物生育前期比生育中后期明显。

秸秆覆盖对土壤水分的影响在不同时期有一定差异。据河南省农科院土肥所在辉县张村乡定位观测结果（见表 3-7），秸秆覆盖对土壤水的效应在 4 月以前表现显著，在4 月之后差异较小，可能是 4 月之后降水增加的缘故。

表 3-7　小麦覆盖试验 TDR 水分测定结果　（单位：V/100）

日期（年-月-日）	处理深度（cm）	常规种植（CK）	秸秆覆盖量				地膜覆盖
			200 kg/亩	400 kg/亩	600 kg/亩	800 kg/亩	
2004-02-12	0 ~ 6	13.1	21	18.1	16.9	13.4	34.3
	6 ~ 16	27.4	29.8	31	30	33.6	28.6
2004-02-22	0 ~ 6	27.7	30.5	28.3	28.5	30.9	29.3
	6 ~ 16	31.7	35.5	30.5	32.4	36.4	36.8
2004-03-02	0 ~ 6	23.6	18.4	21.3	19.5	20	21.1
	6 ~ 16	21.2	28.8	29.3	32.9	31.7	26.9
2004-03-12	0 ~ 6	16.8	15.3	15	13.8	12.1	17
	6 ~ 16	26	28.1	25.3	26.9	31	22.4
2004-03-25	0 ~ 6	32.8	32.1	30.2	30.6	29.3	28.9
	6 ~ 16	33.6	34.3	34	37.9	36.8	34.8
2004-04-05	0 ~ 6	23.3	23.9	25.9	24.3	24.8	23.9
	6 ~ 16	31.4	28.8	29.8	26.7	29.8	24.1
2004-04-20	0 ~ 6	11.6	12	14.8	14.4	15.1	13
	6 ~ 16	16.3	20	17.9	21.2	20.9	17.4
2004-05-10	0 ~ 6	23.8	22.3	18.1	23.4	22.2	23.2
	6 ~ 16	30.2	28.1	31.4	30	35.2	33.1
2004-05-25	0 ~ 6	16.4	19.7	18.6	18.9	17.2	20.3
	6 ~ 16	28.1	27.4	30.2	24.8	22.1	26.7

2.调节地温、培肥地力、改善土壤物理性状

秸秆覆盖除了保墒以外,还有调节地温、培肥地力、改善土壤物理性状的作用,从而保证和促进旱地农作物稳定增产,原西北农业大学在渭塬的试验表明,在夏闲期气温较高、土壤水分蒸发量较大时,覆盖不论早晨、中午,也不论哪一土层,土壤温度都明显低于不覆盖的,一般是早晨差值较小,中午、下午差值较大;中午 5 cm 深度差值最大。温差随土层深度增加而减小。土壤温度还有随覆盖量增加而明显降低的趋势。如中午 5 cm 处,每亩覆盖 400、300、200 kg 的温度比不覆盖处理分别降低 4.6、3.4、1.0 ℃;日平均温度分别降低 2.8、2.0、1.1 ℃。温度低可减少蒸发,有利于保墒。

秸秆覆盖在地表,与土壤接触面积较小,秸秆常处于风干状态,不利于土壤微生物的侵染,秸秆分解较慢,有利于土壤有机质与养分含量的积累,对于改善土壤的结构有着积极的意义。由表 3-8 可以看出,深松覆盖、免耕覆盖土壤养分含量均高于传统耕作。土壤有机质含量深松覆盖、免耕覆盖 0~20 cm 土层土壤分别较传统耕作高 6.02%、3.99%,20~60 cm 土层土壤分别较传统耕作高 9.57%、4.35%,这说明深松、免耕技术中的生物覆盖能增加土壤有机质含量,尤其是能增加深层土壤中有机质含量。土壤全氮含量深松覆盖、免耕覆盖 0~20 cm 和 20~60 cm 土层土壤分别较传统耕作高 28.72%、22.34% 和 19.23%、7.69%;碱解氮含量 0~20 cm 和 20~60 cm 土层土壤分别较传统耕作高 22.00%、18.55% 和 11.88%、8.61%;有效磷含量是 0~20 cm 和 20~60 cm 土层土壤分别较传统耕作高 18.70%、5.45% 和 22.79%、17.69%;速效钾含量是 0~20 cm 和 20~60 cm 土层土壤分别较传统耕作高 24.81%、22.10% 和 30.46%、30.11%。说明深松覆盖、免耕覆盖对上层土壤全氮和碱解氮含量的影响较大,而对土壤有效磷和速效钾含量的影响以深层土壤较大,这可能与磷、钾容易随水分入渗有关(李友军等,2006)。

表 3-8　秸秆对旱地土壤养分含量的影响

处理	0~20 cm 土层					20~60 cm 土层				
	有机质(g/kg)	全氮(g/kg)	碱解氮(mg/kg)	有效磷(mg/kg)	速效钾(mg/kg)	有机质(g/kg)	全氮(g/kg)	碱解氮(mg/kg)	有效磷(mg/kg)	速效钾(mg/kg)
传统耕作	13.30	0.94	70.69	12.30	80.14	4.60	0.78	36.94	2.94	22.98
免耕覆盖	13.83	1.15	83.30	12.97	97.85	4.80	0.84	40.12	3.46	29.90
深松覆盖	14.10	1.21	86.24	14.60	100.02	5.04	0.93	41.33	3.61	29.98

在小麦各生育时期,秸秆残茬覆盖总体酶活性较高,是土壤酶的良好基质,能促进根系代谢,使根系分泌物增多,微生物繁殖加快,从而有利于提高土壤酶活性。秸秆覆盖对转化酶影响最大,对脲酶活性也有促进作用,对中性磷酸酶作用不大,酶活性的提高可能与土壤中碳含量的提高有很大的关系(李春霞等,2007)。

秸秆覆盖可以使农田土壤免受雨滴的直接撞击,减小土壤颗粒充填空隙,防止土壤板结,并可减轻灌溉后由于强烈蒸发使表层土壤收缩而形成的龟裂及板结,为维持土壤疏松创造了条件。因此,农田多年秸秆覆盖后,土壤的水、肥、气、热协调,土壤疏松,作物根系发达,有利于作物养分吸收利用,养分利用效率提高。表 3-9 显示,深松覆盖、免耕覆盖氮

素生产效率分别比传统耕作提高了17.40%和10.27%,磷素生产效率提高了19.80%和12.54%,钾素生产效率提高了19.44%和12.19%。说明深松覆盖和免耕覆盖能明显提高肥料生产效率,且以深松覆盖效果最好(李友军等,2006)。

表3-9 秸秆覆盖对旱地小麦肥料利用效率的影响 (%)

处理	氮			磷			钾		
	2000年	2001年	平均	2000年	2001年	平均	2000年	2001年	平均
传统耕作	29.57	29.04	29.31	42.85	43.57	43.08	51.42	52.28	50.85
免耕覆盖	31.24	33.39	32.32	46.87	50.08	48.48	56.24	60.10	58.17
深松覆盖	34.02	34.79	34.41	51.03	52.18	51.61	61.2	62.62	61.93

3.增加有机质和养分含量,改善土壤物理性状

秸秆覆盖保墒,有利于微生物的繁殖和活动,促使土壤养分转化;覆盖的秸秆翻入土壤腐烂后,又增加了土壤的有机质和腐殖质。中国农业大学试验,连续四年秸秆覆盖,土壤有机质由0.88%增长到1.06%。中国农科院土肥所试验,在晋东南黄土区,连续覆盖秸秆的,土壤有机质含量增加0.10%~0.15%。另据试验,小麦地秸秆覆盖两年,土壤全氮含量增加10.9%,全磷增加8.91%,速效氮、磷、钾分别增加40.97%、56.75%、114.20%。

此外,秸秆覆盖可以改善土壤的物理性状。河北省灌溉中心试验站测定,秸秆覆盖后,土壤的耕层容重降低0.073 g/cm^3,孔隙率增加2.71%,土壤团粒结构增加5.28%~13.7%,这也有利于提高土壤的保墒性能。

4.改善小麦生育状况,显著提高小麦产量

由于秸秆覆盖增加了土壤含水量,而且养分含量有所提高,因而覆盖地小麦出苗率高,苗齐苗壮,根系发达,成穗率提高,产量显著增加,全国不同地区旱地小麦覆盖都获得一致的增产效果。韩思明1984年总结陕西几个地块小麦秸秆覆盖效果,适宜秸秆覆盖(400 kg/亩),旱地小麦增产13.1%~23.5%,即使覆盖量较小(200 kg/亩),小麦也增产4.2%~11.5%(见表3-10)。又据河南农科院土肥所试验(见表3-11),不同秸秆覆盖,小麦增产8.7%~16.3%,每公顷穗数增加48万,穗粒数增加3.4,千粒重增加1.5 g,而且对茬花玉米仍有后效,增产幅度达到7.1%~13.9%,随秸秆覆盖量增加而增产幅度加大。

表3-10 不同覆盖量下小麦的增产效率 (%)

年份	地点	每亩麦草覆盖量(kg)		
		200	300	400
1986	西北农业大学	4.2	7.8	17.8
	乾县	5.2	11.8	13.1
	澄城县		13.1	14.4
1987	西北农业大学	11.5	13.4	23.5
	乾县	9.8	12.7	20.7

注:表中的数据均与不覆盖的产量作为对照。

表 3-11　不同地面覆盖措施对冬小麦的影响效应分析

覆盖措施	亩产量（kg）	较 CK（增减%）	降水利用效率（kg/mm）	株高（cm）	亩穗数（万）	穗粒数（万）	千粒重（g）
CK	333.3		2.08	69.5	36.5	23.5	39.13
F1	362.0	8.7	2.26	69.0	37.3	24.2	38.10
F2	375.2	12.5	2.34	67.9	39.4	25.6	39.60
F3	387.6	16.3	2.42	66.2	39.8	26.7	38.90
F4	368.3	10.5	2.30	66.1	39.9	24.7	40.70
F5	397.4	19.7	2.48	76.0	41.1	27.4	39.06

注：F1 秸秆覆盖量 200 kg/亩、F2 400 kg/亩、F3 600 kg/亩、F4 800 kg/亩、F5 地膜覆盖。

秸秆和残茬覆盖有效地提高了水分和养分的利用效率，改变了作物的农艺性状和生产性能，调节了作物的产量构成因素，促进作物的生长发育，作物产量显著增加。秸秆残茬覆盖与地膜覆盖、沟播及平播相比较，使旱地小麦的穗长、有效小穗数、穗粒数、千粒重和穗粒重增加。秸秆残茬覆盖的小麦产量达到6 322 kg/hm²，比平播增产 17.8%，差异达极显著水平（付国占等，2005）。表 3-12 表明，深松覆盖、免耕覆盖小麦产量比传统耕作提高了 23.22% 和 15.38%，按照农业技术经济效益的常规分析方法，不计劳动力成本，冬小麦价格以 1.5 元/kg 进行效益分析，深松覆盖、免耕覆盖的产值和净效益极显著地高于传统耕作，深松覆盖的产值极显著地高于免耕覆盖，但二者的净效益差异仅达显著水平。与传统耕作相比，深松覆盖净增产值 1 350 元/hm²，免耕覆盖净增 971 元/hm²。不同耕作方式的产投比以深松覆盖和免耕覆盖最大，极显著地高于传统耕作（李友军等，2006）。另外，秸秆覆盖利用还可避免因燃烧秸秆而引起的大气污染以及交通堵塞等情况的发生，改善生态环境。

表 3-12　秸秆覆盖对小麦产量好经济效益的影响

处理	产量（kg/hm²）	产值（元/hm²）	投入（元/hm²）	纯效益（元/hm²）	净增值（元/hm²）	产投比
传统耕作	4 827.0	5 832.1	1 350	4 597.8	0	4.3
免耕覆盖	5 569.2	6 544.2	975	5 569.2	971.5	6.7
深松覆盖	5 947.8	6 997.8	1 050	5 947.8	1 350	6.7

5. 有明显的节水效应

由于秸秆覆盖保蓄了土壤水分，使天然降水的利用率有明显提高。据中国农科院农气室研究，旱地秸秆覆盖小麦生产 1 kg 籽粒平均耗水 668 kg，比对照节水 16.7%，水分利用率提高 1.65～3.00 kg/（mm · 亩）。河南农科院土肥所试验，秸秆覆盖小麦降水利用率增加 2.7～5.1 kg/（mm · 亩），达到了蓄住天上水，用好土壤水之目的。

(二)秸秆覆盖的方式、覆盖材料、覆盖数量

1. *覆盖方式*

秸秆覆盖方式与种植制度有密切关系。河南旱地主要有两种方式:

一年一熟地区。这类地区秸秆覆盖可分3种类型:第一种为休闲期覆盖,即在作物收获后覆盖;第二种为生育期覆盖,即在作物生育期间覆盖;第三种为生产年度覆盖,即休闲期与生育期连续覆盖。麦田休闲期覆盖是在麦收后及时翻耕灭茬耙耱后,随即把秸秆均匀地覆盖在地面上。覆盖材料以麦糠或粉碎成20 cm左右的麦秸秆为宜,覆盖量为5 250～6 750 kg/hm^2(350～450 kg/亩)。

小麦田秸秆覆盖:播种前10～15天把夏季覆盖于地表的秸秆翻压还田,结合整地每公顷施尿素450 kg(30 kg/亩),普通过磷酸钙600 kg(40 kg/亩)作底肥。麦田生育期向秸秆覆盖,可在出苗前、冬前(小麦越冬前几天)和返青前地面撒施,覆盖量为4 500～5 250 kg/hm^2(300～350 kg/亩)。地面压平后,再把秸秆均匀地覆盖在地面上。

一年两熟地区。在这类地区,冬小麦生育期向秸秆覆盖与上述方法相同,但秋收作物多采用免耕秸秆覆盖。这种覆盖方式分冬小麦—夏玉米两季连续免耕秸秆覆盖和夏作一季免耕秸秆覆盖。两季免耕秸秆覆盖是在前茬作物收获后不翻耕,直接播种,播后喷除草剂,然后把前茬作物的秸秆均匀地覆盖在地面上,覆盖量为4 500 kg/hm^2(300 kg/亩)左右。夏作一季免耕秸秆覆盖是小麦收后不耕翻,直接播种夏播作物(夏玉米、夏大豆等),播后喷除草剂。小麦收割时留高茬20 cm左右,等夏播作物出苗后,结合中耕灭茬,把根茬均匀地覆盖在棵间和行间。荥阳县高村乡大面积小麦—玉米一年两季秸秆覆盖还田,土壤有机质达到12%以上,是半湿润半干旱区培肥地力保墒蓄水的良好措施。

2. *覆盖材料、覆盖量与覆盖效果*

秸秆覆盖材料有麦糠、碎麦秸、碎玉米秸、碎豆秸等,这些材料都可起到减少蒸发、灭草、肥田、改善土壤物理性状的作用,但它们对作物个体发育及产量的影响有所差别。陕县农业技术推广站以麦糠、麦秸、玉米秸3种材料分别覆盖麦田,结果表明,尽管3种覆盖材料在增产效果上有差别,但差异并不显著(16.6%～20.1%)。为减少往返运输和秸秆堆放时间,省工省力,覆盖材料应因地制宜、就地取材,上茬秸秆直接还田,作为下茬的覆盖材料为好。

秸秆覆盖量的多少对覆盖效果有一定影响。试验结果表明(王拴庄,徐淑贞,1992),当玉米秸秆的覆盖量分别为每亩266、400、533、666 kg时,小麦产量分别达到335.2、371.9、399.3、358 kg,可见在适宜用量范围内,产量有随覆盖用量增加而增加的趋势。但覆盖过多会影响小麦分蘖。其他试验证明,麦草作覆盖材料时,适宜覆盖量为300～400 kg/亩;玉米秸秆的适宜覆盖量为400～530 kg/亩。河南省农科院土肥所试验,冬小麦田覆盖秸秆400～800 kg/亩,小麦冬前分蘖较对照增加1.17万～1.31万株/亩,为提高每亩产量奠定良好基础。总之,农田覆盖秸秆的用量以把地面盖匀、盖严,但又不压苗为准,应酌情掌握。一般来说,农田休闲期间秸秆覆盖量应该多些;用粗而长的秸秆作覆盖材料时,覆盖量要多些,用细而碎的秸秆作覆盖材料时,覆盖量要少些。

冬小麦田覆盖秸秆的主要目的是增温保墒,应在入冬前覆盖,这样可以提高地温、使

分蘖节免受冻害;减少水分蒸发,有利于小麦越冬期和返青期的生长发育。河北省灌溉中心试验结果证明,在播种后、分蘖期、越冬期,返青期、起身期5个时期分别进行秸秆覆盖,冬小麦产量依次为333.8、366.9、397.4、373.3、362.8 g/亩,以入冬前覆盖产量最高。

二、地膜覆盖技术

(一)地膜覆盖发展概况

地膜覆盖栽培技术是随着化学工业发展而兴起的。日本是利用地膜最早的国家,随后英国、苏联也在广泛应用。我国自1978年开始引进地膜覆盖栽培技术,早期主要在蔬菜、花生、烟草、马铃薯、水稻等作物上应用。地膜栽培试验始于1979年,当年在全国14个省、市、区对以蔬菜为主的作物组织试验44 hm^2,获得全面成功;20世纪80年代,逐步从多点试验进入大面积推广阶段。此后,全国地膜栽培面积迅速扩大,相继在经济作物和粮食作物上推广应用,地膜覆盖栽培的作物有60多种,栽培理论和技术有了重大突破和创新。尤其在地膜小麦上取得了较大的成功,甘肃、山西、山东相继研究了覆膜穴播、垄盖膜际精播、旱地周年覆盖栽培技术,经历了阶段性覆膜到全生育期覆膜。在我国干旱半干旱地区,地膜覆盖技术得到广泛应用,已成为一项重要的农业增产技术手段,并从生态效应、植物生理生态、耕层土壤效应、水肥利用、蓄水保土等方面揭示了地膜覆盖的生产应用规律,进而形成比较完善的耕作栽培制度。1980年河北省莱城县首次进行小麦地膜覆盖的研究和推广,甘肃省农科院历经10年研究和推广应用小麦全生育期地膜覆盖穴播栽培技术,于1992年至1995年在甘肃、内蒙古、新疆、北京、河南等地开展多点示范。与之相配套的覆盖穴播机也研制成功并用于生产,在我国干旱半干旱地区推动了地膜小麦的发展。1996年河南省在洛阳、济源、三门峡等旱地进行多点试验、示范,获得良好效果。近几年,山东、山西等地又研究出地膜垄盖沟播小麦栽培技术,增产效果更为突出。河南省有关单位于1983年对晚播小麦进行了地膜覆盖的研究与推广,尤其在无霜期较短的高寒山区取得了显著增产效果和良好经济效益。

针对地膜覆盖后不透气、不透水的特点,出现了微孔膜。与微孔膜原理相同,为了提高天然降水利用率,开发旱区小雨量(<10 mm)资源的利用,近年来山西省农科院研制出了渗水地膜,具有渗水、保水、增温、调温、微通气等作用。通过在山西30多个县以及其他省市的推广,达到了作物增产和一些其他生态效应。其制作工艺主要应用了“黑洞原理”,创造性地提出了“微孔自调原理”和“变形小孔(不)扩散原理”等新理论,这3个原理统称为渗水地膜的“单向渗水原理”。据海广生等研究报道,渗水地膜较普通地膜、降解膜、液体地膜有明显的增温、节水、增产效果。近年液体地膜也有所研究,喷施地表后,可以接收自然降水,经40~60 d可逐渐自然降解为腐殖酸有机肥。据试验,马铃薯可增产11%~25%,玉米可增产10%~29%,小麦可增产15%~23%。

但生产实践和科学实验表明,地膜覆盖有时因作物生长前期土壤水分和养分耗竭严重,后期出现严重的脱水、脱肥现象,导致收获指数和产量下降;同时,地膜覆盖的增产作用在一定程度上是以耗竭土壤肥力,特别是有机物质为代价的。因此,如果地膜覆盖技术应用不当,长期连续覆膜必然恶化土壤生态条件,难以持续高产。

(二)地膜覆盖增效机理及应用效果

1. 地膜覆盖的保墒效应

在我国北方旱地农田,50%左右的水分通过蒸发损失。地膜覆盖是在土壤表面设置一层不透气的物理阻隔,阻止了土壤水分的垂直蒸发,促进了水分的横向运移,可以有效地保蓄土壤水分,减少蒸发,协调作物生长用水、需水矛盾,并且促进了对深层水分的利用;膜下土壤至作物冠层形成了一个相对独立的微生态系统,温、光、水、气等生态因子都发生了很大变化。它是以覆盖作为防止土壤水分蒸发为重点,把增加土壤蓄水与防止蒸发二者很好地结合起来,缓解旱地缺水的问题。

据韩思明等在渭北旱塬的研究,麦田夏闲期初起垄覆膜集水、沟内盖秸秆保墒的处理,夏闲期末0~200 cm土层的土壤蓄水量比平翻耕增加63.2 mm,休闲期间的自然降水保蓄率比平翻耕提高25.9%。膜侧沟播由于具有抑蒸、聚水、保水等作用,土壤水分状况优于膜上穴播,且有较好的增产作用。但在特别干旱的年份和半干旱偏旱区,无雨可聚,平膜穴播的增温、保水效果明显。张正茂等在渭北旱塬的研究表明,冬小麦地膜覆盖在越冬期,0~50 cm贮水量膜侧沟播较对照高14.1 mm,比膜上穴播高6.1 mm;在收获期,0~2 m贮水量膜侧沟播较对照高23.6 mm,比膜上穴播高20.6 mm。

从不同时期测定的土壤0~50 cm含水量看,拔节前地膜覆盖、秸秆覆盖、沟播三种种植方式的土壤含水量都高于对照,返青期分别比对照高2.9%、2.7%、2.3%,拔节期分别比对照高2.4%、2.9%、1.4%,而成熟期的土壤含水量则分别比对照降低2.0%、1.5%、0.9%。这表明,地膜覆盖、秸秆覆盖、沟播三种方式,在拔节前都有明显的保墒作用,但从拔节后,随着小麦植株的生长,农田水分从以蒸散为主转变为以植株蒸腾为主,由于地膜覆盖、秸秆覆盖、沟播处理的植株生长旺盛,蒸腾耗水增多,到成熟期则土壤含水量明显减少。

王育红等对豫西旱地冬小麦不同降水年型的耗水特性特征与水分调控措施进行了研究,结果表明,无论在何种降水年型,冬小麦在不同生育期的耗水规律基本是一致的,即抽穗—成熟期为冬小麦的耗水高峰期,且前期耗水满足不了需求,后期也仅在丰水年满足耗水需求。因此,必须采取措施储水保水,同时节约用水,提高水分利用效率。在水分调控方面,免耕、深松、补灌、覆盖是目前旱区行之有效的蓄水节水保水措施。

田间的覆盖度尤其在作物生长前期对土壤的棵间蒸发有较大的影响。据门旗等研究,通过试验结合公式概算得出,地膜覆盖由35%提高到目前最大覆盖率90%,其棵间蒸发减少51.8%,与裸地相比土壤棵间蒸发减少74.6%。因此,在农作物封垄之前最好不要揭膜,以减少棵间土壤蒸发,增加作物有效蒸腾,但较高的田间覆盖度不利于雨水的蓄集和下渗。在旱区农业生产中,地膜覆盖起到了较好的集水、保水效果,使旱区有限的水分得到较大程度的开发。尤其耕层土壤水分条件的改善,对旱地作物苗期生长具有十分重要的意义。而作物生长期,特别是苗期耕层土壤含水量的改善,对促进作物早萌发、早出苗和苗期茎叶,特别是根系的发育及促进对养分的吸收有重要作用。

地膜覆盖在集水保墒的同时,较大程度地开发了有效水分生产潜力的持续增进。蒋骏等在宁南试验,秋覆膜春种小麦,产量较露地条播增产51.6%,水分利用率提高55.9%。

地膜覆盖的保墒作用主要表现在：覆盖地膜后，土壤水分与大气之间的交换受到地膜的阻隔，有效地控制了土壤水分向大气的蒸发。从土壤表面蒸发出来的水汽只能滞留在地膜内的小环境中，当早晚温度降低时就变成水珠，并不断滴落在膜下土壤上，再渗入下层土壤中。第二天温度上升，土壤水分再次蒸发，温度降低时又凝结成水，这样周而复始，构成一个水气小循环，使土壤含水量明显高于不覆盖地膜的土壤。另外，由于地膜覆盖后，地表温度升高，在无重力水的情况下，由于土壤热梯度的差异，促使深层水分向上移动，起到提水贮墒于土壤上层的作用。地膜覆盖后土壤含水量在 0～20 cm 土层可增加 4.4 个百分点，20～40 cm 可增加 1.8 个百分点（见表 3-13）。

表 3-13　覆膜对冬小麦田土壤水分的影响

处理	土层（cm）			
	0～10	10～20	20～30	30～40
覆膜（%）	19.0	19.2	17.8	18.3
不覆膜（%）	14.2	15.2	15.4	17.1
增幅（%）	4.8	4.0	2.4	1.2

覆膜具有明显的提墒效果，越是土壤表层，土壤含水量增幅越大，同时，覆膜保墒后使各层间土壤含水量变动幅度缩小，呈相对稳定状态。在干旱时，可相对减少干旱程度，高成芳等（1977）对冬小麦进行地膜覆盖沟穴播接纳雨水的试验表明，覆膜沟穴播种 0～30 cm 土层的平均含水率达 17.7%，较覆膜穴播处理高 2.46%，较露地条播高 4.88%；30～60 cm 土层覆膜穴播平均达 18.6%，较覆膜穴播高 3.59%，较露地条播高 4.45%。冬小麦采覆膜沟穴播更有明显的接纳雨水和保水作用。

河南省旱区多点试验表明，无论是覆膜穴播还是膜侧栽培，都具有十分显著的保墒节水效果。膜侧栽培方式，还能在两膜之间形成集流区，变无效降雨为有效降水。据三门峡市农技站 1996～1997 年度在越冬、孕穗、灌浆、成熟等不同生育时期测定，0～20 cm 土层含水量，穴播地膜小麦比露地小麦分别增加 3.5、3.2、0.8、2.2 个百分点，20～40 cm 土层，分别增加 0.4、0.3、0.4、0.4 个百分点；1997 年在小麦越冬期对地膜小麦 0～10 cm、10～20 cm、20～30 cm 土层多点测墒，土壤含水率分别为 14.3%、14.2% 和 14.5%，比对照的 10.7%、11.7% 和 12.5% 高出 3.6、2.6、2.0 个百分点；1999 年 3 月上旬测墒，地膜小麦 0～10 cm、10～20 cm、20～30 cm、30～40 cm 土壤含水率分别为 8.2%、10.4%、11.1%、11.9%，比对照分别高出 1.5、1.4、1.1、0.6 个百分点。1998～1999 年度在 11 月 3 日、12 月 7 日、元月 5 日、2 月 13 日、3 月 14 日 5 次测定0～30 cm 土壤含水率，地膜小麦分别为 14.4%、13.9%、13.1%、12.6%、12.2%，比同期大田的 12.6%、11.4%、10.2%、9.3%、8.7% 高出 1.8、2.5、2.9、3.3、3.5 个百分点。地膜覆盖的保墒集水作用，对旱地小麦的生长发育和各项生理活动的顺利进行非常有利，从而为小麦高产奠定了基础。

洛阳市农技站 1997 年在汝阳、洛宁定点定时对土壤测墒。小麦播种至越冬，地膜穴播土壤含水率 5 cm 处提高 3.1 个百分点，10 cm 处提高 1.8 个百分点，20 cm 处提高 0.5 个百分点；膜侧栽培土壤含水率 5 cm 处提高 1.6 个百分点，10 cm 处提高 1.5 个百分点，

20 cm 处提高 0.2 个百分点。此期 50 多天无降雨,土壤严重干旱,地膜穴播抑制了无效水分蒸发,在水分亏缺的逆境条件下,节水效果明显。当 11 月中下旬降雨 20 mm 后,小麦越冬至返青,地膜穴播含水量 5 cm 处提高 1.8 个百分点,10 cm 处提高 0.5 个百分点,20 cm 处提高 4.18 个百分点;膜侧栽培含水量 5 cm 处提高 5.13 个百分点,10 cm 处提高 4.16 个百分点,20 cm 处提高 5.88 个百分点(见表 3-14),膜侧栽培含水量提高明显。因膜侧栽培可使降雨从垄顶向两侧麦行径流,变无效雨为有效雨迅速向沟下渗透,有效地减少蒸发损失,节水效果明显。

表 3-14　小麦地膜覆盖土壤含水量变化　　(%)

项目	膜侧栽培				地膜穴播				对照			
	地表	5 cm	10 cm	20 cm	地表	5 cm	10 cm	20 cm	地表	5 cm	10 cm	20 cm
播种至越冬	2.8	4.8	4.8	5.3	15	6.3	5.0	5.6	1.4	3.2	3.3	5.1
越冬至返青	20.6	19.22	19.2	18.38	12.68	15.9	15.54	16.68	7.9	14.1	15.04	12.5
返青至抽穗	13.8	18.9	18.5	18.7	13.9	18.6	19.8	19.9	12.7	18.1	18.2	18.6
抽穗至成熟	19.9	18.0	16.2	16	14.65	14.7	12.5	12.15	18.3	17.9	12.4	12.25

2. 地膜覆盖的增温效应

地膜覆盖对土壤耕层温度影响明显,能显著增加耕层 5 cm 处的土壤温度。而耕层温度对作物根系生长影响较大。王树森和邓根之认为,地膜的增温机制主要为:①地膜隔绝了土壤与外界的水分交换,抑制了潜热交换;②地膜减弱了土壤与外界的显热交换;③地膜及其表面附着的水层对长波反辐射有削弱作用,使夜间温度下降减缓。影响地膜覆盖增温效果的因素很多。王树森等(1997)定量分析了地膜覆盖下 5 cm 深度处的土壤温度后发现,地膜覆盖对土壤的增温效果与日照时数、土壤含水量和露地土壤温度有关:日照时数越长、土壤含水量越大,露地土壤温度越低,则地膜覆盖的增温效果越显著。Ham(1993)研究发现,地膜覆盖后的增温效果与地膜和地表间的热传递有关。

西北农林科技大学在宁夏南部山区连续测定结果表明,地膜覆盖的增温效应与覆膜方式、生长季节和地面覆盖度有关:平膜增温效果明显,前期增温幅度大,随着地面覆盖度提高,增温效果降低,观察表明谷子覆膜比不覆膜早出苗 4 ~ 8 d,同时还有利于增加苗期根系对养分的吸收。但作物生长后期增温,不仅对作物吸收养分、生长和产量形成没有多大实际意义,而且还会加快根系早衰和土壤有机质的矿化及养分损失。

地膜覆盖促使作物充分利用生育期丰富的光热资源,提高作物生育期间的积温。据对旱地地膜谷子测定,苗期 0 ~ 15 cm 土层温度比露地净增 1.3 ~ 2.3 ℃,拔节期增温 0.3 ~ 1.1 ℃,全生育期增加积温 150 ~ 200 ℃。

地膜覆盖由于有效地抑制了地表土壤水分的蒸发,减少了蒸发潜热,从而提高了土壤温度。据测定,覆膜麦田 0、5、10、15、20 cm 耕层土壤温度,分别比露地麦田增加 2.8、1.9、1.9、1.8、1.7 ℃;覆盖麦田 0、10、20 cm 土壤温度的日较差,分别比露地减少 6.2、2.0、0.4 ℃。温度增高和日较差减小,免除了越冬期小麦低温和冷冻的危害,有利于小麦安全越冬。在小麦返青期,覆盖麦田 0、5、10、15、20 cm 土壤温度日较差,比露地分别高 9.4、6.0、

3.8、1.8、0.2 ℃,这一生育阶段增温有利于小麦生长发育,日较差增高有利于光合产物在体内的积累,为植株健壮生长打下良好的物质基础。

洛阳市农科站1997年在栾川、汝阳定点观测表明,小麦播种至越冬期,地膜穴播5 cm处日平均地温提高4.5 ℃,10 cm处提高5.75 ℃,20 cm处提高2.25 ℃;膜侧栽培5 cm处地温日平均提高3.5 ℃,10 cm和20 cm处均提高1.0 ℃。小麦越冬到返青地膜穴播地温5 cm处提高1.25 ℃,10 cm处提高0.91 ℃,20 cm处提高0.36 ℃。直到收获前日增温仍有所提高。全生育期小麦地膜穴播5 cm处积温增加448.43 ℃,10 cm处增加710.13 ℃,20 cm处提高280.82 ℃;膜侧栽培5 cm处积温增加345.32 ℃,10 cm处增加324.71 ℃,20 cm处提高146.36 ℃。其中小麦播种至越冬,地膜穴播5 cm处积温增加315 ℃,10 cm处增加402.5 ℃,20 cm处增加157.5 ℃;膜侧栽培5 cm处积温增加245 ℃,10 cm和20 cm处积温均增加70 ℃。地膜穴播积温增加明显,有利于缓解高寒山区积温不足,使小麦正常生长发育(见表3-15)。

表3-15　小麦地膜覆盖不同种植方式土壤温度变化　(单位:℃)

项目	膜侧栽培				地膜穴播				对照			
	地表	5 cm	10 cm	20 cm	地表	5 cm	10 cm	20 cm	地表	5 cm	10 cm	20 cm
播种至越冬	29	18	13.5	18.25	29	19	18.25	19.5	24.5	14.5	12.5	17.25
越冬至返青	7.5	5.23	5.05	5.09	6.28	5.66	5.77	5.23	5.77	4.41	4.14	4.73
返青至抽穗	12.5	10.2	9.5	8.7	13	9.9	9.5	9.3	12.2	9.5	6.8	8.2
抽穗至成熟	21.28	18.65	17.25	16.75	21.3	19.63	17.55	16.55	21.13	18.63	17.0	16.1

3.改善土壤结构,促进养分转化效应

地膜覆盖由于改善了农田生态微环境和土壤的水、热状况,影响了土壤微生物活动和酶活性,并促进了土壤养分的有效化。大量研究表明,地膜覆盖后土壤有机氮的矿化速率、矿化量和硝态氮增加,在降水较多的情况下,容易导致硝态氮的淋溶损失。刘小虎等(1992)的研究结果也表明,覆膜栽培条件下,氮素的矿化作用加强,微生物固定作用减弱。地膜覆盖除影响氮素有效性外,还影响磷的有效性。研究表明,地膜覆盖可以增加土壤速效磷的含量,提高土壤磷的有效性。Subramania 和 Singh(1991)也得到了相同的结论。汪景宽等(1994)在研究了长期覆膜对土壤磷素状况的影响后发现,覆膜会加速土壤中磷的消耗。可见,作物栽培中长期应用地膜,会导致有机物质的大量分解和养分消耗,使土壤肥力下降。生产实践中,我们可以通过土地的用养结合起来。对渭北旱塬冬小麦地膜覆盖研究表明,3月份,沟播模式比露地条播细菌多15.38倍,真菌多0.33倍,放线菌多0.61倍;穴播模式较露地条播细菌多5.52倍,真菌多0.13倍,放线菌多0.24倍。研究表明,覆膜对土壤过氧化氢酶、脲酶等主要酶活性有所影响。覆膜处理不仅改变微生物数量,而且也改变微生物种群,覆膜后,兼、厌性微生物种群有所增加,对真菌种群基本无影响。Ruppel 等(1996)进行的研究表明,地膜覆盖后,土壤中氨化微生物增加,硝化微生物相对减少。微生物活动旺盛,必然会影响土壤酶活性和土壤有机质的分解。地膜覆盖通过改变农田微生境,进而对土壤微生物种群及生物酶活性等产生作用。

地膜覆盖避免了降水对土壤的直接冲击，使耕作层长期保持疏松状态，加之冬春水热胀缩运动，使土壤容重有所降低、总孔隙度有所增加。据三门峡市农技站 1999 年 2 月 24 日，在磁钟乡窑村对 0～20 cm 土壤容重测定，地膜小麦为 1.17 g/cm^3，对比照降低 0.14 g/cm^3。同时，地膜覆盖后，土壤温度提高，水分含量较稳定，为土壤微生物繁衍创造了条件，加速了土壤养分转化，提高了土壤速效养分含量。据 1996～1998 年多点试验测定，地膜小麦速效氮（N）比对照增加 4.5%，磷（P_2O_5）增加 2.1%，钾（K_2O）增加 8.3%。湖滨区农技站 1999 年 2 月 4 日测定，地膜小麦 0～20 cm 土壤中速效氮、P_2O_5、K_2O 分别比对照提高 4.7%、2.2%、8.9%。

4. 增加田间光照，提高光能利用率

地膜小麦采用精量播种，无论穴播栽培还是膜侧栽培都能够协调群体与个体的矛盾，并使小麦的边行优势得以充分发挥。前期小麦群体小，光照条件好，后期亩穗数虽然高于露地，但因两极分化快，无效分蘖少，麦脚比较利落，通风透光条件仍然较好。另外，地膜对光线的反射作用，也增加了麦田的光照强度。田间光照强度的增加，叶面积系数的扩大以及叶片在空间的合理分布，为提高光能利用率、提高小麦产量创造了条件。

5. 地膜覆盖对小麦生长发育的影响

地膜覆盖通过对小麦生长环境的影响，进而影响到小麦生长发育。对小麦的营养生长、生殖生长及其产量都有显著的促进作用。地膜覆盖对作物生长的形态也有较大的影响，可以使作物提早出苗，提前作物生育进程；地膜覆盖改善了耕层及近地面的微生境，利于早期根系的生长和增加根系的活性，并对作物的地上部和地下部生长有明显影响。据赵荣华等对地膜覆盖的垄作效应研究，谷子生育期间各项生理生态指标都得到较大改善。生理指标的提高直接为作物的高产奠定了基础。在甘肃定西半干旱区采用微集水种植技术，较露地提前出苗 2～6 d，出苗率提高 11.0～17.9 个百分点，春小麦产量提高34.4%～58.8%。

对生育期的影响：据三门峡市农科站试验，地膜覆盖的增温作用，改变了小麦的生长发育进程，使小麦生长发育朝着有利于形成经济产量的方向进行。膜侧栽培方式，小麦出苗时间提前 2～3 d。小麦生长发育表现“三长一短”的特点，即分蘖时间长、幼穗分化时间长、灌浆时间长、越冬时间短。洛阳市农技站试验调查，地膜穴播出苗比对照提前 2 d，膜侧栽培比对照提前 1 d。而灌浆期地膜穴播延长 3 d，膜侧栽培延长 2 d，有利于干物质积累。

对小麦根、茎、叶的影响：地膜覆盖后，由于增温、保墒作用、微生物活动加强，使小麦的生长环境得到改善，为小麦根系发育、植株生长创造条件。洛阳市农技站调查，地膜穴播冬前单株分蘖比对照增加 1.6 个，三叶大蘖增加 0.4 个，主茎叶龄增加 0.8 片，叶面积系数增加 0.3，单株次生根增加 0.8 条，根长增加 11.5 cm，单株鲜重增加 19.03 g，单株次生根增加 5.08 g；膜侧栽培冬前单株分蘖比对照增加 1.2 个，三叶大蘖增加 0.8 个，主茎叶龄增加 0.2 片，叶面积系数增加 0.4，根长增加 13.3 cm，单株鲜重增加 14.09 g，单株干重增加 1.64 g。直到收获前，单株发育仍好于对照。其中膜侧栽培根系增加最多，返青期增加 6.8 条，拔节期增加 3.6 条，抽穗期增加 5.4 条。根系的增加，扩大了小麦营养吸收的范围，对旱地小麦增加抗逆能力及产量形成有重要作用。

据三门峡市农科站1997年小麦越冬前多点调查,地膜小麦单株分蘖和次生根为4.8个和7.7条,分别比对照多2.6个和4.5条,叶面积系数为1.426,比对照多0.624,单株鲜重4.34 g,比对照多1.3片。1999年3月上旬调查,地膜小麦亩群体、单株分蘖、次生根、株高、单株鲜重分别为67万、6.8个、0.7条、28.9 cm、7.8 g,比对照高出13万、3.3个、3.9条、6.7 cm、3.4 g。据湖滨区农技站1998~1999年度调查,冬前地膜小麦次生根,分蘖分别为9.4条、5.8个,对比照多5.0条、5.3个。地膜小麦根系发达,茎叶繁茂,生长健壮,在自然灾害面前表现出了较强的抗逆能力。以上特点在1998~1999年度小麦遭受特大旱灾期间表现得尤为突出,据3月上旬调查,地膜小麦平均叶片旱死率为10.6%,比对照的29.7%减少19.1个百分点,叶片冻死率为11.2%,比对照的23.2%减少12个百分点。

6.对产量构成因素的影响

地膜覆盖技术由于有增温、保墒调水等效果,可以大幅度地提高作物的经济产量,即使在作物受干旱和旱霜冻的情况下,仍可获得较好的产量。在渭北旱塬对小麦地膜覆盖研究表明,1997年膜上穴播和膜侧沟播较露地条播分别增产12.9%和36.3%;1999年膜上穴播和膜侧沟播较露地条播分别增产22.3%和40.1%。其中膜侧沟播优于膜上穴播,这与平膜覆盖模式不利于降水的下渗,形成无效蒸发,导致土壤水分状况较差的原因有关。地膜覆盖对干旱地区的粮食生产起到重要作用,可以有效提高复种指数和增进水分生产潜力,而且有助于农业生产结构调整和农民增收。

地膜覆盖对小麦的影响最终是优化了小麦产量构成因素,增加了亩穗数、穗粒数,提高了千粒重。由于地膜小麦生长发育能表现出“三长一短”的特点,使亩穗数、穗粒数、千粒重同步增加。据三门峡市农技站统计,地膜小麦一般亩穗数增加1.4万~2.2万,穗粒数增加4.5~6.8个,千粒重增加2.5~5.6 g。洛阳市农技站调查地膜穴播小麦产量三要素的指标均高于对照,亩穗数多6.0万,穗粒数多5.2粒,千粒重多2.0 g。

各地试验示范情况表明,地膜小麦一般每亩增产100 kg左右,增幅30%~50%,在旱地冬小麦、春小麦、晚播小麦上都表现出很好的增产效果。甘肃省1992~1994年在不同类型地区的冬、春小麦上示范种植,比常规栽培小麦平均每亩增产118.6 kg,增产幅度30%。1995年河南省示范48.6亩,平均亩产392 kg,比常规种植每亩增产140.5 kg,增产幅度55.7%。洛阳市1996~1999年累计示范地膜覆盖16万亩,据在172块麦田调查,平均亩产339.9 kg,比常规种植的亩增产114.4 kg,增幅40%上下。其中高寒山区全生育期覆膜穴播1.5万亩平均亩产333.2 kg,比常规种植亩增产122.8 kg,增幅58.4%,栾川县祖师庙村百亩覆膜小麦平均亩产476.1 kg,比常规播种增收小麦130 kg;孟津县天皇村旱地晚茬覆膜穴播,11月8日播种,平均亩产282.3 kg,比不盖膜亩增收94.5 kg;增幅50.3%;1998年旱地膜侧栽培2万亩,亩产336.7 kg,比常规种植亩增产107.8 kg,增幅47.1%。宜阳县高村乡膜侧种植小麦0.2万亩,平均亩产308.6 kg,亩增收小麦112.1 kg,增幅57%,张园村贾小钢1.8亩责任田,平均亩产334 kg,比不盖膜亩增收小麦148 kg。

实践证明,地膜小麦是一项增产效果、经济效益和抗旱节水都十分显著的突破性栽培技术。虽然要增加地膜和劳动投入,但其增产幅度大,据甘肃省农业科学院计算。地膜小麦亩投入增加50元左右，可增产小麦120 kg，增值150元左右，纯效益100元上下。洛阳市农技站计算每亩纯增值86.4元。如果通过间作垄种，经济效益更高。地膜小麦由于大大降低了地面蒸发，抗旱节水效果十分明显，在水浇地可节省浇水1～2次，半干旱地区地膜小麦可大大缓解干旱的威胁，实现高产、稳产。同时还可利用地膜覆盖变一年一熟为两熟或三熟到四熟，提高了全年粮食产量。

7. 其他应用效果

地膜覆盖有效地保护了土壤耕层不受破坏，能减轻大雨或暴雨对地面的冲刷，减少了水土流失等灾害；地膜覆盖能抑制盐碱地的返盐作用，在膜下形成一个特殊的低盐耕作层，降低了盐碱危害；据调查，地膜覆盖田耕层土壤容重较露地减少0.08 g/m^3，土壤空隙度比露地增加3.98个百分点；另外，地膜覆盖对杂草生长和病害发生也有抑制作用。

（三）生产中的主要技术模式

1. 覆膜穴播种植技术

覆膜穴播种植技术有较好的增温效果和保墒效果，增加有效的作物生育期积温。研究表明，覆膜穴播冬小麦春季积温增加68～105 ℃。此项技术适用于两季不足、一季有余的干旱地区和一些高寒旱区，可以提高复种指数和水分利用效率，变无效的棵间蒸发为有效的作物蒸腾。1986年，甘肃省农科院首先提出了全生育期覆盖、打孔穴播的思路，1991年正式提出了小麦全生育期地膜覆盖穴播栽培技术。随后，配套机械的研制使穴播小麦技术得到推广，同时穴播技术也开始在其他作物上得以应用，机械播种时需注意排种口的堵塞造成断苗、缺苗。但该技术在应用中应视底墒情况而定，且不利于生育期间降水的入渗，对下茬作物影响大，因此结合补灌效果更佳。

2. 垄盖膜际种植技术（农田微集水种植技术）

垄盖膜际种植技术具有较好的蓄水、集水效果，该技术适用地区、作物广泛。利用田间人工产流，形成降水叠加，以改善作物水分环境。通过田间微集水种植技术，可以将小雨变大雨，无效降水变有效降水，提高水分利用效率。而且，也能够使肥料集中使用，农田水土流失也得到控制，该技术近年经在陕、甘、宁等地大面积推广。在干旱地区，玉米、小麦集流增墒技术比较成功，增产效果显著。对于玉米，在干旱冷凉地区，应采取膜内种植，以满足生育期积温，但降水利用效率不如膜侧种植。

在宁南地区对不同作物采用农田微集水种植技术进行试验，结果表明，玉米产量提高67.9%～71.0%，处理中窄垄型增产效果优于宽垄型；小麦产量提高55.0%～75.1%；谷子产量平均提高68.6%～98.1%，水分利用率平均达到7.75～12.65 $kg/(mm \cdot hm^2)$；生育期长、生产潜力大的作物产量增幅大，当地主要作物产量增幅依次为玉米>谷子>小麦>豌豆>糜子。赵聚宝在山西寿阳的试验表明，微集水保墒技术有调控农田蒸散量的作用，并有明显的增产作用，且旱年更为显著，达到59.3%，一般年份增产26.3%～28.1%。

3. 全程微型聚水二元覆盖技术

全程微型聚水二元覆盖技术是西北农林科技大学韩思明教授及其他工作人员，在陕西乾县试验站多年实践研究提出的一项综合增产技术。主要应用于我国北方旱作一茬生产区，如陕西渭北旱塬区，其优点是将夏闲期自然降水最大限度地蓄积在土壤之中，协调土壤水肥的释放和保持，节水保墒效果突出。该技术主要应用于冬小麦栽培，对整地要求质量高，垄上穴播、沟内条播，增产效果明显，试验表明，较大田栽培增产40.4%，水分利用效率达到17.0 kg/(mm·hm^2)，形成了旱地周年覆盖集水保墒的高效栽培技术体系。

4. 其他技术模式

当前生产中前两种技术模式应用面积较大，第三种模式主要应用于陕西渭北旱塬。另外，根据旱区的降水条件和地形地势并结合生产的实际，也有许多新的种植模式，有阶段性覆膜、全生育期覆膜等，主要由前两种模式变化而来，最终目的是为了充分利用降水，保蓄土壤水分，提高水分利用效率。如玉米低穴播技术、双垄沟栽培技术、阳坡垄地膜覆盖栽培技术、休闲期覆盖保墒技术、地膜套种技术等，渗水地膜的研制为旱区农业的发展提供了新的途径。

（四）发展中的问题及解决对策

1. 废弃地膜的生态污染

据研究，采用地膜覆盖，虽然在短期内有较好的保墒能力和明显的增产效果，但逐年有使土壤水肥降低和产量减少的趋势，在坡地会加剧水土流失而且残膜对耕层影响较大。相比之下，麦草覆盖更有利于干旱地区农业的可持续发展。目前，我国农用地膜的残留量相当严重，每年残存于土壤中的农膜占总量的10%左右，由于地膜的原料多为高分子化合物，自然条件下很难分解，地膜的残留影响土壤的团粒结构和土壤微生物的活动，不利于耕作，污染农田生态环境。故提倡用光解膜、生物降解膜、双解膜、液体地膜等替代塑料薄膜。为了更有效地解决农膜残留问题，积极发展残膜的机械化回收和再利用技术，彻底消除“白色污染”。

2. 作物早衰的现象

李凤民等研究春小麦地膜覆盖导致产量下降的原因在于，地膜覆盖促进了根系生长，小麦苗期生长过旺，土壤水分消耗过快，同时后期降水不足，导致生长后期水分严重不足，产量下降。在作物生长的中、后期有的作物发生早衰现象，主要由于在覆盖条件下，土壤肥料分解速度快、利用率高，而后期肥料补充不足，因此引起早衰现象。这时，应注意增施有机肥，最好做到全层施肥，并增施适量的磷、钾肥。有些作物地膜覆盖后还容易发生徒长现象，应注意少施氮肥，增施磷、钾肥，并控制灌水量，这样就能克服徒长现象。

对于旱地农作区，由于土壤瘠薄，降水较少，蒸发强，管理粗放，因此极易发生早衰现象。因此，为防止早衰，要做到深耕细耙，增施有机肥，适时、适量补灌，加强后期的肥水管理，注意氮、磷、钾的配比；采取以水调肥、以肥调水的措施，必要时对作物生长进行调节和控制，防止前期“猛长”；合理安排营养面积，不能过度密植，保证群体通风和受光。

（五）小麦地膜覆盖技术要点

1. 整地

地膜小麦应选择地势平坦、耕性良好、墒情好或有水浇条件的中上等肥力的地块，以保证播种质量，实现高产。播前进行整地，蓄水保墒，为地膜小麦播种创造良好条件。在前茬作物收获后要及时灭茬深耕，耕后结合耙耱，遇雨后再及时耱地，蓄水保墒。有水浇条件的麦田，土壤墒情不好时要进行造墒补墒。地膜小麦要精细整地，播前结合施肥浅耕耙耱，使麦田表层疏松、平整，无坷垃、无根茬，以利覆膜播种和保蓄水分，防止划破地膜。

2. 施足底肥

地膜小麦施肥不便，在播前应结合整地施足底肥。尤其是旱地地膜小麦很难追肥，更要粗肥、氮肥、磷肥、钾肥、微肥一次施足，以防后期脱肥。施肥量一般亩施农家肥 3 000 ~ 4 000 kg，尿素 30 kg、普通磷肥 50 kg。水浇麦田氮肥可底追各半。

3. 覆膜

目前生产上应用的地膜有高压聚乙烯，厚度为 0. 015 mm 的普通地膜、厚度为 0. 008 ~ 0. 01 mm 的线性膜、厚度 0. 004 ~ 0. 008 mm 的低压高密度聚乙烯微膜。铺膜时间应结合土壤墒情，墒情好时，可随铺膜随播种，在底墒充足表墒较差时，结合整地，提前7 ~ 10 d 铺膜，适期播种；表墒过湿时则应晾晒后待土壤松散时再铺膜播种。铺膜方法可采用机械铺膜和人工铺膜，先在地边一头挖一浅沟，将地膜放进后用土压实，然后一人滚动膜卷，两人在膜侧挖沟，把地膜两边放入沟内压紧。用机械铺膜效率高、质量好、省膜、经济。无论人工还是机械铺膜，每隔 2 ~ 3 m，在膜上横压一土带，以防风揭膜。

4. 严把播种关

一是选用矮秆大穗分蘖力强的品种。播前搞好种子处理，防地下害虫，或用“三合一”拌种剂。二是适期播种，冬小麦比露地适期推迟 7 ~ 10 d，春麦则较露地早 5 ~ 7 d，以充分发挥覆膜增温保墒促早发的效应。三是种植规格，140 cm 宽膜播种 8 ~ 10 行，70 cm 宽膜播 5 行。一般宽行距 20 cm，窄行距 10 cm。要保证合理密度，一般每亩 3. 5 万穴左右，每穴播 8 ~ 12 粒种子，亩基本苗水地 30 万 ~ 35 万，旱地 30 万。四是要求铺膜平直，紧松适中，压土紧密，机械匀速前进，膜孔不错位，播量准确，播深一致，下籽均匀，无空穴、无浮籽。

5. 科学管理

一是查苗放苗。穴播小麦播种时开口小，多种原因易造成膜孔错位，少数麦苗被压在膜内，故应在播后小麦出苗至二叶一心时及时查苗，适时人力将压在膜内的麦苗放出，对缺苗断垄处采用同一品种，浸种催芽补种。二是护膜。铺膜播种后要随时检查，遇破口要及时盖严，防止大风揭膜，冬季更要加紧查看，并严防牲畜践踏及人为损膜。三是肥水管理。有水浇条件的可结合浇拔节水追施化肥，旱地采取叶面喷肥，喷施磷酸二氢钾、尿素水溶液和植物生长调节剂、叶面喷洒微肥等。四是在多雨年份，地膜小麦因生长旺盛而易倒伏，可在拔节初期喷洒多效唑、矮壮素控制。

第五节　化学制剂在旱作农业中的应用效果

20 世纪 90 年代以来，化学节水技术的研究和应用已被列入国家科技攻关计划，并取得了重大进展，研制出了 4 种保水种衣剂、抑制蒸腾剂（抗旱剂、FA 旱地龙等）和土壤保墒剂。

一、关于保水剂

（一）保水剂研究现状

保水剂是一种具有强吸收基团的高分子化学树脂，是一种新型的有机高分子聚合物，具有溶胀比大、吸水速度快、保水性强、释水性好等特点，并有多种使用方法，如拌种、包衣、蘸根、撒施、坑施、沟施等，保水剂加入土壤后可显著提高土壤的保水性能，使土壤变得疏松，提高透气性，在保蓄水分的同时，也保蓄了可溶性养分，提高了肥料的利用率。

1969年，美国农业部北部研究中心（NRRC）首先研制出保水剂，并于70年代中期将其用于玉米、大豆种子涂层、树苗移栽等方面。随后，美国农业部森林服务部和一些大学采用Terra－Sorb（TAB）进行了一系列试验，发现TAB用于地面撒施可节约用水50%～85%。1974年，保水剂在美国Granprocessingo公司实现了工业化生产。自1987年后，日本保水剂产量以26%的速度递增，目前已超过9万t，无论生产能力还是种类及应用，日本在保水剂领域内均处于领先地位。80年代初，法国里昂沙菲姆化学公司研制成功保水剂，并将其应用于沙特阿拉伯干旱地区的土壤改良。1998年，世界保水剂需求总量在70万t左右。其中美国市场占1/3，并且近两年以8%的幅度递增。欧盟国家消费22万t，日本市场消费8.2万t。另外，发展中国家如墨西哥，东南亚及中东地区也开始推广应用。

国外对保水剂的研究主要集中在以下几个方面，Frank等认为保水剂对犁沟渗透和侵蚀有一定作用，通过一系列的试验证明，犁垄－犁沟型耕作体系施用保水剂能够降低土壤侵蚀48%～60%，保水剂能够有效地控制土壤的板结和结皮，从而减少水土流失；Mortland和Mortenson等证明保水剂在某些条件下能够改善土壤的物理性质；非离子性保水剂可以用做固体和液体分离的凝聚剂。保水剂与土壤相互作用，能改善土壤的团聚结构、土壤的持水力等，但在土壤对保水剂的吸附量方面做的研究很少；以保水剂为中心的综合保水技术研究也越来越多，Silberbush等用聚丙烯酰胺类保水剂结合喷灌、滴灌在沙丘区的卷心菜、玉米上进行了试验研究。我国保水剂开发与研制始于20世纪80年代，但发展速度较快。目前已有40多个单位进行研制，开发出了多种类型的保水剂，在60多种作物上试验示范。20世纪80年代初，北京化学纤维研究所研制成功SA型保水剂，中科院兰州化学物理研究所研制成LPA型，中科院化学研究所、长春应用化学研究所也分别研制了KH841型和IAC－13型保水剂，并陆续应用于农林生产领域，但均未进行批量生产。1998年，河北保定市科翰树脂公司科技人员采用生物试验技术研制成功"科翰98"系列高效抗旱保水剂，该产品吸水倍率高，有颗粒型、凝胶型两种剂型。

（二）保水剂的应用机理研究

土壤施用保水剂后，大大提高了土壤的持水能力，减少蒸发量，增加土壤有效水含量。保水剂吸水性强，加入土壤后能提高土壤对灌水及降水的吸收能力。受土壤溶液中各种盐基离子及土壤颗粒对水分吸持作用的影响，保水剂常常达不到其在纯水中的吸水倍率。试验表明，在一定范围内土壤吸水能力随着保水剂用量的增加而增加，但用量达到一定限度后，对土壤吸水能力的影响变得不明显。保水剂不仅能增强土壤的吸水能力，而且能缓慢释放出大部分水量。介晓磊等利用张力计和恒温脱水动力学方法，研究了不同剂量保水剂施入轻壤质潮土后土壤持水特性的变化。

提高土壤保肥能力，氮、磷、钾肥料对保水剂的吸水能力有很大影响。这个影响虽然降低了保水剂的吸水量，却提高了土壤对营养元素的吸附力，减少肥料的淋失，提高了土壤保肥能力。研究表明，红壤施入0.1% KH841后，氮、磷、钾有效成分淋失分别减少56%、51%和81%。而且保水剂对各种肥料的最大吸附量大小排列顺序依次是尿素、硫酸铵、氯化钾、硝铵、硫酸钾、碳酸氢铵、磷酸二氢钾、过磷酸钙。由于保水剂不仅具有表面分子吸附、离子交换作用等保肥机制，而且由于它的高吸水性，能够以“包裹”方式保肥，这是保水剂不同于土壤剂的重要特征。

改善土壤团粒结构，黄占斌等的试验研究表明，保水剂对土壤团粒结构的形成有促进作用，特别是对土壤中0.5～5 mm粒径的团粒结构形成最明显。分析结果表明，团聚体含量与保水剂含量并非呈直线关系。保水剂可降低土壤温度，在沙壤土上进行的试验表明，6 d内保水处理的最高地温比对照低3 ℃，最低地温却高1.5 ℃，地温日较差比对照缩小近5 ℃。保水剂可调节土壤固、液、气三相分布，试验结果证明，施入保水剂的土壤灌水后土壤中的液相显著增加，而气相和固相减少。

（三）保水剂在农业上的应用效果

在农业上，由于保水剂能改善土壤的物理性状，增强其保水能力，故而可缓解水分胁迫对作物的不良影响，提高种子发芽率和移栽植物的成活率，提高豆科植物的根瘤菌活性，促进植物的营养生长和生殖生长进程，使作物增产增收。目前，我国保水剂的应用发展很快，在作物生产上已取得可喜成效。中国科学院西北水土保持研究所1987～1989年在宁夏固原和彭阳两县用SGA2型保水剂对春小麦和胡麻进行种子涂层大田示范，春小麦平均每公顷增产85.5～151.5 kg，增产幅度为7.5%～12.9%；胡麻平均每公顷增产105 kg，增产幅度为24.3%。

保水剂小麦上的应用表明，具有促进种子发芽，提前出苗，提高出苗率，延迟作物枯萎时间的作用，尤其对旱作作物抗旱、保苗增产有着良好的作用，保水剂试验用量范围内能使冬小麦提前出苗1～4 d，出苗率提高10%～30%，延迟作物凋萎3 d和延长作物枯萎出现的时间1～5 d。研究结果还表明，每增加1%保水剂用量能使沙土的出苗提前3.7 d、延迟凋萎3.2 d。有的研究还发现，保水剂促进了小麦的分蘖，各处理平均比对照增加了1.64个。

保水剂与其他物质混合使用也有一定的研究。土壤抗旱保水剂与作物抗旱剂配施效果表明，具有促进出苗、提高出苗率、壮苗等作用。

（四）保水剂应用研究中存在的问题和前景

我们必须认清保水剂不是万能的，不能认为使用了保水剂就不需要灌水，或加大保水剂施用量就能大量保存水分。从保水剂机理方面来看，在于目前阴离子型的保水剂耐盐性较差，吸水速度较慢，但吸水能力较低；制造成本较高，生产工艺比较复杂，很少实现大规模生产，因而价格普遍较高，一般的农户很难使用。如何降低保水剂的生产成本是摆在科技工作者和生产者面前亟待解决的问题，深入细致的研究保水剂抗旱机理还不够。国内对保水剂性能随环境因素变化的规律以及吸水、释水临界值随时间的变更过程等的研究甚少，有待加强。

保水剂与不同肥料的混合施用比例施用方法等课题目前研究较少；在实际生产中如何使保水剂的节水保水效果得到充分发挥还需要进一步研究；施用保水剂条件下各种作物的节水灌溉制度、灌溉模式的研究；以保水剂与其他旱作农业措施相结合为特征的综合保水技术的研究；它只有在一定范围土壤水分条件下才能发挥保水的作用，因而对降雨量有一定的要求，对于太湿润或太干旱地区均不经济。

二、关于抗旱剂

(一)抗旱剂的发展

我国于20世纪60年代后期,在抑制蒸腾方面做了大量的研究工作,并研制出“土面增温剂”,“保墒增温剂”,其抑制和增温效果已达国际先进水平。70年代末我国从风化煤中提取的黄腐酸(FA)是一种极好的调节植物生长的抗蒸腾剂。所谓抗蒸腾剂就是能够降低植物蒸腾减少水分损失的一类化学物质的总称,也称蒸腾抑制剂。已知的抗蒸腾剂根据作用机理的不同可以分为三类,即代谢型抗蒸腾剂、薄膜型抗蒸腾剂和反射型抗蒸腾剂。1979年以来,河南省科学院化学所和生物所密切合作,研究了黄腐酸(FA)对农业的四大作用,即抗旱抗逆作用、生长调节作用、增效缓释作用、络合螯合作用。

20世纪70年代末期开始我国以抗旱节水为目的抗蒸腾剂研究进入一个全新的阶段,这就是黄腐酸抗旱剂研究阶段,在具有抑蒸减耗作用的化学控制剂中,黄腐酸(FA)是腐殖酸(HA)中的水溶性组分,既容易为作物吸收利用,又具有生理活性强、能显著提高作物体内多种酶体活性的功能;特别是FA制剂能调节、缩小叶片气孔开度,在供水不足的情况下有着突出的抑蒸效果,因此适应于干旱地区使用。1985年许旭旦在澳大利亚出席国际学术讨论会上宣读了FA的研究论文,受到与会各国代表的重视和好评。1986年法国出版了《气孔抗蒸腾剂应用的研究》一书,这是迄今为止有关抗蒸腾剂的最权威的专著。总之,FA抗旱节水的研究工作得到了国际学术界的承认,与当时国外同类研究相比,已处于国际领先水平。

(二)抗旱剂作用机理和应用研究

作物根系吸收的水分,只有1%作为作物的细胞组成部分,99%经由作物通过蒸腾进入大气。若采取有效措施抑制蒸腾,则干旱地区的水分紧张状况可大大减轻。美国的研究指出,抗蒸腾剂可使土壤水分损耗减少40%左右。抗旱剂作用机理有:能缩小小麦叶片气孔开张度,减少水分蒸发;能增加叶片叶绿素含量,增强光合作用;能提高根系活力,增加对水分、养分的吸收;能改善植株体内水分状态,既“节流”又“开源”;增强作物抗干热风的能力;促进有机物向穗部转运,从而提高粒重。

据河南省科学院生物研究所测定,蒸腾强度在3~7 d内低于对照,9 d的总耗水量较对照减少6.3%~13.7%。由于叶片气孔开度减小,蒸腾强度降低,作物耗水量减少,土壤水分消耗速度也相应减缓,土壤水分含量比对照提高0.8%~1.3%。

据研究,对小麦使用抗旱剂拌种处理之后,可以提高小麦出苗率,促进根系发育,增加根冠比,拌种后的幼苗生理生化指标α-淀粉酶、可溶性糖含量、过氧化物酶活性均高于对照,可使幼苗在较低水势下保持正常生长。据在宁夏固原的研究,抗旱剂拌种对旱地春小麦有明显的增产作用,有效地提高了水分生产效率。

昌宁江的研究结果表明,小麦施用旱地龙(FA)后生育期缩短6 d,促使作物早熟;基本苗增加75万株/hm^2,增加40%;小麦有效分蘖率增加1.7%;株高比对照高4 cm;干物质累积量增加15.5%;叶面积系数提高0.23%;小麦的穗长、每穗粒数、千粒重均有增加,单产比对照区增加30.8%。可见在无灌溉条件下施用旱地龙对冬小麦整个生育期的生态影响很大,产量明显提高。在大棚西红柿、黄瓜上喷施旱地龙后,西红柿黄瓜比对照明显的长势旺盛，叶片宽厚舒展，呈墨绿色。喷施旱地龙的西红柿、黄瓜比对照提前上市10 d左右。比对照延长生长期21～24 d，增产幅度西红柿达11.1%、黄瓜达30%。效果非常明显。

作物施用旱地龙后能显著地改善作物各生育阶段的生态，提高产量和品质，增强作物抗旱能力，减少作物耗水量，节约灌溉用水。低分子量的黄腐殖酸很容易被作物吸收，它能降低作物叶片气孔的开张度，从而减小了叶片的气孔导度，提高了叶水势，保持了植物体内的水分，减小了作物的部分无效蒸腾，减小了作物的耗水量，也就减少了作物从土壤中消耗的水分，提高了作物的抗旱能力；旱地龙的组成成分能促进作物各种酶的活性，使作物根系发育，发达的根系可以很好地吸收土壤深层的水分和更多的养分，也同样增强了作物的抗旱及抗倒伏能力；能提高作物体内的叶绿素含量，提高光合速率，增强光合作用，增加干物质的积累，从而提高作物的产量和品质。值得注意的是，作物施用旱地龙，虽然减小了叶片气孔开张度，降低了蒸腾量，但由于旱地龙综合因素的相互影响，作物水分不亏缺，又提高了叶绿素的含量，故实际的光合强度不仅没有降低，反而有所提高。

设法减少作物的奢侈蒸腾是农业集水的一条有效途径，在限额供水条件下，通过拌种或于作物快速生长时期（也是蒸腾耗水强度较大的时期）用抑蒸减耗的化学制剂喷洒到作物叶面上，能够有效地调节（减小）叶面的气孔开度，增大气孔阻力，降低蒸腾耗水，保持植株体内较适宜的水分状况，减轻水分胁迫的危害，维持较正常的生理代谢，从而在减少用水量的条件下保证光合产物的有效积累。

第四章　旱地土壤的蓄水耕作技术

第一节　土壤耕作的概念、类型

土壤耕作(soil tillage)就是通过农机具的机械力量作用于土壤,调整耕作层和地面状况,以调节土壤水分、空气、温度和养分的关系,为作物生长发育提供适宜土壤环境的农业技术措施。

土壤耕作措施都由相应的农机具来完成,根据其对土壤影响的深度和强度不同,可将传统耕作划分为基本耕作措施(basic tillage)和表土耕作措施(surface tillage)两类。二者必须配合才能创造适宜作物播种和生育的土壤环境。

一、翻耕

翻耕主要用铧式犁沿铧壁将土垡抬起翻转,对土壤起翻土、松土、碎土三种作用。翻耕的优点在于:①土地翻耕能将肥料、杂草、残茬、绿肥、病虫孢子等埋掩入土,清洁地表;②翻耕的垡头经干湿冻融,有利土壤风化,增加土壤有效养分含量;其缺点在于:①翻耕耗能较多;②连年翻土一定程度上破坏土壤结构,还可形成犁底层;③翻耕后如表土保护不善,会引起表土风蚀、水蚀,尤其在干旱半干旱地区要引起注意。

翻耕是我国及北方土壤耕作的主要方法,具有悠久的历史和旺盛的生命力,它所用的主要工具是铧式犁,一般由畜力或机械牵引。翻耕法需要和耙、耱、镇压等表土耕作措施配套,方能为作物播种提供平整的田面。

翻耕对土壤作用较大。主要表现在:翻转耕层有助于消灭杂草和病虫害;使原来较紧实的耕层变得比较疏松,对增加耕层厚度,增加土壤通透性,促进好气微生物活动和土壤养分的有效化有重要作用;把作物残茬和有机肥翻到耕层内,地表清洁,再通过耙耱松碎的种床层。有利于保证播种质量,伏天深翻晒垡,有利于土壤有机质矿化,又可蓄纳雨水;深耕能够创造深厚的耕作层,增大雨水入渗速度和数量,提高农田的耐旱涝能力。同时,也能促进土壤熟化,增厚活土层,充分发挥肥效,有利于作物的根系发育,适时适度地进行深耕,能显著增产。研究表明,翻耕使土壤容重降低 0.1 ~ 0.2 g/cm^3,非毛管孔隙率增加 3% ~5%,土壤持水量增加 2% ~7%。深耕过的田地,蓄水量一般比浅耕地多,且打破了犁底层,更便于作物根系下伸吸收利用深层的水分和养料。据山东省农业科学院的资料,深耕 34 cm 的田块,小麦根系可下扎到 150 cm 深,而浅耕 17 cm 的田块,小麦根系仅下扎 90 cm;另有资料表明,深耕还可以促进根系利用下层土壤的磷素。这对于促进籽粒饱满与根系的发育,都有良好作用。

传统翻耕法也有其自身固有的弱点,特别是长期使用大中型拖拉机翻耕,其弱点暴露得更为明显,主要表现在:翻耕后留下疏松而裸露的蒸发面,在风吹日晒下很容易损失水分。产生水蚀和风蚀，同时对大气环境造成不良影响，对干旱地区不利；翻耕使土壤有机质矿化加快，长期连用会降低土壤潜在肥力；多次动土，破坏土壤结构。长期机械工具碾压耕层，易形成坚硬的犁底层，不利作物生长。

深翻耕一般多用有犁壁进行。以犁壁和翻耕方法有半翻法、全翻法和分层翻法。半翻法系用熟地型犁将挡片翻转135°，翻后垡片彼此相连，覆盖成瓦状。这种方法牵引阻力小，兼有较好的翻土和碎土作用，适应一般熟地用。但其垡片覆盖不严，灭草性能不如全翻法。

目前，我国北方机耕多用此法。全翻法采用螺旋型犁壁将坚片翻转180°。本法翻土完全，覆盖严密，灭草性强，但耗能大，碎土作用小。故只适合于开荒，不适宜熟耕地。分层翻法采用带有小前犁的复式犁，将犁底层分层翻转。小犁铧耕深为犁铧的一半，耕幅约为主铧的2/3，这种方法覆盖比较严密，质量较高。

深耕的时间应与当地雨季来临相吻合，以便充分接纳降水，增加土壤中的蓄水量。西北农林科技大学“八五”、“九五”在陕西省蒲城县和乾县研究的结果表明，伏前深翻耕的麦田翌年冬小麦产量3 900 kg/hm^2，头伏深翻耕的3 375 kg/hm^2，二伏深翻耕的3 150 kg/hm^2，三伏深翻耕的只有2 400 kg/hm^2，伏前深翻耕的比伏后深翻耕的增产62.4%。这也证明，“头伏耕地一碗水，二伏耕地半碗水，三伏耕地碗地水”这一传统经验是符合我国北方旱区实际情况的。所以说，伏深翻要早，早翻能将伏天的暴雨大部分蓄入土壤之中，迟了雨季已过，对蓄墒的作用大为降低。如果因为地多，一时耕不过来，可先进行浅耕灭茬或耙地灭茬，打破地表，以利降雨下渗。

翻耕深度是影响其耕作质量的重要因素。耕地深，可以加深耕层，有利于贮水保墒，也有利于作物根系下扎。农谚“伏耕深犁地，赛过水浇田”、“伏耕深一寸，能顶一车粪”等都说明了旱地深耕的作用。近几年来，旱区机耕面积发展快。在抗旱保墒中发挥了深耕蓄水的优越性，据各地调查，机耕比畜耕一般增产粮食5%～15%。西北农林科技大学在陕西澄城县的试验结果表明，不同耕深小麦产量不同，耕深25 cm者，小麦产量1 755～2 070 kg/hm^2；耕深15 cm者，为1 680～1 785 kg/hm^2；耕深10 cm者，小麦仅产1 200～1 350 kg/hm^2。在旱地试验，浅耕15 cm小麦产量3 580 kg/hm^2，深耕25 cm小麦产量4 155 kg/hm^2，后者比前者增产16%。据在宁夏固原调查，伏前秋耕在原来基础上增加了3～7 cm，小麦、糜子产量增加12.6%～16.2%。

二、深松耕

深松耕就是无壁犁、松土铲、凿型铲对土层进行全面的或间隔的深位疏松土层而不翻转土层的一种土壤耕作方式，所使用的犁，称为松土犁或深松犁。不翻转土层，一般耕深25～30 cm，最深可达50 cm。深松可以打破翻耕多年形成的犁底层，利于土体接纳更多雨水，深松可保持地面秸秆覆盖，减轻风蚀、水蚀和土表水分蒸发。目前，深松已逐步与条带免耕相结合，用于半干旱区。

翻转耕层的深翻耕，固然有消灭杂草，翻埋肥料、秸秆及减少病虫等良好的作用，但在翻耕的过程中，亦将散失大量的土壤水分，尤其是在干旱和半干旱地区，这是很不利的。此外，翻耕时消耗的牵引力较大，工作效率也低，不利于抢墒及时播种。因此，世界各国多有松土而不翻土的深松耕作法，我国近些年也立项推广该项技术。深松虽可克服深翻作业的某些缺点，却不能翻埋肥料、杂草、秸秆及减少病虫也是其不足之处。为了克服这一缺点，常在深松之后再进行一次旋耕作业。深松耕法目前主要有两种方式。

（一）全面深松

应用深松全面松土。松后耕层呈比较均匀的疏松状。此种方式所需动力较大，适于配合农田基本建设，改造耕层的黏质硬土。陕西省东南地区从 1982 年起在旱地麦田进行深松试验，到 1984 年夏秋扩大示范了万亩左右，结果表明，深松降低了底层土壤容重，增大了土壤孔隙度，提高了降水入渗量，深松比翻耕小麦根量增加 11% ~22%，产量增加 5.9% ~29.6%。辽宁省西部风沙地改良利用研究所的试验中，深松耕地种植的玉米较平翻后种植的增产 18.7%。深松耕作法在旱作农业中有重要的推广研究价值。

（二）局部深松

应用凿形铲或铧形铲进行松土与不松土相间隔的局部松土，松后地面是疏松带与紧实带相间存在的状态。此种局部深松方式可在播种前的休闲地上进行。此种局部深松方式，由于在耕层内并列存在着疏松与紧实相间的条带，有利于降雨的间隔深松的方式，如在坡面横截着进行时，其紧实带的存在还可以阻止已渗入排层的水分，沿犁地层在耕作层内向坡下移动。河南省农科院小麦研究中心在方城县和西平县研究表明，局部深松打破了犁底层，降低了耕层土壤容重，同时有明显的蓄水及增产效果。

三、旋耕

旋耕可使表土破碎，平整地面，集犁、耙、平三作业于一体，省工省时。但旋耕机械仅作用于表土 16 ~18 cm，实际仅有 10 ~12 cm，一方面不能疏松耕层，常期旋耕使耕层变浅板结，不利接纳雨水，无法将残茬、秸秆及病虫卵、孢子掩埋入土，造成下茬病虫加重；尤其旱地麦田因旋耕表土，快速失墒，又会造成表土过虚而使小麦播种过深，严重影响出苗和幼苗生长。因此，旱地麦田一般不宜采用旋耕。

四、表土耕作保墒措施

表土耕作保墒措施有耙地（harrowing）、耱地（dragging）、中耕（cultivate）、镇压（packing）等。这几项措施的机械主要作用于表土，其作用在于疏松表土，切断毛管，减少土壤水分蒸发，或者镇压表层，促进耕层水分上移，利于出苗。可根据农事季节要求适时运用。

五、修建梯田

修建梯田在丘陵沟壑地区，田间坡度较大，收到较好的蓄水增墒效果。我国黄土丘陵区坡耕地每年径流量每公顷为 225 ~450 m^3（折合 22.5 ~45 mm），年土壤侵蚀量每公顷 45 000 ~180 000 kg（折合 4 ~16 mm 厚的黄土层）。所以缺雨时农田干旱形成“无雨苗不长”；雨季来了又多暴雨，水土流失严重，形成“下雨流黄汤”的景象。修筑成水平梯田后，就可以拦蓄较大的暴雨，减少水土的流失。已有的经验表明，兴修梯田是坡地农田持续生产的有效途径。

根据修造的方法和地面形式的不同，梯田一般又分为水平梯田、坡式梯田、隔坡梯田、反坡梯田等几种类型。修筑梯田最重要的是保留活土层,应采取“里切外垫,生土搬家,死土深翻,活土还原”的原则,严格保留活土层,才能使土壤肥力受到的影响降至最低。

第二节　旱地蓄水、保墒主要耕作技术

各种耕作措施如覆盖、深耕、少耕、免耕、深松及调整种植结构,实行合理轮作、间作、套作、等高种植等均能有效地改善土壤理化性质,加厚土壤耕层深度,扩大和建立良好的土壤库容量,增加降水或灌溉水的入渗,抑制水分蒸发,达到蓄水保墒的目的,从而为干旱地区农业抗旱耕作及节水灌溉提供了保障。

在旱农地区,天然降水是农业生产上用水的主要来源。其到达地面后有三去处,一是来不及渗入土壤的水分形成地面径流汇入江河;二是经过土壤渗入地下深层成为地下水;三是被土壤截留变成土壤水。只有第三部分的土壤水可供作物利用。在旱农地区,一般都具有较为深厚的土层,经土壤渗入成为地下水的可能很少,水分损失主要是径流蒸发。因此,最大限度地减少水分蒸发、阻止径流的产生、增加土壤入渗、防止水土流失对农业生产来说非常重要。

在旱作农业生产条件下,天然降水的数量和季节分布与作物生长的需要常常不协调。从而严重地影响作物的产量。例如,春季正是各种春播作物播种的重要时期,但我国北方各地冬春季节恰正值干旱少雨,往往旱得难以下种。所以农谚有“十年九春旱”及“春雨贵如油”之说。再如,冬小麦在陕西关中地区欲保持正常的产量,一般消耗400 mm左右的水分,但在冬小麦播种以后至第二年的麦收前的生长期内,常年降水仅为150～200 mm,这就需要将播前季节降水充分集中在土壤之中,以补冬小麦在生长期内降水量的不足,或满足春播的需要。

旱地农田耗水中土壤蒸发占很大比重。半干旱地区休闲期土壤蒸发可占到同期降水量的60%～80%,半干旱偏旱地区达到72%～98%,半湿润地区也要达到60%。作物生长季节,裸地和种植作物地的年耗水量基本相同(赵松岭,1996)。因此,应把进入土壤中的水分尽量保存起来,控制田间无效蒸发,增强土壤蓄水能力,尽可能多地蓄积土壤水分,以供作物生长发育之用。根据旱农地区天然降雨的季节分布,为了能最大限度地把天然降水蓄于“土壤水库“之中,尽量减少农田内的各种径流损失,需要因时因地及时采取各种适宜耕作措施。我国北方干旱地区降水受季风的影响很大,雨量主要集中在7～9月,土壤水分有明显的周期变化。生产中经常采用的耕作保墒措施有深耕、深松、耙耱、镇压、中耕等,现分别简述于后。

一、深耕技术

深耕是我国麦田耕作的传统经验,早在战国时期的《国语》《庄子》中,都讲到了“深耕”,古代劳动人民还积累了许多深耕改土和不同时期深耕的方法与经验,许多方法仍在旱作农业中广泛应用。

(一)深耕的作用

“深耕加一寸,顶上一茬粪”,这是我国劳动人民对深耕作用的深刻总结,浅耕情况

下，耕作深度15 cm左右，耕层以下由于多年耕作的机械压力，形成一个坚实的犁底层，既阻碍根系下扎，又影响水分下渗。通过深耕，可以打破犁底层，疏松心土层，加厚活土层，改善土壤的通气性和透水性，使土壤的水、肥、气、热状况更好协调，促进好气性微生物活动和土壤养分的释放，有利于根系下扎。同时，深耕还可以把藏于下层的害虫翻到地表，改变其生活环境，使其失水干枯或者在冬季低温下受冻致死；也可以把地面和表土害虫的卵、蛹、病菌孢子等翻到下面，使其在缺氧条件下窒息死亡。洛阳旱区气候特点是春季多风易旱，常有“春雨贵如油”的说法，而伏天雨水却很集中，伏前耕后形成疏松深厚的耕层结构，有利于充分接纳雨水，并将雨水贮存在底土层中。据洛宁农技中心试验，耕层每增加1 cm，每亩可多容纳雨水4 m^3，机耕深翻比畜耕浅翻耕层可加深8～10 cm，可多蓄水18.5 mm。据孟津县闫村调查，小麦根系随着耕层的加深而向下伸展，耕深15～20 cm，小麦根系分布在0～15 cm的土中，当耕深达到24～30 cm时，根系主要分布在0～35 cm的土中，且次生根数量增加30%，可见，加深耕层不仅可以增加蓄水保墒能力，而且可以促进根系发育扩大根系活动范围，增加作物吸收深层水分的能力。经过深耕的麦田，耕层饱和含水量33%～60%，而浅麦田仅为28%～29%。山西省阳城县农技站试验（1996年）深耕23 cm时，1 hm^2 地可多接纳雨水112 500 kg，折合11.25 mm水量，并且渗水量在15 min可达100 mm，浸润深度为70 cm。据河南省旱地办研究，采用深耕松土，可有效提高降水的入渗量，扩大土壤蓄水能力，疏松深度在20 cm以上，耕层有效水分可增加4%～5.6%，渗透率提高13%～14%，粮豆增产8%～12%；在伏雨前深松，可使40～100 cm土体蓄水量增加73%，小麦增产5.9%～29.6%。在耕翻深度上，不同的耕深与对照相比作物均有不同程度的增产，分别增产8.9%～31.4%，并以耕深26.6 cm效果最佳（见表4-1）；而在耕翻的同时，采取松土的措施，可以增加小麦的次生根、叶面积系数、穗粒数和千粒重，提高小麦产量。耕翻加松土与单独的耕翻相比，小麦的增产幅度分别达12.3%～16.8%（见表4-2）。

表4-1　小麦在不同耕深下的产量效应（河南省旱地办，禹州市张得乡，1989）

耕层（cm）	不同试验点产量（kg/hm^2）				平均产量（kg/hm^2）	比CK增减（kg）	增减（%）	位次
	柳树沟	郑村	大槐	合计				
13（CK）	2 875.5	2 973.0	4 042.5	9 891	3 298.5			5
20.0	3 231.0	3 922.5	4 372.5	11 526	3 838.5	540.0	16.4	2
26.6	4 065.0	4 260.0	4 680.0	13 005	4 335.0	1 036.5	31.4	1
33.3	3 525.0	3 450.0	4 140.0	11 115	3 705.0	406.5	12.4	3
40.0	3 397.5	3 172.5	4 207.5	10 777.5	3 592.5	295.5	8.9	4

深耕的技术较强，深耕的时间、深度、次数、方法不同，增产效果也不同。

（二）深耕的时间

深耕是全层耕作，只有在作物收获后才能进行，丘陵地多为一年一熟、两年三熟或一年两熟。因此，深耕多在小麦收获后休闲的晒旱地伏前翻或在秋作物收获后冬小麦播种前秋翻。

从一年或一季来讲,早耕比晚耕蓄水效果好。实践证明,伏前耕比伏耕蓄水多,伏耕比秋耕蓄水效果好。旱区 7 ~9 月 3 个月降水量占全年的 50% ~60% ,早深耕可以及时灭茬晒垡,多蓄自然降水,起到“伏雨冬春用”的作用,因此,晒旱地在小麦收获后就要及时深耕,接纳伏雨,蓄好底墒。据洛阳市农科所在孟津朝阳镇试验结果,伏前深耕的麦田,小麦产量 360 kg/亩,头伏深耕 325 kg/亩,二伏深耕 260 kg/亩,三伏深耕 246 kg/亩,伏后深耕 218 kg/亩,伏前深耕比伏后深耕增产 65.1% 。

表 4-2　深松法与耕翻法对小麦生长发育的影响(孟津县旱地办,孟津阎凹,1989)

编号	处理	次生根(条)	单株分蘖(个)	叶面积系数	穗数(万/hm²)	穗粒数(粒)	千粒重(g)	产量(kg/hm²)	增减(%)
1	机耕深松	7.2	7.10	4.94	544.5	33.3	33.5	4 500.0	13.8
	机耕	5.69	6.43	4.40	574.5	30.6	31.9	3 982.5	
2	畜耕深松	9.07	5.67	3.73	577.5	33.9	34.2	5 244.0	24.1
	畜耕	6.60	6.67	3.42	541.5	31.5	32.6	4 225.5	
3	机耕浅松	5.97	7.10	2.54	510	23.7	33.6	5 056.5	12.3
	畜耕	5.73	7.47	2.36	540	28.3	32.5	4 507.5	
4	畜耕浅松	6.90	5.80	4.68	549	32.8	31.9	4 617.0	16.8
	畜耕	4.93	9.90	3.56	408	31.2	33.0	3 952.5	

注:机耕深度为 30 cm,畜耕深度为 24 cm。

黄土丘陵区旱作农田,深耕的时间应与雨季来临时间同步,一般可在前作收获后立即深耕,越早越好,但不耱地,以便充分接纳降水,晒垡熟化土壤,遇雨后再耱地。早深耕能将伏天的暴雨大部分蓄入土壤中。第二次耕作可以在“白露”前后进行,随耕随耱,并结合秋耕施底肥。如果晚秋作物收获后,做不到伏耕,可随即浅耕、疏松地表,以利降雨下渗。甘肃省农业科学院在庆阳彭厚乡的试验表明,7 月上、中、下旬深耕的农田比 8 月上旬深耕的,在 0 ~100 cm 土体中贮水量分别高出 20.6、22.7、11.8 mm,其中以 7 月中旬头伏耕地的效果最佳。

秋季深耕应于秋作物收后抓紧进行。青海省农林科学院在湟中县测定,秋收后及时深耕,0 ~100 cm 的土层中蓄水达 293 mm;收获后第四天耕翻的蓄水即减少 29.6 mm;第七天耕翻减少 56 mm,而收后 10 d 尚未耕翻的则减少 65.6 mm。秋耕宜早不宜迟是因为耕翻能切断毛管,减少地表蒸发,还可接纳部分秋季降水。甘肃省农业科学院在庆阳温泉乡观测,头年进行秋耕的地块,春季 0 ~30 cm 的土壤湿度为 16.1%(谷茬)和 18%(糜茬),而未秋耕的则分别为 12.2% 和 14.6% 。秋耕地的土壤水解氮含量也较未秋耕的高 6.8 mg/kg。如无法进行秋耕,春耕一般宜浅不宜深,宜早不宜迟。总之深耕的时间是伏耕优于秋耕,早耕优于迟耕。

具体到每一块田地的耕作时间,除因茬口不同而有差异外,还应根据土壤质地、土壤水分等因素来确定,尽量争取在土壤宜耕期内深耕。质地黏重、有机质含量低的红黏土,土壤耕性最差,适宜耕期最短,壤土或有机质含量高的土壤耕性较好,适耕期较长,沙质土壤,黏着力小,宜耕期最长。因此,可优先在适耕期短的黏土、洼地进行。适耕期长的地块可以其前或其后进行。土壤水分是影响土壤耕性最活跃,也是最不容易控制的因素,要选择土壤水分最适宜的时机(即土壤含水量相当于田间持水量的40% ~60%),这样的墒情最适合耕作,如果过湿耕作,由于土粒被水膜包住,加力时,土粒滑动而不散,黏着力大,塑性强,犁地时土体容易起"明条",干后则为硬坷垃。如果过干则土体坚实牢固,畜力犁不动,机械深耕也会形成大坷垃或造成机具损伤。豫西小麦播种季节往往干旱少雨,争取适播期前能够整好土地。切不可死板寻找适耕期而影响适时播种。

(三)深耕深度

小麦生长发育需要一个深厚的活土层,"活"是指土壤内,尤其是耕层内水、肥、气、热等因素活化协调,"厚"是指活土层深厚,贮有较多的水分、养分,能源源不断地保证小麦生长发育的需要,使小麦根系分布范围广,吸水能力强,地上部生长良好。那么究竟活土层多"厚"比较合适呢?一般要求活土层25 ~30 cm比较合适,这是小麦根系生长发育特点所决定的。据调查,20 ~35 cm土层根的重量占总根量的85%,如果耕作层过深,土壤中的大孔隙增多,毛管作用减弱,反而影响小麦生长,还会影响有机肥的肥效,导致减产。因此,深耕以25 ~30 cm为宜。西北农业大学1959 ~1960年试验,小麦地分别深翻25、40、60 cm,前两个深度处理施有机肥6 400 kg/亩,后一深度施有机肥12 500 kg/亩,产量分别为221.3、282.8、301 kg/亩。25 cm和40 cm基本平产,60 cm比前2个处理只增产了4.5%,可见过深的翻耕,蓄水、增产作用并不太大。

深耕不仅当年有效,而且有明显的后效。据中国农科院土肥所1987 ~1989年在山西屯留县试验,上年度深耕而本年度浅耕的麦田,夏闲期蓄水量比连年浅耕增加8%,麦播前0 ~200 cm土层贮水量多9.4 mm,多点测产结果小麦增产10.9% ~22%。这是因为上年深耕后,活土层的土壤结构得到改善,其蓄水保墒能力仍然继续发挥作用。深耕的后效时间长短,取决于耕层的质地、结构、年降水量及耕翻深度等因素,一般为2 ~4年。因此,同一块地并不需要年年深耕,2 ~3年深耕一次较为适宜。

(四)深耕的方法

1.耕翻深耕方法

分为机械深耕和畜力深耕两个类型。机械深耕具有速度快、耕作质量高、地面平整、深浅一致、不留间隔等优点。机械深翻又分为大(中)型拖拉机深耕、小四轮拖拉机深耕和手扶式拖拉机深耕。大(中)型拖拉机耕深25 ~30 cm;小四轮拖拉机耕深20 ~25 cm,小手扶拖拉机耕深20 cm左右,目前仍有少数农户采用畜力耕作,畜力犁耕深只有15 ~18 cm。

2.深松耕

即用全方位深松机进行深耕松土,松土深度可达30 cm以上。其特点是不翻转土层,但打破了原犁底层,可以充分接纳雨水防止水土流失,种子播在熟土上,能早出苗、保全苗。同时,深松改善了根系的生长趋向,从苗期开始,根系密集,根层加宽,并迅速下移至水分较多土层,能吸收较多的水分和养分,增强抗旱能力。全方位深松其松土系数达60% ~77%,虚土层深度可达40 ~50 cm,在松土层断面内形成一个"上虚下实左右松紧相同"的土体构造,既可增加蓄水,又透水通气,有利于养分的释入和贮存及根系穿透和固定。全方位松土可使土壤的涌透速率提高 5 ~ 10 倍,1 h 接纳 300 mm 降雨,也不会出现积水和径流。目前这项技术已在部分县开始推广,据调查,全方位深松在大旱的 1999 年比对照增产 14%。

3. 浅耕深松和耙茬深松

中国农业科学院农业遗产研究室和陕西省农业科学院合阳基点(合阳县黑池农场)进行的试验表明,麦收后夏闲期采用浅耕深松和灭茬深松法,10 ~ 30 cm 土层的容重有所降低;土壤贮水在少雨时段 0 ~ 100 cm 土层浅耕深松和耙茬深松比翻耕法分别增加 12 mm 和 21 mm,0 ~ 200 cm 土层分别增 6 mm 和 15 mm;多雨时段 0 ~ 100 cm 土层分别增加 7 mm 和 12 mm,0 ~ 200 cm 土层分别增加 15 mm 和 20 mm;同时,土壤中的有效水分在 0 ~ 200 cm 土层增加 12 ~ 16 mm。此法可以把掩埋肥料、杂草与疏松土层相结合。

4. 间隔深松

间隔深松优于全面深松。原因在于间隔深松能创造虚实并存的耕层构造,虚部降雨时雨水可迅速下渗,雨后又有利于土壤通气及好气微生物活动,促进好气分解,土壤矿质化过程较强,增多土壤有效养分;实部则保证土壤水上升,满足作物生长需要,通气性较差,促进嫌气分解,土壤腐殖过程较强。因此,间隔深松在协调蓄水和供水矛盾、耕层土壤矿质化和腐殖化的矛盾,调节耕层土壤水、肥、气、热状况等方面有良好效果。在山坡地上沿等高线方向进行间隔深松,紧实带还能阻止已涌入的水分在耕层内向坡下移动,减少坡地的地下径流。间隔深松一般 35 cm 左右为宜。

运用上述几种深翻、深松方法要根据地块大小、土壤种类以及作物茬口灵活运用,而且要周期性地更换方法,达到多蓄雨水、减少蒸发、作物增产之目的。

二、耙耱技术

耙耱保墒是通过耙耱土地而达到保墒的一种耕作措施。耙耱是耙地和耱地的总称,耙地是利用钉齿和圆盘耙在犁耕后、收获后、播种前和幼苗期常用的表土耕作措施之一;耱地是利用耱子进行的表土耕作措施之一。耙地和耱地常常联合进行,具有碎土、平地和轻度镇压土壤的作用,保墒效果特别明显。耙耱是在土壤表层进行的一种作业,用于耕地之后或作物收获之后或播种前后,主要作用是碎土、平地和轻压。

土壤深耕后,表面起伏不平,土壤虚空不实,大小坷垃满地,垡片相互架空,三相比例失调,降雨不易浸入坷垃内部,而大孔隙间空气流通快,蒸发强,跑墒严重。土壤干燥后,微生物活动减弱,影响养分的释放,因此坷垃对土壤肥力影响很大,而且影响播种,轻则播深不一、覆土不严、下种不匀、出苗不全,重则无法播种。耕后耙地可以耙碎坷垃,平整地面,踏实土壤。耕前或播前耙地可以破除板结,切断毛管,增加土壤的透气性和蓄水保墒能力。播种后耙地可以破除板结和踏实土壤,使种子和土壤密切结合起到促进出苗的作用。

耱地又称耢地盖地或擦地,它是形成土壤覆盖层、减少土壤蒸发的重要措施,同时也具有平地、碎土和轻度镇压的作用。耙后耱地可以擦平耙沟,压紧耕层,减少土壤表面积和孔隙度,使表土细碎平整,形成一个疏松的覆盖层,以切断毛细管,减少土壤水分蒸发、达到保墒的目的。

三、镇压保墒及提墒

镇压是利用农用镇压机产生的机械压力压紧耕层及压碎土块的表土耕作措施。镇压具有平整土面、增加土壤和种子的接触，更主要的是将土壤下层的水分提升到上层，同时防止水分蒸发，提墒和保墒的作用。

土壤湿度在毛细管破裂含水量以上时，水管的运动已基本停止。此时土壤水分的损失主要是在土壤内部汽化，通过较大孔隙向大气扩散而损失。这时进行镇压，压碎地表坷垃，阻止较大的孔隙，封闭地面裂缝，能减少土壤气态水向大气中的扩散，起到一定的保墒作用。同时，镇压也可使土粒紧密，促使土壤水分上升，起到提墒的作用，有利于种子的萌发。中国科学院原北京水土保持研究所进行的镇压对土壤水分影响的试验结果表明，镇压与未镇压对土壤各层含水量影响明显不同。

镇压在应用时应注意如下内容：①冬季地面坷垃太多太大，容易透风跑墒，需要在土壤冻结后进行冬季镇压，压碎地面坷垃，使碎土比较严密地覆盖地面，以利于保墒和聚墒；②土壤耕翻的时间与播种期相距太近，耕层太松，影响播种、保墒和作物正常发育，需要镇压后再进行播种；③播前土壤表层干土层太厚，种子不宜发芽或发芽不好，需要进行播前或播后镇压提墒，以利种子发芽出土；④初春土壤解冻，经过冻融的冬麦幼苗有耸抬现象，分节裸露，进行镇压可以使土壤下沉，具有保墒、促进分蘖、防止倒伏等良好作用；⑤镇压一定要选择在地表干燥时进行，以免镇压后表土发生板结，压后还必须进行轻微的耙耱，使表面有一薄层虚土，以防止水分蒸发；⑥在沙性很大的土壤上不宜镇压，因为沙土压不实，反而会更松，在盐碱土或潮湿的黏重土壤上均不宜实施镇压。麦田的冬春镇压一定要在严霜消退之后的中午或下午进行，以免压坏麦苗，影响麦苗正常生长。

四、中耕保墒

中耕是在作物生育期间进行的表土耕作措施。中耕具有松土、除草、破除板结、保蓄土壤水分、增温和晾墒的作用，即通常所说的锄地、耪地、铲地、趟地等。对于小麦来说，在封垄之前，由于降水、灌溉、踩踏、机压等使表土板结或杂草丛生，严重影响小麦的正常生长和发育，这时需要进行中耕措施。农谚“锄头底下有水也有火”充分说明中耕对作物生长发育的影响，中耕既能蓄水保墒，又能提温降温。

五、不同茬口整地技术

小麦萌发出苗及其生长发育需要良好的土壤环境，播前整地是创造良好土壤环境的重要措施，其目的是通过合理的耕作整地技术，使麦田达到耕层深厚，地面平整，水、肥、气、热状况协调，土壤松紧度适中，保水保肥能力强，为全苗壮苗创造良好的土壤条件。

不同的茬口有不同的整地技术，但播前整地的标准是一致的，即要达到“早、深、净、细、实、平”的基本要求。“早”是及早腾茬及早整地；“深”是适当加耕层；“净”是灭茬，拾净根茬；“细”是翻平扣严，不漏耕露耙，耙细耙透，无明暗坷垃；“实”是土壤上虚下实，表层不板结，下层不翘空；“平”是地面平坦，其核心是创造一个松紧度适中的耕作层。

晒旱地小麦一年一季3、4、5月三个月的降水量低于100 mm，此时正值小麦拔节孕穗需水的高峰期，约占一生总需水量的60%，春旱是影响小麦产量的主要限制因素，而在小麦非生长季节的7、8、9月三个月降水量占全年降水量的50%以上，形成蓄水高峰期。因此，增强土壤蓄水保墒能力，利用伏天深耕，最大限度地接纳伏雨，做到"伏雨春用""春旱秋抗"是提高产量的关键。

在旱作麦区，保留一定面积的晒旱地，纳蓄自然降水做到"伏雨春用"是人们同干旱斗争的成功经验。据调查结果，晒旱地0～20 cm土壤含水量分别比绿豆茬、玉米茬和谷子茬增加1.9%、2.7%、3.8%。此外，晒旱地在休闲期间，可以充分熟化土壤，加速土壤养分的转化，提高土壤肥力。据伊川县化验分析，晒旱地经过休闲，碱解氮和速效磷含量分别提高8 mg/kg和3 mg/kg。1990～1993年4年平均晒旱地小麦播种前0～200 cm土层蓄水量增加150.9 mm，小麦增产23.4%。

晒旱地耕作模式是：麦收后6月上旬及时深耕，将有机肥、氮肥、磷肥一次施入，伏前张口纳雨、晒垡、使雨水渗至土壤深层，入伏后耙地保墒，合口过伏，遇雨必耙，半月内无雨也要干耙保墒。9月中旬，用旋耕整地保墒。播种前再细耙一次，据调查，0～20 cm土壤含水率提高1.7%～2.4%，出苗率提高3%～5%。也有人测定，晒旱地第一次深耕后就要粗耙一遍，让期内张外合合口过伏。在每次降大雨之后，地面现白时应及时耙地，达到降雨全部归田。

早茬地二年三熟，前茬主要是春播作物，有瓜类、豆类、烟草和春玉米等，早茬作物一般在8月中旬前后收获，此时距麦播还有一个多月的时间，此期降水量还有100 mm左右。因此，早茬作物成熟后抓紧收获腾茬，及时灭茬、施肥，及早耕地，耕深20～25 cm，并随犁随耙，耙透耙碎，整平整细，力争多蓄秋雨，增加底墒，如果及时深耕整地，早茬旱地小麦也可获得高产，群众称为"小晒旱"。据1988年孟津县农技站在朝阳镇闫村试验，春绿豆茬旱地，麦播前调查0～100 cm含水量达153.4 mm，相邻的晒旱地同层土壤含水量是215.7 mm，谷子茬仅为100.8 mm。

晚茬地一年二熟，小麦前茬作物主要是玉米、花生、谷子、红薯等。"晚、薄、粗"的问题比较突出，由于前茬成熟晚，收获晚，地力消耗大，墒情差。在晚茬作物生长后期，可以在田间进行浅锄或在行间深锄，以消灭杂草、多蓄秋雨。秋作物成熟后要抓紧腾茬，随收随灭茬，随耕、随耙，保好墒，争取小麦一播全苗。先耙地灭茬，破除板结，切断毛细管，防止跑墒，及时清理田间杂草和秸秆，然后施足底肥，深耕整地，耕后及时耙耱保墒。据洛阳市农科所在偃师测定，及时灭茬比未灭茬0～20 cm土壤含水率高0.4%～1.9%，耕后及时耙地比未及时耙地同层土壤含水率高1.5%～5.15%（见表4-3）。

表4-3　晚茬旱地及时灭茬及耕后耙地保墒效果

处理	测定时间（月-日）	土地含水率（%）		
		0～5 cm	5～10 cm	10～20 cm
灭茬	09-10	14.3	18.45	18.6
未灭茬	09-10	12.4	16.8	18.2
耕后即耙	08-10	13.95	7.45	18.8
耕后未耙	08-10	8.8	13.10	17.3

六、少耕免耕技术

保护性耕作的技术体系是采用少(免)耕、覆盖等耕法结合施用除草剂,减少对土体的扰动和破坏,增加地表残茬,减轻水蚀、风蚀,保护土壤养分,降低生产成本,使土壤维持相对高产的一套农艺与农机相结合的耕作技术体系。它完全符合生态农业对保护环境、保护土地质量、保护农产品品质的基本要求,是今后土壤耕作的大趋势。通过考察,初步查明了我国北方主要沙尘暴区的范围和成因,证明都与草原破坏和耕作不当有关,说明推行保护性耕作不仅利于农田持续增产,也是防止风蚀和保护环境所不可缺少的重要环节。

(一)国内外保护性耕作研究

保护性耕作是人们遭遇严重水土流失和风沙危害的惨痛教训之后,逐渐研究和发展起来的一种新型土壤耕作模式。20 世纪 20 ~30 年代,美国利用大型机械大面积、多频次翻耕农田,由于气候持续干旱,土地沙化严重,发生了震惊世界的“黑风暴”。1931 年从美国西部干旱地区刮起的黑风暴横扫美国大平原,厚达 5 ~30 cm 的表土被吹走,30 多万 hm^2 农田被毁;1935 年的第二次“黑风暴”横扫美国 2/3 国土,3 亿多 t 表土被卷进大西洋,毁掉耕地 300 万 hm^2,当年全美冬小麦减产 510 万 t。1935 年美国成立了土壤保持局,组织土壤、农学、农机等领域专家,开始研究改良传统翻耕耕作方法,研制深松铲、凿式犁等不翻土的农机具,推广少耕、免耕和种植覆盖作物等保护性耕作技术。

少耕免耕技术是近 40 年来发展起来的新型耕作方法。人们在长期的生产实践中发现,频繁的土壤耕作,尤其是过多的不必要的土壤耕作措施,不仅增加了生产成本和动力消耗,而且使耕层土壤致密,犁底层增厚,影响降水下渗,加速有机质损耗。尤其在坡耕地上多次不必要的耕作更是加快了水土流失。对此,国外 20 世纪 50 年代就开始探索减少耕作次数和强度的方法,于是,少免耕法便出现了。

免耕法是指作物播前不用基本耕作和表土耕作,直接在茬地上播种,作物生育期间不使用农具进行土壤管理的耕作方法。典型的免耕由三个基本环节组成:①地面覆盖残茬、秸秆或其他覆盖物,以减轻风蚀、水蚀和土壤蒸发;②采用联合作业的免耕播种机直接播种,一次完成开沟、播种、施肥、喷药、覆土、镇压等作业;③应用广谱性除草剂杀除杂草。

少耕法指在常规耕作基础上尽量减少土壤耕作次数或间隔耕种以减少耕作面积的一类耕作方法,它是介于常规耕作法或免耕法之间的中间类型。凡多项作业一次完成的联合作业,以局部深松代替全面深松,以耙茬、旋耕代替翻耕,在季节间、年份间轮耕、间隔带状耕种,减少中耕次数或免中耕等。

少免耕的优缺点:常规耕作的缺点是少免耕的优点,少免耕由于地面有残茬、秸秆或其他覆盖物,土壤少耕或不耕,土壤结构不受破坏,水蚀和风蚀明显减轻。同时秸秆覆盖有利于蓄水,土壤水分蒸发也得以减轻;秸秆留于土壤,增加了土壤有机质,促进了团粒结构的形成;减少农耗时间,节约成本。少免耕既争取了农时,又减轻农忙的紧张度,同时节省机械投资和燃油消耗,降低了生产成本。

多年少免耕后耕作表层 0 ~10 cm 营养物质富化,而下层 10 ~20 cm 则趋向贫化,有机质和养分减少,不利于作物的生长发育,出现早发早衰现象;影响有机肥、化肥与残茬的翻埋,肥料利用率低,氮素损失加重。

美国研究和开发以水土保持为核心内容的耕作制度，把保护农场的传统技术和现代技术相结合，重点放在保持水土、作物轮种、增加土壤肥力、提高自然降水利用等方面，夏闲耕作制、残茬覆盖耕作法、水土保持耕作法以及其他的水保技术得到了广泛的应用，残茬覆盖耕作法形成于20世纪30年代末期，对控制西部大平原的风蚀问题起了重要的作用。同时，残茬覆盖也减少了水蚀，增加了土壤水分，提高了产量。从20世纪60年代开始，苏联、加拿大、澳大利亚、巴西、阿根廷、墨西哥等国家纷纷学习美国的保护性耕作技术，在半干旱地区广泛推广应用。其中澳大利亚从80年代开始大规模示范推广覆盖耕作（深松、表土耕作、机械除草）、少耕（深松、表土耕作、化学除草）、免耕（免耕、化学除草）等保护性耕作技术模式，全面取消了铧式犁翻耕的作业方式，目前北澳90% ~95%的农田、南澳80%的农田、西澳60% ~65%的农田实行了保护性耕作，澳大利亚形成了独具特色的降水高效利用农业模式，豆科牧草轮作制，近年来开始了地面覆盖集水措施的研究试验，研究表明，有残茬覆盖的农田比裸地休闲田减少地面径流40%左右，最大排水速度降低70% ~80%，降水利用效率明显提高。加拿大从60年代开始引进保护性耕作技术，80年代开始大规模推广，目前已有80%的农田采用了高留茬、少免耕等保护性耕作技术模式。以巴西、阿根廷为代表的南美洲保护性耕作应用面积也超过70%，主要是为了降低生产成本和增加农民收入。欧洲保护性耕作应用面积也达到14%以上，主要是为了减少土壤水蚀，降低生产成本。以色列形成两种模式：水分高效灌溉模式和高投入、高产出、高效益的设施农田模式，在年降水量230 mm以上的黄土地区，以色列人采用覆盖耕作，径流种植的旱作模式，研制开发了覆草、播种的机械，做到松土、施肥、播种、覆盖等作业一次完成。其他如印度的主要经验：扩大高产和抗旱性强的作物种类的种植面积、发展集水种植、实行农林耕作制度。

国内有关保护性耕作的试验研究于20世纪70年代首先开始于东北地区，他们用深松机间隔深松，建造纵向“虚实并存”的耕层构造，以“虚”通气蓄水，以“实”提墒供水，协调了蓄水与供水的矛盾。其中，中国农业大学、山西省农机局与澳大利亚合作在山西进行的保护性耕作试验研究已达数年。西北农林科技大学从20世纪80年代初便开始了夏闲地和冬闲地机械化残茬覆盖深松（免耕）耕作法研究，提出的“留茬深松起垄覆膜沟播技术”和“旱地冬小麦高留茬少耕全程覆盖技术”，较好地实现了农机与农艺的结合，已在陕西渭北高原及条件类似地区推广。

（二）我国保护性耕作发展现状与趋势

20世纪70年代末，我国开始引进和试验示范少免耕、深松、秸秆覆盖等单项保护性耕作技术，但受技术、机具及社会经济发展水平等因素的限制，这些技术只在部分地区进行小规模的示范试验，推广应用面积不大。20世纪90年代以来，随着现代农业技术的进步，保护性耕作研究与示范工作发展速度加快。在西北旱区，以少免耕播种和地表覆盖为主体的保护性耕作技术得到推广应用；在华北灌溉两熟区，小麦秸秆还田及夏玉米免耕覆盖耕作技术得到了大力发展；在东北一熟旱作区，玉米垄作少耕及留茬覆盖耕作技术开始一定规模的示范应用；在南方稻麦两熟及双季稻区，也开展了以免耕覆盖轻型栽培为主要形式的保护性耕作技术示范工作。

传统耕作方法虽然在世界各地被广泛采用，且有促进土壤熟化，抑制田间杂草和病虫害等优点，但随耕作次数的积累，且机械耕作耕层较稳定，影响了土壤蓄水能力和作物根系的生长。在旱地易失墒，而多雨湿润地区易蓄水成渍，使土壤盐碱化；传统耕作耕层土壤疏松，破坏了团粒结构，通透性好，加速了有机质分解，且地面裸露，造成水土流失和风蚀，不适合干旱地区节水灌溉；此外，耕作次数多耗能耗工，增加了生产成本。

国内外大力提倡的保护性耕作，旨在克服铧式犁耕翻的诸多缺点，保护生态环境，稳定土壤结构，减轻风蚀、水蚀和养分流失；减少土壤水分蒸发，充分利用宝贵的水资源；减少劳力、机械及能源的投入，提高劳动生产率与农作物产量，增产增收，实现农业的可持续发展。而我国人多地少，为保证粮食安全问题，必须注重高产，因此在发展保护性耕作技术方面，不能完全照搬国外模式，应结合我国实际，注重多项技术的有机集成，注重农机、农艺的结合，研究开发出一套适合我国农业生产实际的保护性耕作技术体系。

根据我国各地不同情况，通过技术引进、试验研究和机具配套，集成创新了适应不同类型旱作区、具有中国特色的保护性耕作技术体系，包括东北平原区、东北西部干旱风沙区、西北黄土高原区、西北绿洲农业区、黄淮海两茬平作区、华北长城沿线区等六大类型区保护性耕作技术模式。

通过与保护性耕作技术模式共同进行的配套研究，我国保护性耕作专用机具研制也取得突破性进展。研制出了小麦、玉米免耕播种施肥复式作业机具、秸秆还田粉碎机、深松机、植保机械等。下面重点介绍黄淮海两茬区免耕技术体系。

黄淮海两茬平作区：主要包括淮河以北、燕山山脉以南的华北平原及陕西关中平原，涉及北京、天津、河北中南部、山东、河南、江苏北部、安徽北部及陕西关中平原等8个省份480个县（场），总耕地面积3.8亿亩。主要作物为小麦、玉米、花生和棉花等，是我国粮食主产区。

1. 小麦－玉米秸秆还田免耕直播技术模式

该模式将小麦机械化收获粉碎还田技术、玉米免耕机械直播技术、玉米秸秆机械化粉碎还田技术，以及适时播种技术、节水灌溉技术、简化高效施肥技术等集成，实现简化作业、减少能耗、降低生产成本，以及培肥地力、节约灌溉用水目的。其技术要点包括：采用联合收割机收获小麦，并配以秸秆粉碎及抛洒装置，实现小麦秸秆的全量还田；玉米秸秆粉碎机将立秆玉米秸粉碎1～2遍，使玉米秸秆粉碎翻压还田；小麦、玉米实行免耕施肥播种技术，播种机要有良好的通过性、可靠性，避免被秸秆杂草堵塞影响播种质量；进行病、虫、草害防治，用喷除草剂、机械锄草、人工锄草相结合的方式综合治理杂草。

2. 小麦－玉米秸秆还田少耕技术模式

该模式同样以应用小麦机械化收获粉碎还田技术、玉米秸秆机械化粉碎还田技术为主，但在玉米秸秆处理及播种小麦时，采用旋耕播种方式，实现简化作业、降低生产成本，秸秆全量还田培肥地力，节约灌溉用水。其技术要点包括：采用联合收割机收获小麦，并配以秸秆粉碎及抛洒装置，实现小麦秸秆的全量还田，免耕播种玉米，机械、化学除草；秋季玉米收获后，秸秆粉碎旋耕翻压还田并播种小麦；进行病、虫、草害防治和合理灌溉。

第五章　旱地麦田水分动态

第一节　旱地麦田的土壤水分变化动态

制约旱地小麦高产的核心问题是水分如何控制。如何搞好蓄水保墒，通过土壤耕作最大限度地利用天然降水，提高降水的水分利用是旱地耕作栽培的主要任务。为此，我们必须首先对旱地土壤的水分物理特性、季节变化及土体垂直水分变化有比较清楚的了解。但因旱地土壤种类繁多，水文地貌复杂，现仅能根据有代表性的土类和试验基点的研究结果加以概述。

一、褐土的土壤水分状况

褐土是旱地麦田最大的土类，具有典型代表性。现将黄土丘陵区褐土的机械组成、一般物理特性和水分常数列于表 5-1 ~ 表 5-3。

表 5-1　褐土的机械组成

深度(cm)	各粒径(mm)含量(g/kg)				质地名称
	2 ~ 0.2	0.2 ~ 0.02	0.02 ~ 0.002	<0.004	
0 ~ 20	13.0	384.0	394.0	209.0	黏壤土
20 ~ 40	11.0	343.0	398.0	248.0	黏壤土
40 ~ 70	3.0	277.0	361.0	359.0	壤质黏土
70 ~ 120	9.0	351.0	387.0	253.0	壤质黏土
120 ~ 200	13.0	397.0	379.0	211.0	粉沙质壤土

表 5-2　褐土的一般物理性质

深度(cm)	比重	容重(g/cm^3)	总孔隙度(%)	毛管孔隙度(%)	通气孔隙度(%)
0 ~ 20	2.67	1.22	54.26	43.63	10.63
20 ~ 40	2.67	1.41	47.08	41.93	5.15
40 ~ 70	2.67	1.53	42.80	40.09	2.71
70 ~ 120	2.68	1.45	45.96	42.41	3.55
120 ~ 200	2.68	1.34	49.94	47.67	2.27

表 5-3　褐土的水分常数　（单位:g/kg）

层次(cm)	最大吸湿量	凋萎湿度	田间持水量	有效水量
0～40	40.7	83.2	225.4	138.2
40～70	47.5	93.9	220.8	126.9
70～200	34.8	84.5	263.6	179.1

上述三个表中的资料表明,褐土除黏化层的质地偏黏外(壤质黏土),其他上下层都是黏壤土,机械组成以粉沙粒为主,0.02～0.002 mm 粒级含量为 400 g/kg 左右,黏粒 300 g/kg 左右。

土壤耕层 0～20 cm 疏松多孔,通透性好,黏化层较紧实,通透性差,耕层容重 1.22 g/cm^3,孔隙度 54.26%,其中毛管孔隙 43.63%,通气孔隙 10.63%;黏化层 40～70 cm 容重 1.53 g/cm^3,孔隙度 42.8%,其中毛管孔隙 40.09%,通气孔隙不足 5%,见表 5-2。

褐土的凋萎湿度与土壤质地有关,质地偏黏,凋萎湿度也高,黏化层凋萎湿度为 93.9 g/kg,其他土层凋萎湿度为 83.2～84.5 g/kg。田间持水量剖面上部为 225.4 g/kg,中部黏化层为 220.8 g/kg,下部黏壤土土层紧密,为 263.6 g/kg。有效水量受田间持水量与凋萎湿度的影响,中部黏化层最小为 126.9 g/kg,上部为 138.2 g/kg,下层较多为 179.1 g/kg。

褐土旱地土壤剖面中贮水量随时间季节性动态变化,主要决定于气候变化的周期性,但又不完全同步。一般讲,土壤水分的变化,特别是由湿变干的过程滞后于气候的变化,这是土壤水分运动规律本身决定的,所以土壤干旱虽主要受气候干旱的影响,但又不能以天气的干旱程度来直接衡量土壤干旱程度,在冬季,是大气最干燥的季节,但土壤并不一定是最干旱的时期。一年中土壤水分可区分为两大阶段,即充水期与失水期。充水期处于雨季,即 6 月下旬至 9 月末,失水期从 10 月初到翌年 6 月中旬;失水期,又因失水强度不同,再分为三个时期,即晚秋初冬失水期,冬季稳定(冻结)期,春季初夏失水期。所以,褐土的水分年周期变化可分为以下四个时期:

(1)雨季土壤水分恢复时期:小麦成熟时,土壤贮水,无论 0～60 cm 还是 0～200 cm 土层,均降至全年最低值,麦收后逐渐进入雨季,土壤水分不断得到补充,同时,各种作物尚处于苗期,耗水量较少,土壤贮水量迅速增加,从 6 月 2 日到 7 月 2 日的一个月中,0～60 cm 土层贮水量从 80 mm 增至 160 mm,增加一倍;进入 7 月以后,由于降水频繁,湿热同期,作物生长迅速,土壤水分补充的多,消耗也多,但补充量大于消耗量;进入 8 月以后,降雨逐渐减少,但作物耗水仍处于高峰,0～60 cm 土层贮水量由 170 mm 减至 80 mm 左右,但深层(60～200 cm)贮水仍然增加了近 150 mm,所以整个雨季土壤水分处于恢复补充时期。

(2)秋末冬初土壤水分消耗时期:从 10 月至 12 月气温尚暖,但降水量骤减,虽然小麦尚处于苗期,蒸腾耗水较少,但土壤蒸发较强,土壤水分入不敷出,是土壤水分的消耗时期,0～60 cm 土层水分降至 90 mm 左右,0～200 cm 土层贮水降至 360 mm 左右。

(3)冬季土壤水分相对稳定时期:进入冬季后虽然雨雪少,但由于气温低,作物生长缓慢,蒸腾量减小,土壤冻结,土壤蒸发量也减小,土壤总的耗水量不多,此时,由于雨雪水的入渗和下层向上的水分热毛管运动,使0～60 cm土层贮水量稍有增多。

(4)春季土壤强烈耗水时期:进入3月以后气温逐渐升高,小麦返青后迅速生长,土壤蒸发与小麦叶面蒸腾都逐渐加强,耗水量与日俱增,0～60 cm与0～200 cm贮水总的趋向是不断减少。但在3、4月,降雨增多,土壤水分也有增加。进入5月以后,小麦开始由营养生长转入生殖生长,蒸腾耗水量剧增,土壤含水量也急剧减少,至小麦收获时0～60 cm土层降至最低。

二、旱区农田土壤水分的时空变化规律

(一)豫西豫北旱地小麦生育期间水分变化规律

不同土壤深度其含水量变化大小不同,据河南省农科院和洛阳农科院旱地定点试验,分别在辉县市张村乡褐土性土和孟津县北邙褐土上设置旱地土壤水分定点测试结果(见表5-4),冬小麦田土壤水分季节变化大致可划分为以下几个阶段。

表5-4 小麦不同时期土壤含水率变幅级标准差比较

时间	豫北(Vol%)				豫西(Vol%)			
	0～20 cm 变幅	0～120 cm 变幅	0～20 cm 标准差	0～120 cm 标准差	0～20 cm 变幅	0～120 cm 变幅	0～20 cm 标准差	0～120 cm 标准差
冬前	15.3～29.7	15.3～29.7	4.65	3.50	9.4～34.2	9.4～34.2	6.30	4.91
冬季	9.6～25	9.6～28.3	6.61	5.43	8.2～28.6	8.2～33.1	8.70	7.22
2月11日～3月10日	10.5～24.8	10.5～28.1	5.77	4.58	12.2～28.6	12.2～32.6	6.40	5.60
3月11日～5月31日	7.8～31.9	7.8～31.9	7.38	5.06	6.7～26.2	6.7～32.4	5.46	6.37

注:Vol%为土壤容积含水量,单位为g/cm^3。

1. 冬前阶段

小麦冬前苗期正是雨季过后土壤储水较多的时期,豫北丘陵区0～120 cm土壤容积含水率(Vol)变幅15.3%～29.7%,豫西丘陵区0～120 cm土壤含水率变幅9.4%～34.2%。该阶段由于小麦苗小,蒸腾耗水较少,而且气温逐渐下降,土壤蒸发量不多,豫北丘陵区120 cm土体储水量由302.2 mm下降至287.5 mm,消耗土壤水14.7 mm,豫西丘陵区120 cm土体储水量由379.2 mm下降至349.2 mm,消耗土壤水30.0 mm。该阶段的特点是:水分消耗以蒸发为主,土壤水分蒸散强度不大。

2. 冬季阶段

进入12月下旬以后,由于地面冻结,冬小麦地上部已停止生长,因此土壤水分耗损量很少,豫北丘陵区120 cm土体储水量由287.5 mm下降至285.9 mm,土壤水消耗1.6 mm;豫西丘陵区120 cm土体储水量由349.2 mm下降至342.3 mm,土壤水消耗6.9 mm。豫北褐土性土0～120 cm土壤含水率变幅9.6%～25%,豫西丘陵区0～120 cm土壤含水率变幅8.2%～28.6%。该阶段的特点是:土壤水分收支基本平衡,土壤水分比较稳定。

3. 早春阶段

进入2月中旬以后，气温迅速回升，冬小麦开始起身拔节，麦田耗水日渐增加，豫北丘陵区0～120 cm土体储水量由285.9 mm下降至278.6 mm，土壤水消耗7.3 mm。豫西丘陵区120 cm土体储水量由342.3 mm下降至321.2 mm，土壤水消耗21.1 mm，该阶段的特点是：土壤水分缓慢散失。

4. 春末夏初—成熟阶段

从3月中旬开始，麦田土壤含量明显下降，到4月底，0～120 cm土层的储水量豫北丘陵区由278.6 mm下降至264.9 mm，土壤水消耗13.7 mm。豫西丘陵区120 cm土体储水量由321.2 mm下降至269.8 mm。进入5月以后，豫西丘陵区0～120 cm土层的储水量继续减少，到小麦成熟时降到222.4 mm，为全年的最低点。该阶段的特点是：土壤水分呈现急剧下降的趋势，并且豫西在小麦成熟阶段的旱象较豫北更突出。

（二）豫西豫北旱地小麦生育期土壤不同层次水分变化规律

另外，根据2003、2004、2005年在张村乡褐土性土壤不同层次土壤含水率（容积含水率）的系统测量结果（见表5-5）可以看出：

（1）土壤表层土壤水分变化幅度较大，与农业耕作、季节性气候变化、降雨等因素有密切相关性，表层土壤水分含量一般在15%～35%，而土壤水分含量较低的时期出现在6月中旬、2月中旬、4月中旬。有时在10月含量也较低。说明在旱作区，墒情制约着夏秋作物的播种和小麦的返青时节。

（2）土体0～20 cm处土壤水分变化呈现出与年度降水趋同的规律，2～6月水分含量呈逐步下降的趋势，7～8月土壤水分呈逐渐增加的趋势。该层土壤水分含量的低谷值出现在4～6月。

（3）其他四个层（40～60 cm、60～80 cm、80～100 cm、100～120 cm）土壤水分含量变化情况大体相似，说明40～60 cm是一个土壤含水过渡层，60 cm以下土壤水分含量比较稳定。4～6月呈现土壤水分的低谷值区，在40 cm处土壤水分含量为13%左右，60 cm、80 cm、100 cm、120 cm处的土壤水分含量为18%～20%、20%～23%、20%～22%、20%～22%。

表5-5　张村乡褐土性土的水分动态变化特征（Vol%）

日期（年-月-日）	表层平均	0～20 cm	20～40 cm	40～60 cm	60～80 cm	80～100 cm	100～120 cm
2003-06-15	19.6	28.3	25.7	31.2	34.3	33.8	31.4
06-25	17.4	30.7	26.0	33.1	34.5	33.3	32.6
07-05	16.2	29.3	24.5	31.9	33.8	32.6	31.7
07-25	27.2	29.3	24.5	32.1	34.0	32.9	31.9
08-05	30.2	30.0	24.8	32.1	34.0	32.9	32.1
08-25	30.4	31.0	25.5	32.9	34.8	33.9	32.6
09-05	32.9	31.7	25.7	32.9	34.8	33.3	32.6
09-15	26.9	29.8	24.8	31.7	34.0	32.6	31.9
09-25	29.6	30.2	24.8	31.4	33.8	32.4	31.7
10-05	32.2	31.4	25.5	32.4	34.3	32.9	32.1

续表 5-5

日期 （年-月-日）	表层平均	0 ~ 20 cm	20 ~ 40 cm	40 ~ 60 cm	60 ~ 80 cm	80 ~ 100 cm	100 ~ 120 cm
10-15	34.2	31.0	25.3	32.4	34.3	32.9	32.1
11-05	12.0	28.8	23.8	31.4	33.6	32.1	31.4
11-25	20.2	28.6	23.6	31.4	33.3	32.1	31.0
12-15	40.3	28.8	23.6	31.4	33.1	31.9	30.7
12-25	13.7	28.6	23.6	31.4	33.1	31.9	30.7
2004-01-05	10.8	28.6	23.4	31.2	33.1	31.7	30.5
01-15	12.2	28.3	23.4	31.2	33.1	31.7	30.5
02-15	16.5	27.9	22.9	31.0	32.6	31.7	30.2
02-25	17.2	28.3	23.1	30.7	32.6	31.4	30.0
03-05	12.2	27.6	23.1	30.7	32.6	31.4	30.0
04-05	13.1	23.6	18.1	27.6	31.4	30.7	29.5
05-05	18.2	19.6	13.4	19.8	24.3	24.5	22.9
06-06	22.7	19.8	13.1	18.8	21.0	21.2	20.0
07-05	23.9	27.2	17.7	19.8	21.7	21.9	21.0
08-05	18.8	28.1	20.2	27.6	28.3	26.4	23.6
09-06	19.0	26.7	21.2	27.9	29.3	27.6	25.7
09-15	19.4	23.1	16.7	24.1	28.1	26.9	25.3
09-26	21.9	25.5	16.7	23.4	27.6	26.7	25.0
10-06	27.3	28.3	19.6	24.3	27.9	26.7	24.8
10-15	15.3	26.4	19.8	25.7	28.1	26.9	24.8
10-25	19.0	25.7	19.8	25.7	28.1	26.9	24.8
11-04	17.2	25.0	19.6	25.7	28.1	26.9	24.8
12-07	17.4	26.0	20.5	26.4	26.9	28.3	24.8
2005-01-06	9.6	24.1	19.8	26.2	28.1	26.9	24.5
01-17	12.0	22.9	19.6	26.0	28.1	26.7	24.5
01-26	12.4	24.5	19.6	26.0	28.1	26.7	24.5
02-01	11.9	24.8	19.6	25.7	28.1	26.7	24.5
02-25	19.3	24.5	19.6	26.0	28.1	26.7	24.5
03-07	10.5	24.8	19.6	25.7	28.1	26.7	24.3
03-16	11.4	24.5	19.6	26.0	28.1	26.7	24.5

另据渑池县 1990 ~ 1993 年在红黏土旱地观测，小麦冬前主要吸收 0 ~ 50 cm 土层的水分；返青后逐渐加深到 50 ~ 100 cm，拔节后随着小麦旺盛生长，根系下扎，小麦吸水的范围向下扩展，100 ~ 200 cm 土层中的水分消耗明显增加（见表 5-6），而且小麦产量愈高，

吸收深层土壤水分占比例加大，说明土体深层含水量对小麦高产有重要作用。小麦全生育期对0～50 cm土层水分消耗量最大，占200 cm土体水量的44.3%；50～100 cm占36.3%。

表5-6　旱地小麦不同生育时期对深层土壤水分的利用　（单位：mm）

土层（cm）	晒旱地			玉米茬地			平均		
	播种—越冬	拔节—成熟	全生育期	播种—越冬	拔节—成熟	全生育期	播种—越冬	拔节—成熟	全生育期
0～50	33.2	24.7	59.9	19.5	55.2	39.7	26.4	44.9	49.8
占0～200（%）	81.2	28.2	46.7	63.7	43.9	41.2	73.7	39.1	44.3
50～100	7.7	37.9	49.0	2.7	28.1	32.6	5.2	23.5	40.8
占0～200（%）	18.8	30.0	38.1	8.8	22.4	33.8	14.5	20.5	36.3
100～200		50.5	19.6	8.4	42.3	24.1		46.4	21.9
占0～200（%）		41.0	15.2	27.5	33.7	25.0		40.4	19.4
平均单产（kg/hm^2）	3 544.5			2 268.0			2 907.0		

（三）郑州市旱地小麦生长期间土壤水分的时空变化规律

1. 土壤水分的季节变化特征

根据郑州农业气象试验站的测墒数据，绘制了该试验站小麦田与夏玉米田多年0～50 cm和0～100 cm深度土壤湿度随时间的变化曲线（见图5-1）。由图可以看出，无论是0～50 cm还是0～100 cm土壤湿度全年均呈周期性的变化。即每年10月下旬土壤湿度开始下降，直至6月上、中旬达到最低值。6月下旬以后随着降水的增多，土壤湿度逐步上升，至10月下旬达到最高值。不同深度土壤湿度的季节变化特征与自然降水的时间分布及作物的耗水规律有着密切关系。河南省除淮南地区，其他地区农田土壤水分的季节变化大致可分为四个时期：春到夏初快速失墒期（3～6月）、夏秋蓄墒期（7～9月）、秋末冬初缓慢失墒期（10月下旬～12月中旬）、冬季相对稳定期（12月中旬～翌年2月）。

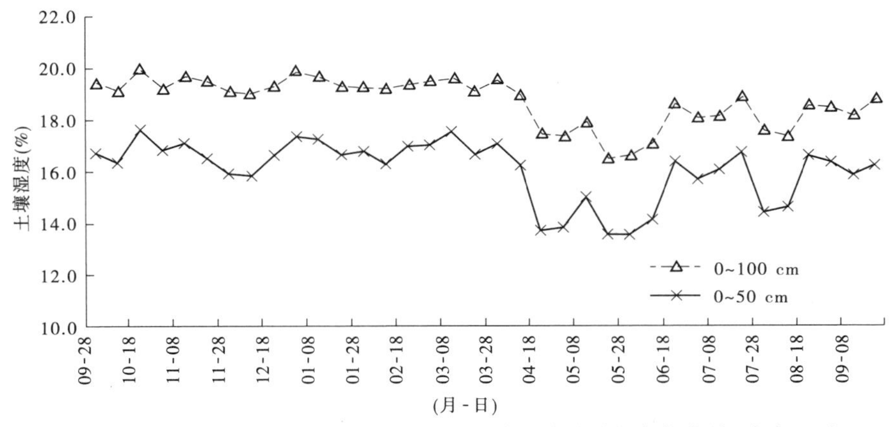

图5-1　郑州南郊0～50 cm和0～100 cm土壤湿度随时间变化曲线（多年平均）

2. 小麦生长季土壤水分的垂直变化

图 5-2 为郑州南郊 0 ~ 160 cm 土壤湿度变化的垂直剖面图,10 月中下旬播种时由于夏季降水和小麦播种前灌溉的影响,整层土壤湿度一般较大,11 ~ 12 月随着小麦的生长,耗水逐渐增加,土壤湿度等值线逐渐向下移动。1 ~ 2 月受冬灌及冬季降雪的影响,整层土壤湿度有所增加。3 月小麦进入拔节期后,耗水量迅速增加,小麦对深层的水分利用加快,0 ~ 160 cm 的土壤湿度迅速减少,直到雨季深层土壤水分才能得到有效补充。而 0 ~ 50 cm土壤湿度由于受降水、灌溉的影响,变化比较复杂。

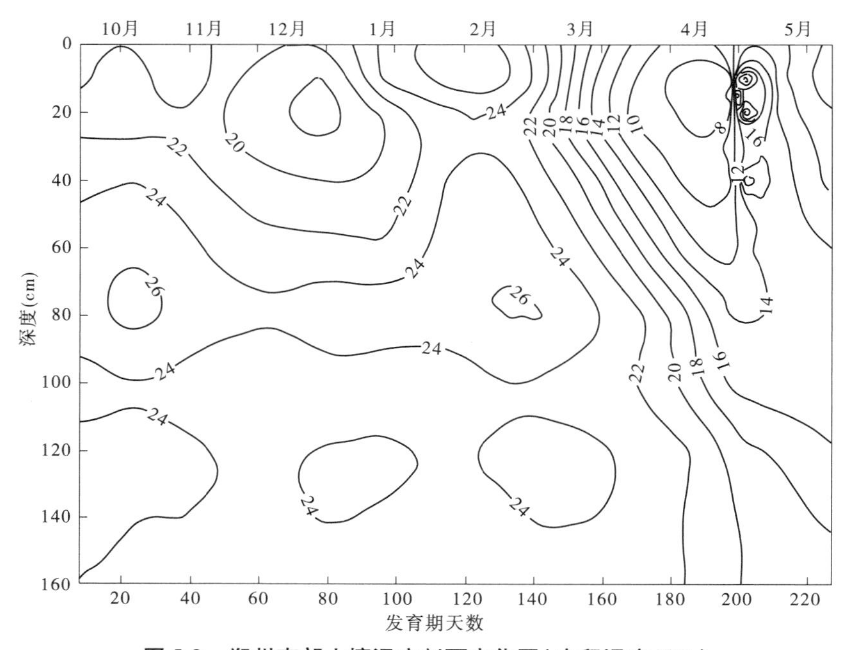

图 5-2　郑州南郊土壤湿度剖面变化图(容积湿度 V%)

土壤水分在各层土壤中的分布,随各层土壤性质、根系的多少和气象要素而变化,对于地下水位较深的地区,土壤湿度的垂直变化大致可分为四个层次:

(1)表层急变层(0 ~ 20 cm):是受气象要素和耕作措施影响最为显著的土层,在全年不同时期变化最大,大雨或灌溉之后可达到饱和,旱则往往低于凋萎湿度。春夏之交往往形成厚度不等的干土层。该层虽不是根系活动的主要范围,但如耕作得当,则对下层土壤水分起着重要的控制作用。

(2)活跃层(20 ~ 100 cm):此层为根系活动的主要分布层,也是积蓄降水的主要土层。每年 7、8、9 月三个月的降水可以使该层水分含量达到饱和,但在 5、6 月由于植株根系大量吸水,又使土壤湿度接近凋萎湿度,对作物生长威胁很大。

(3)过渡层(100 ~ 170 cm):由于根系分布愈向下愈少,水分消耗相对减少。

(4)相对稳定性(170 cm 以下):此层土壤湿度偏大,且变化幅度较小,但仍表现出明显的年变化。

另外从图 5-1 可以看出,在严重失墒的 3 ~ 6 月,各层土壤湿度均在迅速下降。在初始阶段(3 月至 4 月上旬),由于小麦的根系主要集中在 50 cm 左右土层,因而使 30 ~ 60

cm 土层土壤湿度下降速度最大;4 月上旬以后,是小麦生长发育的旺盛时期,作物耗水量不断增大,随着上层土壤含水量的减少,上层土壤水远远不能满足作物生长发育的需要,作物根系将不断下伸至 1 m 以下,最深可达 300 cm,在此阶段以 70 ~ 120 cm 土层土壤湿度下降速度最大。并在 50 ~ 120 cm 土层出现一个较大范围的干旱层,平均土壤湿度为 6.8%,接近凋萎湿度。同时,在此阶段 130 cm 以下土层土壤湿度也不断减小。说明下层的土壤水不断向上输送,并为小麦所利用。

在增墒的 7 ~ 10 月,由于进入雨季,河南省常年同期降水量 300 ~ 800 mm,各层土壤湿度逐步增大,多余的降水量不断向深层下渗,至增墒后期,在 50 ~ 180 cm 土层出现一个土壤含水量的高值区,但此高值区到了严重失墒的 3 ~ 6 月就趋于消失。该土层在增墒期具有贮存水分的作用,谓之"剖面水库"。该"水库"在冬小麦春夏季耗水中起着重要的补偿作用。故在进行农田水分和干旱研究时,不但要考虑上层土壤水分的变化,更要重视深层"土壤水库"的调节和再分配作用。

3. 小麦对不同土层水分的利用比例

小麦各个生育阶段,由于根系分布不同,对各层次土壤水分消耗的比例也不一样。据新乡农田灌溉所资料,小麦返青期以前对 0 ~ 20 cm 土层的水分利用量较高,一般要比 20 ~ 60 cm 土层多消耗 2 ~ 7 m^3/亩。而拔节以后,随着根系深扎,则对下层土壤水分的利用逐渐增多。许昌白沙灌区试验站 1982 ~ 1983 年试验(见表 5-7)表明,冬前土壤水分消耗主要是在 0 ~ 40 cm 土层,返青以后逐渐加深到 40 ~ 80 cm,拔节期则对 100 cm 土层水分的利用较多,且由于产量水平不同,水分消耗利用深度也有一定差异。在产量为 300 kg/亩以下的麦田,返青期仅利用到 60 cm 以上土层的水分,而产量为 350 kg/亩时,则可利用到 80 cm 土层,拔节之后对深层水分也有较高的消耗。

表 5-7　小麦各生育阶段,对不同深度土层水分消耗比例的变化

土层(cm)	各生育期与比例(%)					产量水平(kg/亩)
	冬前	返青	拔节	抽穗至灌浆	全期	
0 ~ 20	48.9	55.9	39.5	44.7	44.6	286.5
20 ~ 40	51.1	35.4	18.0	15.2	18.2	
40 ~ 60	0	8.7	17.6	19.5	18.9	
60 ~ 80	0	0	12.5	11.2	9.6	
80 ~ 100	0	0	12.4	9.5	8.7	
0 ~ 20	64.7	49.9	24.0	32.0	33.9	346.5
20 ~ 40	29.4	28.1	19.4	23.8	23.7	
40 ~ 60	5.9	12.4	23.1	27.5	18.1	
60 ~ 80	0	9.6	20.9	11.8	14.4	
80 ~ 100	0	0	12.6	13.9	10.0	

从小麦全生育期来看,以对 0 ~ 20 cm 土层水分消耗比例最高,一般在 35% 以上,20 ~ 40 cm次之,愈往深层,利用率愈低。

第二节　旱地小麦需水规律

小麦从播种到收获整个生育期要消耗大量水分。小麦一生所消耗的水约相当于所积累的干物重的500倍左右,一般每生产0.5 kg小麦颗粒,耗水350~500 kg。在耗水总量中只有1%消耗在植株有机物质合成上,其他99%消耗在土壤蒸发和植株蒸腾。小麦棵间土壤蒸发一般占总耗水量的30%~40%,小麦植株蒸腾量一般占总耗水量的60%~70%,是小麦生长发育所必需的生理需水。

一、小麦的耗水特点

小麦的耗水量。小麦的耗水量是指小麦从播种到收获整个生育期间麦田消耗水的总量,包括地表的直接蒸发量、植株蒸腾量和转变为地下水而流失的水量。一般以 m^3 为单位计算,公式如下:

麦田耗水量 = 灌水量 + 有效降雨量 + 1 m 土层内土壤贮水量 +
地下水补给量 - 收获时土壤贮水量

生产上常采用水分平衡法测定小麦耗水量,即

小麦总耗水量 = 播前土壤贮水量 + 生长期降水量 + 灌溉水总量 - 收获时土壤贮水量

土壤贮水量 = 单位面积 × 测定土层厚度 × 土壤容重 × 土壤含水量

耗水系数是指每生产1 kg小麦籽粒田间所消耗的水量(kg),又称为田间需水系数。

小麦的耗水系数(K 值) = 麦田单位面积总耗水量/单位面积产量

小麦的耗水系数受灌溉量和产量水平的影响较大。

据研究,全生育期不浇水的产量200 kg/亩的水平下,耗量为190 m^3/亩,耗水系数在1 000以上;产量为500 kg/亩的水浇地小麦,耗水量约350 m^3/亩,耗水系数为700左右。如果采用良好的栽培技术和灌溉技术可以使耗水系数下降,一般可以降到500左右。

小麦的需水大致可以分成生态需水和生理需水两个方面。生态需水主要是指田间蒸发的耗水。生理需水可以分成气孔失水和非气孔失水两部分。气孔失水主要是蒸腾作用,可以近似用蒸腾速率来表示;非气孔失水主要是角质层的失水和气孔关闭状态下的失水,即残留蒸腾,非气孔失水被视为无效的失水,可以近似地用离体叶片失水速率来衡量。小麦耗水量是小麦自身生物学特性与环境条件综合作用的结果,它受多种因素综合影响,在不同降水量、不同土壤、不同耕作栽培、不同产量水平以及不同测定方法条件下,小麦一生耗水量有较大差异。关于旱地小麦的耗水量不同研究者发表不少测定结果,现列举几个有代表性的结果,使我们对旱地小麦的总耗水量和生育阶段耗水量有一个概括了解。

(一)豫北丘陵褐土性土旱地小麦阶段耗水特点

根据河南省农科院土肥所在卫辉市张村乡2003~2004年定点测试结果(见表5-8),小麦全生育期耗水345.2 mm,其中来自土壤174.2 mm,占总耗水量50.5%;来自降水171 mm,占49.5%。小麦的阶段耗水表现为从播种到返青170 d左右,耗水量占36.9%,拔节到抽穗40 d左右,耗水占27.2%,耗水强度2.24 mm/d;灌浆到成熟占31.95%,日耗

水强度达到 4.0 mm/d 左右。表明小麦拔节后耗水量和耗水强度是小麦的重要需水时段。

表 5-8　2003～2004 年小麦阶段耗水测定结果(卫辉市张村)

测定日期（年-月-日）	1.2 m 土体含水量（mm）	同期降水量（mm）	阶段耗水量（mm）	耗水强度（mm/d）	阶段占总量（%）	生育阶段
2003-10-05	378.5					
2003-12-15	376.8	63.7	65.4	0.93	18.9	越冬前
2004-02-15	330.5	16.0	62.3	1.04	18.0	越冬—返青
2004-03-15	320.7	3.5	13.3	0.44	3.9	返青—拔节
2004-04-27	256.1	29.3	93.9	2.24	27.2	拔节—抽穗
2004-05-05	244.6	15.9	27.4	3.34	7.9	灌浆前期
2004-05-17	237.9	42.6	49.3	4.11	14.3	灌浆中期
2004-05-25	204.3	0	33.6	4.2	9.7	灌浆后期
耗水合计	345.2			100		

(二)豫西红土旱地小麦耗水特点

1991 年到 1993 年渑池县科委在红土丘陵旱地(黏壤土)3 年测定结果(见表 5-9),平均小麦全季耗水量 295.8 mm,同期降水量 188.5 mm,土体供水量 107.3 mm。其中 1991 年和 1993 年小麦亩产分别为 187 kg 和 298.5 kg,全季小麦耗水量分别为 247.2 mm 和 404.8 mm,而同期降水量分别为 207.2 mm 和 209.6 mm。由于夏季降雨量不同,小麦播种时两年的土体供水量相差很大,分别为 39.5 mm 和 195.1 mm,因而,促使两年小麦产量相差 111.5 kg,说明豫西丘陵旱地夏季雨水在土体中储蓄多少(底墒)对小麦产量有着非常重要的作用。

表 5-9　红土丘陵旱地小麦生育期间各阶段耗水量(渑池县赵庄,0～200 cm 土体)

年度	水分状况	播种—越冬	越冬—返青	返青—拔节	拔节—抽穗	抽穗—成熟	全生育期
1990～1991	耗水量	76.9	-23.3	1.2	112.1	80.3	247.2
	降水量	23.2	38.8	51.7	31.4	62.6	207.7
	土壤供水量	53.7	62.1	-50.5	80.7	17.7	39.5
1991～1992	耗水量	64.9	19.3	6.3	109.8	35.2	235.5
	降水量	31.0	40.7	38.0	36.1	2.7	148.5
	土壤供水量	33.9	-21.4	-31.8	73.7	32.5	86.9

续表 5-9

年度	水分状况	播种—越冬	越冬—返青	返青—拔节	拔节—抽穗	抽穗—成熟	全生育期
1992～1993	耗水量	32.1	97.4	25.1	123.5	126.7	404.8
	降水量	65.3	27.8	38.5	6.4	71.6	209.6
	土壤供水量	－33.2	69.6	－13.4	117.1	55.1	195.1
3 年平均	耗水量	58.0	31.1	10.9	115.1	80.7	295.8
	降水量	39.8	35.8	42.7	24.6	45.6	188.5
	土壤供水量	18.2	－4.7	－31.8	90.5	35.1	107.3

注：引自“河南旱地小麦高产理论与技术”。

(三)河北吴桥平原旱地小麦耗水特点

河北沧州市吴桥县位于北纬 38°南缘，是典型的半干旱区。中国农业大学在吴桥设置节水定点试验，据多年测定，当地旱地小麦连续六年(1990～1996 年)平均：小麦一季总耗水量 357 mm，其中降水 117 mm，占总耗水量 33%；土壤水 240 mm，占 67%，小麦产量 393 kg/亩，*WUE*(水分利用效率为 1.65 kg/m^3)。为了研究阶段耗水，于 1996～1997 年进行了不同时期小麦耗水量测定(见表 5-10)，其结果表明，拔节至开花 26 d 时间消耗水分占 19.5%，日耗水量 3.06 mm；开花至成熟占 37.7%，日耗水量 4.96 mm；播种到越冬 45 d 耗水仅占 13.5%，日耗水量 1.22 mm，而且此期以土壤蒸发为主，如果采取田间覆盖(如秸秆覆盖)，将能减少土壤蒸发，为后期贮存土壤水分。

表 5-10　旱地小麦各生育时段耗水比较(河北吴桥，潮土，1997)

时段	播种—越冬(45 d)			越冬—起身(110 d)			起身—拔节(21 d)			拔节—开花(26 d)			开花—成熟(31 d)			总耗水量(mm)
	wc	wcd	%	wc	wcd	%	wc	wcd	%	wc	wcd	%	wc	wcd	%	
耗水	55.03	1.22	13.5	72.64	0.67	17.8	47.23	2.25	11.6	79.6	3.06	19.5	153.67	4.96	37.7	408.15

注：wc 为耗水量，wcd 为日耗水量。

由上述三个不同旱地，不同年份的小麦耗水量测定结果，其耗水量为 235～408.15 mm，充分说明小麦耗水量在不同土壤、不同年份、不同产量水平条件下有很大差异，我们的任务就是如何最大限度地利用好天然降水和土壤蓄水，让有限的水分能生产更多的小麦，提高水分生产效率。

二、小麦耗水量与产量、水分利用率关系

旱地小麦利用天然降水的主攻目标是提高小麦的水分利用率。关于小麦的耗水量、产量和水分利用率三者的关系不少学者都进行了研究，提出了几种计算公式，虽然各有不同，但基本结论是相同的：即当耗水量较少时，冬小麦产量、水分利用率随耗水量增加而增加；而当耗水量再增高，产量和水分利用率达最大值之后随耗水增加而下降。一般地说，

冬小麦的耗水量和产量、水分利用率之间呈抛物线关系。中国农业大学吴桥试验站1990～1997年的观测数据建立了冬小麦耗水量(*ET*)和产量(*Y*)、水分利用率(*WUE*)的相关方程：

河北省栾城试验站利用1998～2000年试验资料，用图显示冬小麦耗水量、产量和水分利用效率三者之间的关系(见图5-3～图5-5)，其基本结论与前者研究结果是相吻合的。

$$Y = -0.000\,5ET^2 + 7.277\,1ET - 16\,484 \quad R = 0.881\,1 \tag{1}$$

$$WUE = -2\text{E}-07ET^2 + 0.002\,1ET - 4.173\,4 \quad R = 0.655\,8 \tag{2}$$

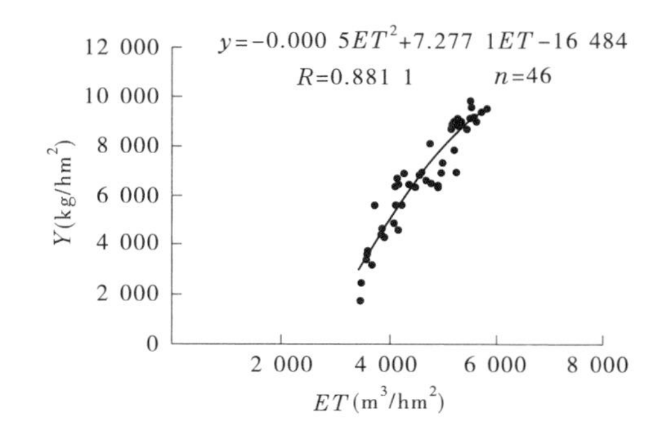

图5-3　耗水量和产量的关系曲线

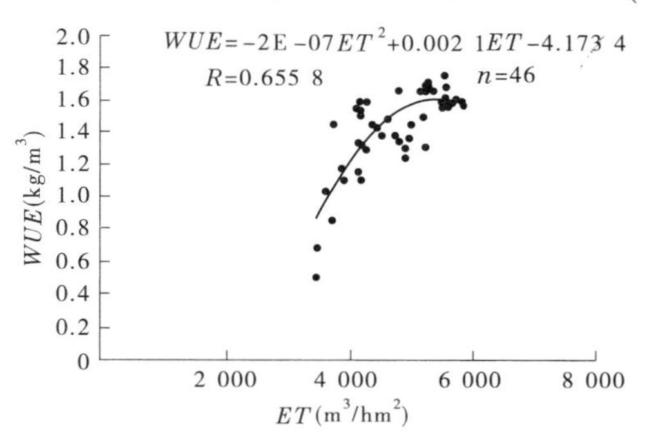

图5-4　耗水量和水分利用率的关系曲线

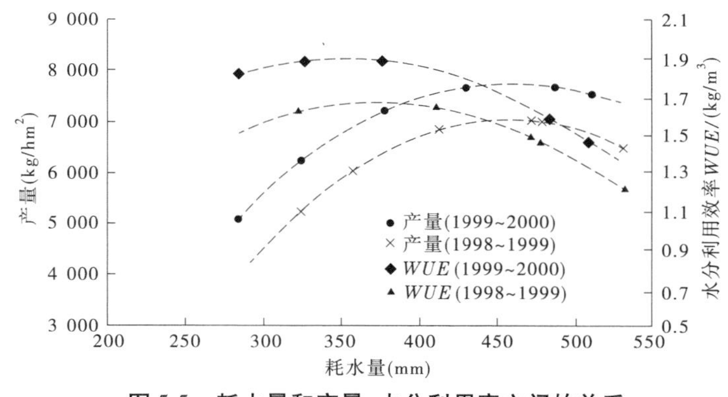

图5-5　耗水量和产量、水分利用率之间的关系

以上研究结果是在半干旱可灌条件下得出的规律。对无灌溉的旱地而言，只要耕作栽培技术较好，小麦播种适宜，一般可以达到小麦产量与水分利用效率正相关关系，即降水增多，小麦产量提高，水分利用率也相应提高，如洛宁县王村劳模赵守义的旱地高产小麦田，从1998年至2001年小麦产量高低与水分利用效率大小是基本一致的(见表5-11)。

另外，据洛阳农业专科学校多年研究结果(见表5-12)，小麦产量每亩由150多kg提高到250 g以上，耗水量由173 m^3 增加到211 m^3，产量提高将近1倍，耗水量只增加20%。小麦产量为100～150 kg/亩时，耗水量在120～170 m^3，耗水系数为1 000～1 100，每毫米水生产小麦0.6 kg；每亩产量为150～200 kg时，耗水量为150～200 m^3，耗水系数为900～1 000；每亩产量为200～250 kg时，耗水系数降为800～900，每毫米水生产小麦0.7～0.8 kg；每亩产量250 kg以上，耗水系数降到800左右，每毫米水生产小麦0.8 kg以上。随着产量的提高,单位产量所消耗的水量逐渐减少,水分生产效率逐渐提高,表明旱地小麦产量越高,用水越经济,水分生产效率越高。

表 5-11　1988～2001 年赵守义高效利用降水资源小麦产量情况

年份	小麦产量(kg/亩)	水分利用效率(kg/(mm·亩))	年份	小麦产量(kg/亩)	水分利用效率(kg/(mm·亩))
1988	5 210	1.21	1995	512.4	1.19
1989	554.3	1.29	1996	519.3	1.21
1990	592.8	1.38	1997	589.6	1.37
1991	508	1.18	1998	573.3	1.33
1992	505.6	1.18	1999	508.7	1.18
1993	611.7	1.42	2000	500.5	1.16
1994	608.5	1.42	2001	507.5	1.18

表 5-12　不同产量水平的耗水情况

单产(kg/亩)	耗水量(m^3/亩)	耗水系数	水分生产效率(kg/(mm·亩))
108.9	121.3	1 113.9	0.90
158.4	173.3	1 094.1	0.91
177.6	171.0	962.7	1.04
229.5	208.1	906.8	1.10
264.3	211.5	800.2	1.25
273.5	226.2	827.1	1.21

第六章　河南旱地概述

第一节　河南旱地区域及分区

根据第一章论述过的旱地的基本概念，旱地(Dryland)主要分布在旱区(Dry region)，我们通常用干旱区或干旱地区而泛指旱区、半干旱区及半湿润易旱区。在这些干旱地区无灌溉或仅有少量灌溉条件的耕地，称之为旱地。在这些旱地上仅依靠有限降水从事小麦生产，称之为旱地小麦。

根据国际和我国有关旱区的划分标准，河南省旱地区域主要分布在半湿润偏旱区，是半湿润地带与半干旱地带的过渡区，按照气候、地貌、土壤特性等因子的变化指标，河南省旱地区域大致分布在北纬33°40′以北(平顶山、鲁山一线向北)，京广铁路(大约东经113°50′)以西的太行山东南山前丘陵以及伏牛山余脉的熊耳山、崤山山脉的岗地丘陵区。这一区域年降水量600～700 mm，小麦生育期降水量150～300 mm，湿润系数0.3～0.7，全年土壤含水量由南至北处于中等－亏缺－严重亏缺。地貌以中低山丘陵、早期堆积台地、黄土丘陵为主，仅有小面积河谷平地(如伊洛河河谷)可以补充灌溉。土壤类型以褐土为主，海拔800 m以上的山地有小面积棕壤。本区南部边缘为褐土与黄褐土交接地带。关于旱区的面积，由于气候的渐变特性和地貌类型的复杂性，旱地区域的划分很难有一个准确界线，有关统计资料也不一致，本文参照雒魁虎主编的《河南旱地小麦高产理论与技术》一书的统计资料，河南旱区涉及48个县(市)、670个乡(镇)，土地面积约7.67万km^2，耕地面积253万km^2(3 795万亩)，分别占河南省土地面积的45.9%，耕地面积的36.7%。本书所划旱地小麦区未包括确山、泌阳、内乡、西峡、南召、淅川等县，这些县虽然大部分是无灌溉条件的麦田，但从降水量、湿润系数、常年土壤水分状况及土壤类型等因素考虑，没有把这几个县列入干旱区域。

由于河南省干旱区南北跨越近3.5个纬度，气候条件变化明显(降水量700～600 mm)，地势从西向东降低，又分布在太行山和伏牛山两个山系，地貌类型复杂，土壤的亚类、土属变化繁多，因而旱区内旱地的地形、土类、肥力及保水等特性有一定差异，对旱地小麦生产都有较大影响。为了便于指导生产，按照全省第二次土壤普查土壤改良分区方案，参考旱区气候、地貌、土壤条件变化，将河南省旱地区大致划分为以下几个大区和亚区。

一、豫西丘陵褐土、红黏土区

本区位于河南西部黄土丘陵与红土丘陵地区，自然范围包括京广线以西，伏牛山北坡海拔500 m左右以下，黄河以南地区。从政区言，包括三门峡、洛阳、平顶山市北部、郑州市西部，总面积为2 977.97万亩，约占全省面积的11.98%。

本区地形以丘陵为主，包括黄土丘陵与红土丘陵缓岗，此外还有面积稍宽阔的丘陵间盆地及河流沿岸带状平原，沟壑纵横，梯田连绵，塬、梁、峁及黄土陷穴、黄土巷、黄土柱、黄土桥等各种地貌，构成黄土喀斯特的奇特景观，海拔多在500～600 m。

本区属半干旱气候，由于北临黄河峡谷，气温较高，年均温14.6 ℃左右，河南省绝对最高气温也往往出现在本区，年均降水量602.3 mm，属河南降水量较少的地区之一，而且降水分配不均，多以暴雨形式下降。

母质类型以黄土及黄土状物质、红土母质为主，黄土母质中的老黄土、马兰黄土分布面积最广，含碳酸钙，有砂姜出现，红土母质主要是第三纪、第四纪红土，是较老的风化物，有铁锰结核出现，有时亦有砂姜出现。

土壤类型组合以褐土与红黏土为主，褐土主要分布在本区东西两侧典型黄土丘陵区，而红黏土主要分布在中部，从分布部位高低来说褐土分布部位较高，红黏土分布部位较低，但也有红黏土分布部位较高而褐土分布部位较低的，这主要是原来覆盖的黄土母质被侵蚀而运堆积到低处，红土母质裸露地表所致。

按照土壤亚类和土属分布，本区分为四个亚区。

（一）黄土台地、丘陵褐土亚区

本亚区主要分布在河南西部黄土集中分布的两个地区，是我国黄土分布的东南缘。按行政区划主要分布在三门峡一带，包括灵宝、陕县、三门峡市、渑池县的西部，郑州市的巩义、上街、荥阳、新密、郑州市西郊、新郑北部等。

总的地势是西部高东部低，海拔一般在300～600 m，相对高差100 m左右；气候条件属暖温带半干旱季风型气候，年均温12～14 ℃，年降水量一般为650 mm左右，东部略高于西部，如三门峡市为575.0 mm、荥阳为648.0 mm，无霜期210 d左右。母质类型为风积黄土及黄土状物质，厚数十米，黄土中红色条带裸露地表即为红黄土母质，母质中往往有大小不同的砂姜，质地以粉粒为主，通透性能良好，由于质地松，垂直节理明显，加之石灰含量高，易溶蚀，往往形成千奇百怪的形态，人们称之为“黄土喀斯特”。

土壤类型以褐土为主，局部地区有红黏土分布，在塬地、阶地等较平坦地段，多分布着普通褐土，塬地边坡，黄土丘陵中的梁、峁地貌，多分布着石灰性褐土与褐土性土，而在丘陵间盆地及河流沿岸低阶地多分布着潮褐土，其总的特点是土层深厚，土质轻松，以粉粒为主，石灰含量50.0 g/kg左右，因亚类不同而有悬殊，土壤呈微碱性，土壤有机质含量10.0 g/kg左右，全氮、速效磷、速效钾含量分别为0.75 g/kg、6.5 mg/kg、130.0 mg/kg左右。水土流失严重，肥力中等偏低，属中低产土壤，需进一步培肥改良。

（二）红土丘陵红黏土亚区

本亚区主要分布在伏牛山以北丘陵缓岗及黄河以南两个黄土丘陵集中分布区的中间地带，本亚区的东部，红土丘陵低于黄土丘陵，本亚区的西部红土丘陵高于黄土丘陵。主要分布在洛阳市所属的嵩县、洛宁县的北部，伊川县、汝阳县、宜阳县、新安县、孟津县西部及三门峡市属渑池县。

本亚区为河南集中分布的红土丘陵缓岗地区，海拔一般350～700 m，属暖温带半干旱的气候条件，年均温12～14 ℃，年降水量一般为650 mm左右，无霜期216 d，母质类型为第三纪与第四纪红土，厚数米至数十米，母质中除有铁锰胶膜斑块外，有时还有砂姜，土质黏重，胶结成大块。

土壤类型以红黏土为主，局部地区有少量褐土分布，红黏土母质系第三纪与第四纪红土，是经过较湿热的气候条件而形成的，土层深厚，土质黏重，土体下部有大量铁锰胶膜斑块与铁子，有时还有大小不同、数量不等的砂姜。土壤中性反应，微石灰含量，土壤有机质含量一般在12.0 g/kg，冲沟里堆积母质上形成的红黏土肥力较高，而丘陵上部经常遭受侵蚀的红黏土肥力较低。全氮、速效磷、速效钾含量分别为0.85 g/kg、5.0 mg/kg、170.0 mg/kg，土壤水分物理性质较差，保水肥力强，土壤肥力中等偏下水平。

（三）黄土阶地缓岗褐土亚区

本亚区主要分布在黄土丘陵南缘阶地缓岗地区，从政区言，主要分布在新郑南部、长葛、许昌、禹县、郏县、襄县、临颍县西部、郾城县北部地区。属于旱地小麦高产区。

本亚区地形为黄土丘陵南缘低丘缓岗与阶地，北高南低，西高东低，海拔一般为64～295 m，地面坡降较小。气候属暖温带、半湿润、半干旱区，年均温14.5 ℃左右，相对湿度68%，年降水量650 mm左右，无霜期215 d，母质类型为洪冲积性黄土状物质，土层较厚，土质较细，区东部与平原交接地带地下水位，一般10 m左右，西部岗地干旱。

土壤类型主要是褐土与潮褐土亚类，土层深厚，沙黏适中，通气透水性能良好，保水保肥性较好。褐土剖面中有黏化层，发生层次明显。潮褐土发育程度稍差，土体中有明显碳酸钙新生体淀积，石灰含量一般50.0 g/kg以下，土壤pH值7.5～8.0，盐基呈钙、镁饱和状态，土壤有机质含量一般在10.0～12.0 g/kg，全氮、速效磷、速效钾含量分别为0.80 g/kg、6.0 mg/kg、110.0 mg/kg，土壤肥力较高，通常称为旱肥地。如新郑辛店镇北靳楼村属于平缓岗地，地下水深无灌溉条件，但土层深厚，保水肥力较强，全靠自然降水，小麦一般亩产350 kg以上，高产地块达500 kg上下。

（四）豫西北低山丘陵褐土性土亚区

本亚区主要包括太行山西端与崤山北端黄河两岸的低山丘陵，也就是小浪底水库的南北两岸。一般海拔在400～1 000 m。包括济源市西南部与渑池县的北部，新安县的西北部，面积为194.71万亩，占全省面积的0.78%，土壤类型主要为褐土性土、粗骨土、石质土等，并有少量红黏土。因受地形、母岩与植被的影响，在植被较好地段多为淋溶褐土，坡度较陡，植被较差的地段多为褐土性土。山体坡度侵蚀最严重处，细土多被冲蚀。土壤的主要特征是土层薄，石砾多，有机质含量少（一般为15.0 g/kg左右），质地较粗，土壤养分状况较差，全氮、速效磷、速效钾含量分别为1.00 g/kg、5.0 mg/kg、120.0 mg/kg，土壤呈微酸性到微碱性，有无石灰反应因母岩类型而异。

二、太行山前低山丘陵褐土、红黏土区

本区位于太行山东部和东南的山前丘陵，海拔300～800 m，其中也有一些山间盆地，如林州市任村盆地、临淇盆地、辉县市南村盆地等。政区包括林州市、安阳县西部、鹤壁市及其淇县西部、辉县市北部、焦作市、修武县、博爱县、沁阳市的中北部、济源市的中部等，总面积674.53万亩，约占全省面积的2.71%。

本区气候条件比较干旱寒冷，一般年均温13.5 ℃左右，年降水量600～650 mm，无霜期200 d左右。母岩多为砂页岩与石灰岩岸。

土壤类型主要为褐土、石灰性褐土。其主要特征是土层较薄，砾石含量较多，有机质含量一般为15.0 g/mg左右，有机质层也较薄，一般为10 cm左右，全氮、速效磷、速效钾含量分别为1.0 g/kg、5.0 mg/kg、150.0 mg/kg，土壤呈微碱性，有石灰性反应。部位较高淋溶较强处有淋溶褐土，在石灰岩母质上淋溶较弱处为石灰性褐土，土层稍薄、发育较差，不具有明显B层者为褐土性土。水土流失严重。

三、伏牛山北、东低山丘陵褐土、褐土性土区

本区主要包括伏牛山北坡和东端的低山丘陵地区，政区包括洛宁、嵩县、平顶山市西部、汝阳南部、临汝、登封市等，总面积约1 700.25万亩，约占全省面积的6.84%。

本区大部分为起伏低山、早期堆积台地，小面积黄土平梁、古河道及河谷地，土壤母质多为基岩风化物。气候属暖温带南缘，年降水量变化较大，一般在650 mm以上，年均温13.5 ℃，无霜期210 d左右。

本区土壤以褐土、褐土性、石灰性褐土为主，中低山上部有淋溶褐土和石质粗骨土。一般土层较薄，石砾含量较多。土壤肥力中等偏下，仅在汝河两侧及河谷地带，土壤肥力较高，小麦产量可达中产水平。

第二节　河南旱地的主要生态条件

一、气候条件

河南省旱地的分布区域属于半湿润易旱区。全年平均气温13～15 ℃，1月平均气温0 ℃左右，全年平均降水量600～700 mm，南多北少，夏季降水量占60%～70%，属于温带大陆性季风气候。本节着重论述小麦生育期气候状况。冬小麦一般在10月底播种，翌年5月底6月初收获，全生育期240～260 d。小麦生育期间总的气候特点是：全季光照充足；积温可满足小麦生育需要；秋季小麦播种期温度适宜，但降水量年际间变幅较大；冬季少严寒，雨雪稀少；春季气温回升快，常遇春旱；5月入夏气温偏高，易受干热风危害。夏季6、7、8、9月四个月降水集中，降水量占全年的60%～70%，旱涝灾害较多，造成作物产量年际间变化较大。

根据气象部门多年统计资料（见表6-1），河南旱地小麦区的主要气象条件：小麦生育期间≥0 ℃积温除三个山区县之外，大多数都在2 000 ℃以上，可以满足小麦生育期对温度的需要。全生育期日照时数都在1 300 h以上，其中林州（林州市）、孟津在1 400 h以上，为小麦光合作用提供了足够的阳光。生育期间降水量较豫中、豫南、豫东明显偏少，除栾川、嵩县稍高外，其他点都在280 mm以下，最低的林州、安阳只有150 mm，三门峡不足200 mm，充分体现出旱地小麦生产的主要限制因子是降水偏少。因此，如何充分利用好有限的降水资源，提高水分利用率是旱地小麦栽培的核心。

表 6-1　旱区小麦生育期间(10 月～翌年 5 月)主要气象因子

地点	≥0 ℃积温	5 月份平均气温日较差(℃)	全生育期日照时数(h)	降水量(mm)	资料年代
嵩县	1 986.2	12.8	1 399.5	291.4	1961～1990 年
汝阳	2 085.9	13.1	1 362.1	285.1	
孟津	1 960.5	12.2	1 429.1	225.2	
新安	2 052.9	13.2	1 360.7	248.7	
洛宁	2 006.3	13.3	1 382.9	240.7	
三门峡	2 238.4	12.5	1 349.4	197.1	1971～2008 年
伊川	2 425.0	12.2	1 348.4	209.6	
卢氏	1 956.4	13.6	1 303.9	231.8	
栾川	1 938.7	12.9	1 373.5	309.0	
郑州	2 352.7	13.2	1 332.9	221.0	
林州	2 028.2	13.9	1 450.7	161.6	
安阳	2 217.9	11.9	1 362.5	150.1	
沁阳	2 389.7	12.3	1 392.4	186.4	
新乡	2 288.5	11.7	1 399.0	157.8	

小麦生育期间的光、热、水的主要特征有以下几点。

(一)光照资源丰富,生产潜力大

旱地小麦生育期间(10 月～翌年 5 月)太阳辐射总量为 2 600～3 000 MJ/m^2,占年总辐射量的 57%～60%,折合光合有效辐射 1 300～1 460 MJ/m^2,日平均 5.35～6.00 MJ/m^2,全生育期日照时数多在 1 300～1 600 h,占年日照时数的 60%左右,光照充足(见图 6-1 和表 6-1～表 6-3)。

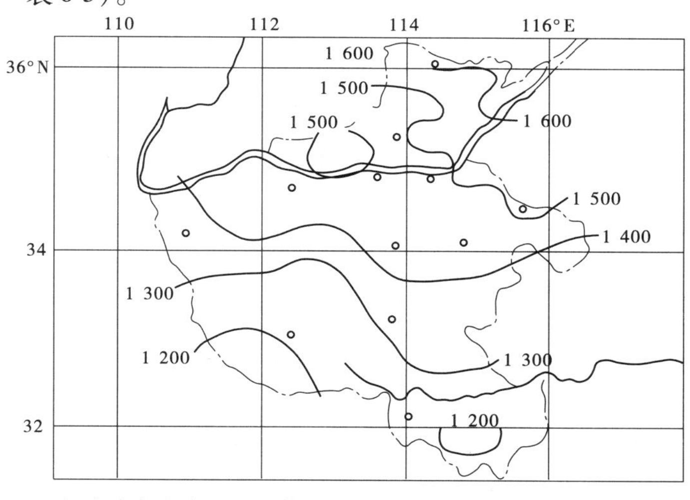

图 6-1　河南省冬小麦生长季节(10 月～翌年 5 月)日照时数　(单位:h)

表 6-2　河南省干旱区 10 月～翌年 5 月光辐射

地点	辐射总量（MJ/m^2）	PAR（MJ/m^2）	占全年比例（%）
林州	3 037.62	1 488.43	61.2
焦作	2 938.13	1 439.68	59.5
济源	2 931.08	1 436.23	60.1
栾川	2 807.44	1 375.65	59.7
西峡	2 625.75	1 286.62	58.5
宝丰	2 829.33	1 386.37	59.2
新密	2 874.88	1 408.69	59.9
灵宝	2 891.73	1 416.95	58.8

注：PAR 为光合有效辐射。

表 6-3　河南省小麦生育期间太阳辐射总量、光合有效辐射及光合潜力

区域	辐射总量（MJ/m^2）	光合有效辐射（MJ/m^2）	光合潜力	
			生物产量（kg/hm^2）	经济产量（kg/hm^2）
豫东北平原	3 036.91	1 488.09	67 567.6	24 956.5
豫东平原	2 902.30	1 422.13	64 572.7	23 850.2
淮北平原	2 602.75	1 348.85	57 908.1	21 388.7
南阳盆地	2 648.43	1 304.26	58 924.4	21 764.0
豫北丘陵地区	2 968.94	1 454.78	66 055.4	24 397.9
豫西丘陵地区	2 805.83	1 374.86	62 426.3	23 057.5
豫南丘陵地区	2 702.02	1 323.99	60 116.8	22 204.4

（二）热量充足，温度适宜

热量是农作物生长发育及产量、品质形成的基本条件。温度作为热量条件的标志，通过其强度、持续时间和变化规律对作物产生影响。据研究，冬小麦全生育期需要大于 0 ℃的活动积温为 1 800～2 200 ℃。根据全省 30 个农业气象基本站的统计，河南省西部旱区除山区大于 0 ℃积温小于 2 000 ℃外，其他都在 1 900～2 300 ℃，可以满足冬小麦生长发育的需要。但是由于气温年际变率大，秋冬降温幅度和早晚不同，春季气温上升一般较快，5 月下旬高温多风以及少数年份 3～4 月的晚霜冻，对小麦高产稳产都有一定影响。

1. 播种到越冬前

此阶段从 10 月初至 12 月下旬，一般 70～80 d，常年平均积温在 590～810 ℃，10 月 15 日至越冬前积温为 370～550 ℃。

河南秋季处于夏季风向冬季风转换的过渡季节，蒙古高压不断增强南侵，副热带高压则减弱南退，但因每年冷高压强弱不同，秋季降温年变幅不同。据各地近 38 年气象资料统计，秋季降温可分三种类型：秋暖年、秋冷年、正常年（以 9～11 月 ≥0 ℃积温距平值

±40 ℃为指标)。秋暖年份略多于秋冷年份。秋暖年份北中部地区出现频率为15%～18%;正常年份北中部地区出现频率为52%～59%,南部地区为57%～70%。在秋暖年份如播种过早,冬前小麦会生长过旺,甚至拔节;在秋冷年份,如播种偏晚,冬前小麦分蘖少,造成大面积弱苗,来年成穗少。因此,为了保证冬前有足够的积温促进小麦壮苗越冬,应根据气象预报,掌握当年具体降温年型,在秋冷年份播期应较正常年提早5～7 d,秋暖年份推迟3～5 d。表6-4为河南秋季冷暖年型热量差异比较。

表6-4　河南秋季冷暖年型热量差异比较

地名	年份	秋季年型	不同播期越冬前积温(℃)						冬季小于0 ℃天数
			09-30	10-05	10-10	10-15	10-20	10-25	
安阳	1981	冷	553.4	478.7	407.2	337.4	262.5	216.0	39
	1998	暖	817.3	707.3	598.3	503.6	420.0	346.2	18
	累年平均		678.2	590.6	505.4	426.9	353.6	287.0	38
卢氏	1981	冷	452.0	387.4	337.0	275.0	214.6	181.8	41
	1998	暖	695.4	606.6	513.4	440.6	377.1	315.3	16
	累年平均		592.3	516.8	443.9	374.4	312.7	255.7	40
郑州	1981	冷	588.4	513.3	443.9	367.8	294.3	238.1	33
	1998	暖	831.4	723.9	622.2	532.7	451.3	376.4	11
	累年平均		720.6	632.9	547.2	466.9	392.4	324.0	29

注:表中播期"09-30"表示"9月30日",下同。

洛阳各地10月1日至越冬前的积温常年平均可达688.8～735.4 ℃,而10月16日至冬前积温为461.6～481.8 ℃,平均值均在500 ℃以下(见表6-5)。

表6-5　洛阳秋季冷暖年型热量差异比较

地名	年份	年型	不同播期冬前积温						冬季小于0 ℃天数	越冬期负积温(0 ℃)
			10-01	10-06	10-11	10-16	10-21	10-26		
孟津	1998	暖	973	873	771	687	609	533	13	17.6
	1967	冷	597	524	441	369	298	220	69	169.9
洛宁	1998	暖	936	841	745	667	595	527	9	11.3
	1967	冷	585	513	431	360	293	219	67	151.3

10月全省旱区气温除个别山区外,大都在14 ℃以上,麦播时气温在17 ℃左右,完全可以满足小麦萌发出苗的要求,水分条件适宜时一般正常播种后6～7 d即可出苗。冬前降温较为缓慢,日平均气温稳定通过18 ℃终日,西部旱区在9月8日前后,北部旱区为9月24～25日。日平均气温稳定通过3 ℃的终日基本在11月中、下旬到12月初。冬前积温较足,可以满足冬前壮苗越冬的积温要求。

2. 越冬期

河南小麦越冬期以 5 日平均气温滑动平均值稳定通过 0 ℃以下计算。全省各地日平均气温低于 0 ℃的常年平均日期为 12 月 21 日前后，豫北、豫西山区提前至 12 月 10 日前后；高于 0 ℃的日期为 2 月 11 日前后，豫北、豫西山区晚至 2 月 21 日前后；广大平原地区越冬期为 30 ~ 50 d，豫西山区则长达 70 d 左右，冬小麦安全越冬的温度条件也较为优越。1 月旱区平均气温均在 -2.7 ~ 2.1 ℃，年极端最低气温大都在 -14 ~ -22 ℃，除少数年份强寒潮侵袭时个别旱区有持续时间不长的低于 -24 ℃的极端最低温度外，一般年份小麦均能安全越冬。

3. 返青到抽穗期

此阶段从 2 月中旬至 4 月下旬，这是小麦营养器官和生殖器官迅速生长发育的时期。当日平均气温稳定达到 3 ℃，晴天中午前后达 10 ℃以上，新生分蘖和根、叶都将明显生长。所以一般认为，日平均气温 3 ℃时春苗开始返青。气温达到 8 ~ 10 ℃开始拔节。根据河南省 38 年气象资料的统计分析，日平均气温达到 3 ℃的日期为 2 月 21 日 ~ 3 月 1 日。据研究，3 ~ 4 月平均气温 8 ~ 12 ℃的日数较多时，可延长幼穗分化时间，有利于形成大穗，即"春长成大穗"。

晚霜冻易引起小麦冻害。小麦拔节后忍受低温的能力明显下降，当气温低于 0 ℃，将遭受不同程度的冻害。据资料统计，小麦拔节—孕穗期(3 月中旬 ~ 4 月中旬)，河南省出现晚霜冻的频率多为 4 年一遇，北部多于南部。一般晚霜冻出现越晚，危害越严重。当遭受晚霜冻害后，及时追肥浇水，促使小分蘖成穗，仍能得到一定的产量，有的年份，即使在小麦拔节之前，如早春气温回升过快而骤然下降，也会导致冻害。据资料统计，豫西丘陵山区为 10 年 2 遇，但 20 世纪 90 年代以来发生比较频繁，1995 ~ 1999 年的 5 年之间晚霜冻害发生 3 次，即 1995、1998、1999 年，以 1995 年最严重。洛阳市受晚霜冻害麦田 72 万亩，其中严重冻害 24 万亩，该年从 1 月 5 日至 4 月 3 日，先后 5 次降温，2 月 8 日极端最低气温降到 -7.5 ℃ ~ -10.5 ℃，受晚霜冻害严重麦田，主茎和大分蘖冻死 60% ~ 70%，轻的也在 20% 左右；1998 年部分县 1 月 15 日 ~ 1 月 18 日、3 月 4 日 ~ 3 月 22 日、3 月 30 日 ~ 4 月 1 日三次降温，部分麦田幼穗冻死，形成空心苗及畸形穗。1999 年 2 月中旬孟津、洛宁等县晚霜最低气温 -6 ~ -7 ℃，3 月 20 ~ 22 日最低气温 0.6 ~ -5.5 ℃，部分田块春性品种主茎和大分蘖受冻 10% ~ 30%，加之这几年多为冬暖型，冬前积温高达 800 ℃以上，小麦超前发育，降温后受害严重。

4. 抽穗到成熟

小麦抽穗到成熟，一般在 4 月下旬到 5 月底或 6 月初，一般 35 ~ 40 d，是决定结实率和粒重的关键时期。

小麦抽穗后 2 ~ 3 d 便开始开花，以日平均气温 18 ~ 20 ℃为宜，天气晴朗，微风，空气湿度在 70% ~ 80%，开花迅速整齐。灌浆期如温度适宜并稍偏低，则灌浆持续时间长，千粒重高。如果平均气温达 24 ~ 25 ℃，对灌浆不利；当灌浆期温度超过 30 ℃时，会对小麦的生长发育产生负面影响，高温引起植株主要生理变化而导致品质变劣和产量降低，如再出现干热风天气，则提早结束灌浆，形成逼熟青干，千粒重降低。

河南各地进入 5 月后，气温有骤升趋势，南北差异不大，从各地多年旬平均温度来看，

5 月中旬平均气温为 20 ℃左右，较上旬普遍升高 1 ~ 2 ℃；下旬平均气温为 22 ℃左右，较中旬又升高 2 ~ 3 ℃，6 月上旬平均气温则达 25 ℃左右，现将旱区各地 10 月 ~ 翌年 5 月平均气温列于表 6-6 供参考。

表 6-6　河南省旱区 10 月 ~ 翌年 5 月各月平均气温　（单位：℃）

地点	10 月	11 月	12 月	1 月	2 月	3 月	4 月	5 月
林州	13.9	6.0	-0.6	-2.7	0.0	6.6	14.1	20.2
安阳	14.7	7.1	0.6	-1.4	1.2	7.8	15.2	21.2
焦作	15.9	8.8	2.4	0.5	2.7	8.8	15.8	21.9
鹤壁	15.6	7.9	1.3	-0.7	1.6	8.1	15.5	21.9
三门峡	15.5	7.3	1.0	-0.5	2.1	8.2	14.9	20.5
渑池	13.0	6.1	0.0	-1.9	0.2	6.2	13.1	19.1
洛宁	14.2	7.5	1.6	0.0	2.0	7.9	14.6	20.1
卢氏	13.1	6.5	0.5	-1.1	1.2	6.9	13.5	18.5
孟津	14.8	7.7	1.5	-0.4	1.4	7.5	14.5	20.5
孟州	15.1	7.9	1.7	-0.1	2.0	7.9	14.6	20.5
洛阳	15.3	8.5	2.5	0.7	2.7	8.7	15.6	21.4
伊川	15.2	8.5	2.5	0.6	2.6	8.5	15.3	21.0
汝州	15.0	8.4	2.5	0.6	2.4	8.0	14.8	20.6
栾川	12.6	6.8	1.2	-0.7	1.1	6.5	12.8	17.6
巩义	15.6	8.5	2.4	0.5	2.5	8.4	15.3	21.4
西峡	15.9	9.8	4.0	2.1	3.8	9.1	15.3	20.6
嵩县	14.7	8.1	2.1	0.2	2.2	8.1	14.8	20.4
内乡	16.1	9.5	3.4	1.5	3.5	8.9	15.1	20.8
南召	15.6	8.9	2.7	1.0	3.1	8.8	15.4	21.0
方城	15.4	8.6	2.4	0.5	2.6	8.1	14.8	20.5
宝丰	15.4	8.7	2.6	0.7	2.5	8.2	15.0	20.8

（三）降水量偏少，时空变化较大

关于小麦生育季节的降水量，不同资料采用不同的方法，有的按 9 月 ~ 翌年 5 月，有的按 10 月 ~ 翌年 5 月，由于 9 月降雨量较多，造成不同统计方法所得到的小麦生育季节降水量有较大差异。我们在运用这些资料判断当地降水状况时，要心中有数。

河南旱区小麦生育期间降水总量（9 月 ~ 翌年 5 月）大都在 250 ~ 350 mm。其中 34°N 以北降水在 300 mm 以下，豫西只有栾川县达到 444.7 mm，其中多在 300 ~ 350 mm（见表 6-7）。

表 6-7　河南省旱区 9 月 ~ 翌年 5 月各月降水量　　　　(单位:mm)

地点	9 月	10 月	11 月	12 月	1 月	2 月	3 月	4 月	5 月	合计
林州	73.6	39.6	19.0	5.7	4.8	9.0	16.6	31.0	45.5	244.8
安阳	57.2	34.8	17.8	5.6	4.3	8.7	15.4	25.7	41.7	211.2
焦作	79.8	40.8	19.5	7.5	6.9	11.1	19.2	31.2	44.1	260.1
鹤壁	73.3	39.0	20.7	6.6	5.0	10.7	18.5	32.5	45.3	251.6
三门峡	92.6	51.9	20.9	5.6	5.7	7.7	20.7	41.6	56.3	303.0
渑池	105.1	56.9	24.3	7.7	7.9	12.5	26.7	43.5	59.4	344.0
洛宁	92.2	52.4	24.1	8.0	7.9	11.2	24.4	43.9	60.8	324.9
卢氏	98.0	61.1	24.8	5.8	5.9	9.6	25.2	48.8	64.5	343.7
孟津	95.8	47.6	21.7	9.5	8.1	14.9	26.6	43.2	55.9	323.3
孟州	87.3	45.3	22.6	7.8	7.1	12.0	23.9	37.1	48.4	291.5
洛阳	92.1	47.0	23.9	8.8	7.6	14.0	24.8	40.5	52.6	311.3
伊川	92.2	50.4	29.1	9.3	9.6	16.6	29.1	40.7	62.1	339.1
汝州	87.4	51.3	27.5	10.1	9.7	16.8	26.9	53.6	56.6	339.9
栾川	118.0	72.7	30.8	8.4	10.6	15.2	34.1	69.7	85.2	444.7
巩义	96.6	41.7	20.9	7.0	6.3	10.5	21.6	41.9	49.6	286.3

旱区季节降水量分配很不均匀,而且愈向北部夏季雨量愈加集中,小麦生育季节缺水更加严重,据河南省农科院土肥所在卫辉市张村乡(浅山丘陵区)定点研究,该乡从 1981 ~2004 年小麦生育期间(10 月 ~翌年 5 月)往往 2 ~3 个月无降水或降水量很小(降水总量约 90 mm),仅占全部总量的 18% 左右,而 6 ~9 月降水量可占全部的 82%,最大降水量可达 177.5 mm,见图 6-2 和图 6-3。

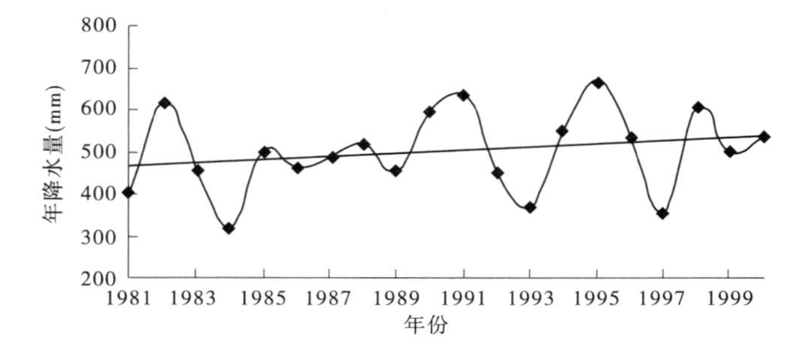

图 6-2　卫辉市张村乡 1981 ~2000 年系列降水量过程线

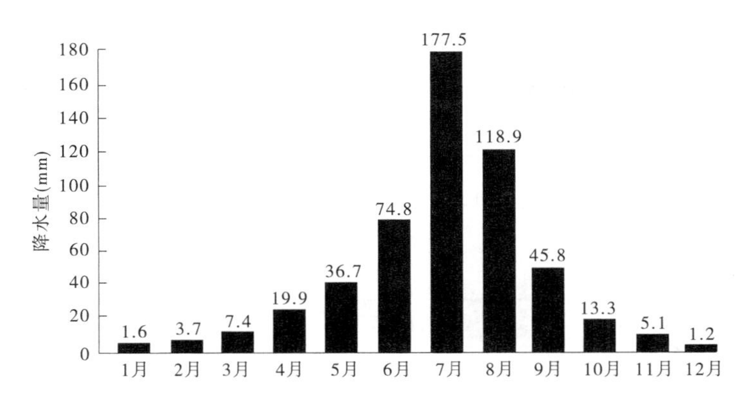

图 6-3　卫辉市张村乡多年平均降水量分配图

旱地集中的洛阳市年降水量一般在 600 mm 左右,小麦生育期间(10 月 ~ 翌年 5 月)的降水量南多北少。北部、西部丘陵孟津、洛宁县小麦生育期间降水量平均为 225.4 ~ 248.7 mm,干旱年份仅 150 ~ 291.4 mm,且年际间变化较大。多数年份秋雨较多,加上夏季雨水集中,小麦播种期底墒较好,但播期干旱影响适时播种年份,10 年中 2 ~ 4 遇。

小麦出苗到冬前一段的土壤水分主要有两个来源:一是夏季降雨在土壤中保留的水分,二是麦播前降雨。农谚"三伏有雨好种麦",说明夏季降雨对小麦底墒的作用。洛阳 7 ~ 8 月是全年降水集中的时期,南部嵩县、汝阳县达 260 mm 左右,占全年降水量的 38.8% ~ 39.5%。北部的新安县的降水量可占全年的 35.9%。因此,一般年份的夏季降雨可以为麦田提供较好的底墒。种麦期间(9 月中旬至 10 月中旬)的降水量偏少的年份较多。

小麦返青拔节后,由于生长旺盛,对水分需求量明显增加,此期缺水干旱,幼穗分化将受到危害,导致穗粒数明显减少。起身至抽穗期一般耗水 170 ~ 220 mm,除土壤可以供给 80 mm 左右的水分外,余额部分都需要降水或灌溉补充。根据全省各地春季降水资料统计,除淮南地区外,此期干旱和偏旱的年份,频率都在 60% ~ 80%(见表 6-8)。据洛阳各县春季降水资料统计,此期干旱和偏旱年份,频率在 50% 以上,素有"春雨贵如油"之称(见表 6-9、表 6-10),在个别年份也会出现春季连阴雨天气,但由于丘陵旱地土壤透水性好,日照充足,缺水是主要矛盾,春季降雨利大于弊。

表 6-8　洛阳 9 月中旬至 10 月中旬不同降雨量出现频率

台站	9 月中旬至 10 月中旬降雨出现次数					出现频率(%)					频率合计(%)		说明
	<30 mm 干旱	40 ~ 60 mm 偏旱	60 ~ 90 mm 适宜	120 ~ 160 mm 偏多	<160 mm 特多	<30 mm	40 ~ 60 mm	60 ~ 90 mm	120 ~ 160 mm	<160 mm	偏旱	偏多	
嵩县	2	8	4	4	6	8.3	23.3	16.7	16.7	25.0	31.6	41.7	24 年
汝阳	3	5	7	4	6	12.0	20.0	28.0	16.0	24.0	32.0	40.0	25 年
孟津	3	7	6	3	7	11.4	26.6	24.0	11.4	26.6	38.0	38.0	26 年
新安	3	7	5	2	6	13.0	30.5	21.7	8.7	26.1	43.5	34.8	23 年
洛宁	1	10	5	4	6	3.8	38.5	19.3	15.3	23.1	42.5	38.4	26 年

表 6-9　河南 3 月 11 日至 4 月 20 日不同降水量出现频率

台站	不同降水量出现年数					出现频率(%)					频率合计(%)	
	10	31～60	61～90	91～120	120	30	10.8	61～90	90～120	120	偏旱	偏多
安阳	27	4	5	1	0	73.0	48.6	13.5	2.7	0	83.5	2.7
卢氏	10	18	7	2	0	27.0	32.4	18.9	5.4	0	75.6	5.4
南阳	8	15	12	2	0	21.6	40.5	32.4	5.4	0	62.1	5.4
郑州	17	12	3	5	0	45.9	32.4	8.1	13.5	0	78.3	13.5
商丘	13	15	8	1	0	35.1	40.5	21.6	2.7	0	75.6	2.7
信阳	1	5	15	8	8	2.7	13.5	40.5	21.6	21.6	16.2	37.8

表 6-10　洛阳 3 月 15 日至 4 月 25 日不同降雨出现频率

台站	不同降雨出现次数					频率(%)					频率合计(%)	
	<30 mm 干旱	30～60 mm 偏旱	60～110 mm 适宜	60～150 mm 偏多	>150 mm 特多	干旱	偏旱	适宜	偏多	特多	偏旱	偏多
嵩县	3	13	10	1	1	10.7	46.4	35.7	3.6	3.6	57.1	7.2
汝阳	6	11	10	2	1	20.0	36.7	33.3	6.7	3.3	56.7	10.0
孟津	7	13	7	1	0	25.0	46.4	25.0	3.6	0	71.4	3.6
新安	7	14	8	1	0	23.3	46.7	26.7	3.3	0	70.0	3.3
洛宁	5	16	8	1	0	16.7	53.5	26.7	3.3	0	70.0	3.3

抽穗到成熟阶段一般在 4 月底或 5 月初至 6 月中旬(35～45 d),是决定结实率和粒重的关键时期。小麦抽穗后 2～3 d 开始开花,以日平均气温 18～20 ℃为宜。天气晴朗,微风,空气湿度在 70%～80%,开花迅速整齐。灌浆期如温度适宜并偏低,则灌浆持续时间长,千粒重高。5 月全部降雨偏少,在 5 月 10～25 日降雨有利灌浆,但在 25 日后降雨,往往对粒重有不良影响。

二、旱地的地貌条件

(一)地貌基本轮廓

我国地貌自西向东呈现为三个巨大的地貌台阶,逐级急剧降低。河南在全国地貌中的位置,横跨第二和第三两级地貌台阶。

河南西部中山与东部平原之间,有一广阔的低山丘陵地带,构成第二级地貌台阶向第三级地貌台阶过渡的边坡。只是在豫西地区由于巨大的秦岭纬向构造体系极为复杂,所形成的山脉由西向东北至东南呈扇状展布,致使该地段第二级地貌台阶的前缘边坡出现北北东—南南西方向的线性特性,不像其他典型地段那样显著。河南在全国地貌中的位置,不仅具有自西向东突变的特点,而且具有由北向南明显过渡的性质。

河南现代地貌结构的基本轮廓,西部为连绵起伏的山地,东部以广阔坦荡的平原为主。全省基本地势自西向东呈阶梯状降低,由中山、低山、丘陵过渡到平原。中山海拔一般低于400 m,平原海拔均在200 m以下。

河南西北部是太行山地和丘陵,属于整个太行山脉的西南段尾闾部分。太行山脉由晋冀两省的边境地带向南并逐渐转向西沿晋豫两省的边境地带延伸,构成山西高原与华北平原的天然分界线。山脉的延伸方向在省内出现明显转折,大致在辉县以北为近南北方向;辉县以西到博爱转为东北—西南方向;博爱以西一直到省界则呈近东西方向。整个山地如南寨、临淇至庙口一带可达50 km,而最窄地段如沁河与丹河之间还不到5 km。太行山主脊的东麓和南麓,山势骤然降低,起伏和缓的低山丘陵广泛分布,其间大小不等的盆地和宽阔的河流谷地十分发育。

豫西山地和丘陵,包括黄河以南、南阳盆地以北、京广铁路以西的广大山地和丘陵。该区是本省山地和丘陵的主要分布区,也是旱地的集中分布区,面积约占全省山地和丘陵总面积的70%。著名的山脉如小秦岭、崤山、熊耳山、伏牛山、外方山及嵩山和箕山等都展布在这一地区。该区的地势西部和中部高,向东北至东南呈扇状逐渐降低。本省较大的河流如洛河、伊河、双洎河、颍河、沙河、汝河、白河、湍河及老灌河等,大都发源于本区。

豫西山地是秦岭山脉东段的延续部分。秦岭横穿我国中部,是我国温带和亚热带的重要自然地理分界。秦岭横穿我国中部延伸到河南以后,明显地呈现出余脉的特点。一方面山势显著降低;另一方面山脉分支解体,完整的山脉分成数支,分别向东北至东南方向呈扇形展开。最北面的支脉是小秦岭,是著名的“西岳”华山的东延部分,向东延伸到灵宝南终断。稍南的一支为崤山,西南端与华山山脉相连,西北面有涧河谷地分割,东南面被洛河谷地所截,由西南向东北延伸,长达160余km。山势自西南向东北逐渐低缓,并且由主脊向两侧呈阶梯状降低。再南面的一支为熊耳山,位于洛河与伊河之间,由西南向东北一直延伸到洛阳龙门,长达150 km;熊耳山脉西南端宽,在卢氏至栾川一带宽约150 km,向东北逐渐变窄;山势西南部高峻,东北部低缓。熊耳山脉东面的一支是外方山,大致位于伊河以东,汝河以南,南面与伏牛山脉相连接,东西宽50~90 km,西南—东北长约100 km。山势南部和西部高峻,以中山为主,北部和东部低缓,低山和丘陵分布广泛。地处河南中部的嵩山和箕山,系一孤立的块状山地,东面和北面与东部平原相邻,西北、西面及南面分别被伊洛河河谷平原、伊河谷地及汝河河谷平原分隔。从山地的展布来看,与外方山脉向东北的延伸基本一致。区内以低山和丘陵为主。秦岭山脉在本省最南面的一条支脉为伏牛山,在各支脉中其规模最大,由西北向东南延伸长达200余km,宽40~70 km,构成黄河、淮河与长江三大水系的分水岭。它的北面与熊耳山脉和外方山脉交汇,其间没有明显界限;南面与南阳盆地相接,山地丘陵与盆地平原构成两种截然不同的地貌单元。伏牛山脉向东南延伸到方城东北忽然中断,形成南阳盆地东北角宽阔的缺口,成为该盆地与豫东平原之间的重要交通要道。伏牛山脉规模巨大,山势异常高峻雄伟,玉皇顶海拔2 211.6 m。玉皇顶以东主脊分为两支:一支沿南召县与嵩县、鲁山县的交界地带,呈东西方向一直延伸到方城缺口,长达100余km,构成长江与淮河水系的分水岭。龙潭沟口以东山体低缓,呈低山丘陵状态。另一支沿南召与内乡、镇平两县的交界地带由西北向东南延伸,一直到镇平县城以北,长达70余km,构成白河与湍河两水系的分水岭。

在豫西山地与太行山地之间，西起省界，东到郑州，沿黄河两岸及伊河、洛河下游地区，广泛地分布着一种独特的地貌类型—黄土地貌。该区西北面与黄土高原相连，地貌特征与黄土高原有相似之处，但也有显著差别。相似之处在于黄土的基本性状大致相同，地貌的形态特征和发育过程也基本相似。但是，由于所处的地理位置不同，黄土的厚度及地貌发育程度不尽相同。省内黄土厚度一般只有数十米，而且多分布在宽阔的河流谷地，因而黄土源—黄土梁—黄土峁的地貌发育系列不太典型。地貌形态主要为黄土塬、黄土丘陵（包括黄土梁和黄土峁）及黄土阶地等，构成本省一种独特的地貌景观。

（二）河南省旱地主要地貌类型及其特征

地貌是自然地理环境中一个基本要素。农业生产和经济建设经常受到地貌条件的制约。不同的地貌类型，旱地的土地类型、土地质量、水文地质都有明显差异，地貌类型的划分是地理学科的重要内容。根据河南省农业区划委员会组织有关地理学专家对本省地貌类型的划分，全省划分为两大地貌类型（隆起侵蚀剥蚀山地丘陵和沉降堆积平原），每个大地貌中又划分为若干中小地貌类型。下面仅对农业生产面积较大，尤其是旱地小麦面积较大的地貌分区加以介绍，以便了解不同地貌条件下旱地土壤的类型、肥力、水分等因子对旱地小麦和粮食生产的影响。

1. 侵蚀剥蚀丘陵

侵蚀剥蚀丘陵是一种介于山地与平原之间的过渡性地貌类型。丘陵与山地的区别在于它的相对高度较小，起伏和缓，没有明显的延伸脉络和陡峻的山峰，或呈浑圆的丘状，或呈和缓的陵状，常常是丘、陵连绵，加之其间宽阔的河流谷地纵横交错，大小不等的盆地星罗棋布，致使丘陵的展布十分混乱，呈现为一种波状起伏的地貌景观。

河南侵蚀剥蚀丘陵的分布规律较为明显。大部分在山地和平原之间呈不规则的带状展布，而在广大山地中则分布在盆地的边缘地带以及宽阔河流谷地的两侧。其海拔各地不尽一致，在东部平原与山地之间及南阳盆地的周围，海拔多在 200 ~ 400 m；相对高差一般不超过 200 m。在丘陵与平原交接地带，侵蚀剥蚀丘陵比较缓和，多呈深圆状或平缓陵状。在旱区比较有代表性的剥蚀丘陵区有：伏牛山脉东端的舞钢、确山西部低山丘陵，方城北部低山丘陵，嵩山周围低山丘陵、早期堆积台地，新密北部、东部丘陵、堆积台地，洛阳西部的新安、渑池北部低山丘陵，太行山东麓丘陵、洪积倾斜平原区。

2. 黄土台地丘陵

黄土在地质学范畴内它是一种岩石，一种松散岩石。在土壤学范畴内，黄土是一种成土母质，通常称之为黄土母质。

黄土在世界范围分布得相当广泛，覆盖着约 10% 的地球陆地表面，主要分布于北纬 30° ~ 55°、南纬 30° ~ 40°的中纬度地带内的干旱半干旱大陆性气候环境区，特别是在欧亚大陆上常大面积成片分布。主要有莱茵河流域、多瑙河流域、中亚细亚地区、黄河流域、密苏里及密西西比河流域、新西兰及拉丁美洲的巴拉那河流域等（刘东生，1985）。

黄土在中国北方的分布面积约 63 万 km^2，大致沿昆仑山、秦岭以北，阿尔泰山、阿拉善至大兴安岭以南的带状地区分布。根据黄土的沉积环境不同，可分为西部内陆盆地、中部黄土高原和东部平原 3 个分区。西北内陆区和东部平原区的黄土，主要分布于盆地外围的山前丘陵、平原、低山及东部的河谷或平原地区，黄土层厚度较小，一般不超过 30 m，多数呈分散片状零星分布。

中部的黄土高原西起青海湖至贺兰山地，东至吕梁山地，北抵长城，南迄秦岭，巨厚的黄土层连续分布面积约37万km^2。其主要地貌成因类型有剥蚀构造山地、侵蚀构造基底山地、黄土侵蚀堆积地貌、侵蚀冲积地貌、构造盆地堆积地貌及风成堆积地貌等。其主要地貌形态类型有黄土塬、梁、峁、侵蚀沟谷、河谷平原、沙化黄土丘陵及基岩山地等。中国黄土地貌的分布范围、主要地貌类型、黄土层厚度及沟壑密度见表6-11。

表6-11　黄土高原地貌区域特征

地貌分区	名称	范围	主要地貌类型	黄土厚度(m)	沟壑密度(km/km^2)
Ⅰ	陇中地区	六盘山以西的黄土丘陵与山地	长梁、宽谷、梁峁、沟壑、河谷平原、基岩山地	一般15~35 m，兰州局部地域大于40 m	
$Ⅰ_1$	陇中北部亚区	祖厉河与葫芦河分水岭以北	宽谷、低丘、基岩中低山		1.47~2.59
$Ⅰ_2$	陇中南部亚区	祖厉河与葫芦河分水岭以南	长梁、宽谷、梁峁、沟壑与基岩低山	15~50	1.54~3.34
Ⅱ	陇东宁南地区	六盘山与子午岭之间	黄土梁、塬、残塬、沟壑、河谷平原	20~175（董志塬最厚）	
$Ⅱ_1$	宁夏盐同亚区	环江、施唐岭、南华山一线以北	平原、残塬与切割较浅的沟谷、沙化丘陵	20~100	1.33~2.84
$Ⅱ_2$	泾河中上游亚区	甘肃东部及宁夏南部	黄土塬、残塬、深切沟谷、壕塬、河谷平原	50~180	黄土塬1.39~2.96 丘陵3.07~4.20
$Ⅱ_3$	渭河谷地西段亚区	与$Ⅲ_4$亚区合述			平原0~0.07 台塬0.16~1.57
Ⅲ	子午岭、吕梁山之间地区	陕西北部与山西西部	自北向南依次为覆沙黄土丘陵、黄土梁峁丘陵、黄土塬与渭河谷地	25~125（自北向南渐薄）	
$Ⅲ_1$	长城以北亚区	陕西长城沿线北部	沙化丘陵、沙地、风沙草滩	20~100	1.85~2.87
$Ⅲ_2$	晋陕丘陵亚区	陕西北部与山西西偏北部	黄土峁、梁、沟谷坰地、基岩低山、黄土低山	50~125	3.10~4.06
$Ⅲ_3$	晋陕残塬亚区	陕西劳山以南，山西西部偏南	黄土塬、残塬、梁、沟谷夹基岩低山	50~125	2.01~2.91
$Ⅲ_4$	渭河谷地亚区	陕西、甘肃、渭河两岸	冲积平原、台地、台塬	0~50	平原0~0.07 台塬0.16~1.57

资料来源：蒋定生(1997)，摘自《中国旱作农业》。

河南的黄土地貌主要分布在西起省界，东到郑州，北至太行山南麓，南抵洛宁、宜阳、登封、禹县等地之间的广大地区。西面与黄土高原相连接，向东呈不规则的带状延伸。垂直分布具有一定高度，由西向东逐渐降低。如三门峡南面的最高黄土塬——张村塬海拔620～770 m，向东到洛阳北的邙岭，海拔降至250 m左右，而郑州北黄河南岸的邙山，海拔仅在200 m上下。黄土水平分布和垂直分布的特点明显地反映出河南黄土的形成过程与西北黄土高原有所不同。如果说黄土高原的黄土是以风力搬运堆积为主的话，那么，河南的黄土则与流水的再搬运堆积密切相关。省内的黄土地貌，根据其形态成因特征的明显差异，可以划分为以下四种次级地貌类型：

（1）黄土塬。黄土塬是一种由黄土组成的高平原，经流水的强烈侵蚀而保留下来的一部分高平原面，呈台地形态，当地称为塬。其中心地区地势平坦，边缘地带倾斜明显，塬地或宽阔谷地，系早期的洪积面经流水强烈侵蚀破坏而保留的部分，故多沿河谷两侧的山前地带展布。如小秦岭和崤山北麓，呈东西向带状排列着一系列黄土塬，其中形态特征较典型的自西而东有冯家塬、苏家村塬，梨湾塬、大庙后塬、张村塬、樊村塬及董家塬等，海拔多在600～770 m，高出库区水面260～430 m，但其规模大小不等，与黄河的摆动密切相关，如沙河以西，由于黄河靠近小秦岭，平均距离仅10 km左右。早期黄土堆积面保留狭窄，经黄河支流的横向切割，所形成的黄土塬规模较小，一般只有十几或数十平方千米。沙河以东，黄河向北偏转，早期黄土堆积面积一般都在数十平方千米以上，最大可达100余km^2。如张村塬南北长约14 km，东西宽8 km左右，且塬面广阔平坦，又由于山区兴建高山水库，塬上大部分土地得到灌溉，各种作物生长良好，与平原无异。而其周围边坡却具有完全不同的特点，南面沿山麓地带为一条狭窄的现代洪积裙，与塬面呈缓坡过渡。其他三面由于流水的强烈侵蚀，形成了极其陡峻的边坡，黄土陡崖峭壁、土柱及天然桥等微地貌形态，在坡肩的坡折地带非常发育，由黄河阶地上南望，俨如高峻雄伟的黄土山。目前，黄土塬边坡的深切沟壑甚多，而且沟头正在向前发展，不少沟壑已经伸入黄土塬内，致使边坡地带水土流失十分严重。

除此，在长水以下的洛河沿岸及伊洛河沿岸，也有这种黄土塬的局部分布。

（2）黄土梁。黄土梁是黄土塬经流水的强烈侵蚀而形成的一种梁状黄土地貌类型。它与另外一种黄土地貌形态——黄土峁常常互相连结在一起。这种黄土地貌类型，在阳平川以西至省界的小秦岭北麓以及三门峡市东磁钟至大安一带，发育较为典型。基本形态呈平顶状或梁峁状。平顶梁顶部较宽，一般为400～600 m，略呈穹形，坡度多为1°～5°，沿分水线的纵向倾斜度不过1°～3°。梁顶以下有明显的坡折，其下为坡长较短的梁坡，坡度均在10°以上，最大可达35°。梁的两侧多为直线坡，只有沟头谷缘上方为凹形坡。黄土梁的延伸方向与黄河横交或斜交，当地称为“岭”，如阳平附近的白家岭、磁钟东的位点岭等。峁梁或梁峁系平顶梁经流水的横向侵蚀进一步演变而成，即平顶梁顶部被分割成许多孤立的小黄土丘。峁呈椭圆形或圆形，而中间穹起，由中心向四周倾斜，坡度一般为3°～10°。峁顶周缘以下直到谷缘的峁坡面积很大，均为凸形坡，坡度一般为10°～15°。峁与峁之间有明显凹下的分水鞍，当地称之“垭口”。除上述地区以外，在其他黄土覆盖较厚的地区，也有这种黄土梁的局部分布。如郑州北黄河南岸的邙山，呈东西方向长达18 km，高出黄河水面100余m，顶面平缓，微有起伏，呈现为较典型的黄土梁形态。

（3）黄土丘陵。黄土丘陵是一种由黄土组成的丘陵。其形态特征与上述侵蚀剥蚀丘陵有相似之处，但也有明显差别。相似之处在于没有明显的延伸脉络，被流水切割得较为破碎。明显的差别主要表现在岩性不同所形成的形态特征也不同。由于黄土极易受流水侵蚀，在黄土堆积地区除形成黄土塬与黄土梁外，所形成的支离破碎的黄土丘陵十分显著。其间大小沟壑纵横交错，将早期完整的黄土堆积面切割得破烂不堪。其沟壑深十几米至数十米不等，最深可达100 m以上。大部分河谷不仅切穿了黄土层，而且深切于下伏基岩之中，谷底狭窄，谷坡陡峻。不少地方黄土只是像帽子一样盖在上部，基本形态受下伏地貌形态控制，或呈丘状，或呈陵状。一般顶面较为平缓，高度也大体相当，依稀可辨早期黄土堆积面的轮廓。这种地貌类型在广大黄土覆盖地区分布广泛，除上述两种地貌类型外，大都属于黄土丘陵。

(4)黄土阶地。黄土阶地是由黄土组成的河流堆积阶地，主要分布在三门峡水库大坝以上的黄河南岸。由于新构造成的间歇性抬升，黄土组成的黄河堆积阶地，呈台地的形态高居于黄河以上，形成一种特殊的黄土地貌类型。在地貌上反映明显的黄土阶地主要有两级：一级阶地以大营一带的地面为代表，海拔在350～380 m，高出库区黄河水面25～55 m，宽4～5 km，长20多km，地面完整平缓，微有起伏；另一级阶地以三门峡市周围的地面为代表，海拔在390～490 m，高出库区黄河水面65～115 m，其形态特征与前述阶地基本相似，但由于形成时间较早、地势较高，流水的侵蚀作用甚为显著，因而沟壑较为发育，不少沟壑已经伸进阶地内部。此外，在孟津县以西、莲地以东的黄河两岸，也有这种黄土阶地的断续分布，如坡头—吉利一带，黄土阶地发育较好。以上黄土阶地分布虽不广泛，但高居于黄河之上，代表一种特殊的黄土地貌类型。

3. 岗地

岗地主要分布于某些山地、丘陵下部的洪积平原地域。河南省北中部比较典型的岗地有以下两处：

(1)豫北安阳、淇县、浚县之间的太行山前洪积裙的东边缘地区，这里有一规模较大的垄岗带，当地称为"四十五里火龙岗"。这一带的垄岗海拔60 m左右，高出附近的平地和洼地20～40 m；岗顶呈微起伏形态，是早期的洪积平原面被抬升而形成的；垄岗带中还有几处基岩（寒武系灰岩）裸露、地表突起的残山孤丘，海拔分别为145 m、203 m、225 m。

(2)河南省中部京广铁路两侧的嵩山—箕山—伏牛山的山前洪积平原区，这里广泛展布着形态不同的倾斜岗地，而主要是在古洪积倾斜平原地体被抬升和近代河流切割作用相结合的条件下形成的。其中介于禹县、许昌和长葛之间的岗地，高出附近平地10～50 m，地势自西向东和东南方向倾斜，岩性以砾石和亚黏土为主，老洪积扇的形迹清晰可察。岗地一般地下水埋藏较深，灌溉条件较差，但大部分土层较厚，多形成高产"旱肥地"。

三、旱地土壤条件概况

河南省旱地主要分布在豫西、豫西北的山地丘陵区，按照全国第二次土壤普查的分类，这些区域内的土壤类型主要是棕壤和褐土两个土类。棕壤主要分布在海拔1 000～1 400 m的中山、高山，种植小麦面积很小。广大旱地麦田主要分布在海拔700～1 000 m褐土的各个亚类、土属等。现就旱地麦田的土壤类型分布规律、旱地的土壤类型组合分区、旱地的土壤养分状况及主要旱地土壤（土属）的特征特性分别予以论述。

(一)旱地土壤类型的分布规律

1. 土壤垂直分布规律

根据河南省第二次土壤普查资料,从豫西山地丘陵和豫北山地土壤类型垂直分布(见图 6-4 和图 6-5)可以看出,豫西山地在海拔 500 ~ 1 000 m 分布着淋溶褐土和褐土性土,海拔 500 m 以下分布着石灰性褐土和褐土性土;豫北山地在海拔 700 m 以下分布着普通褐土、石灰性褐土和褐土性土。

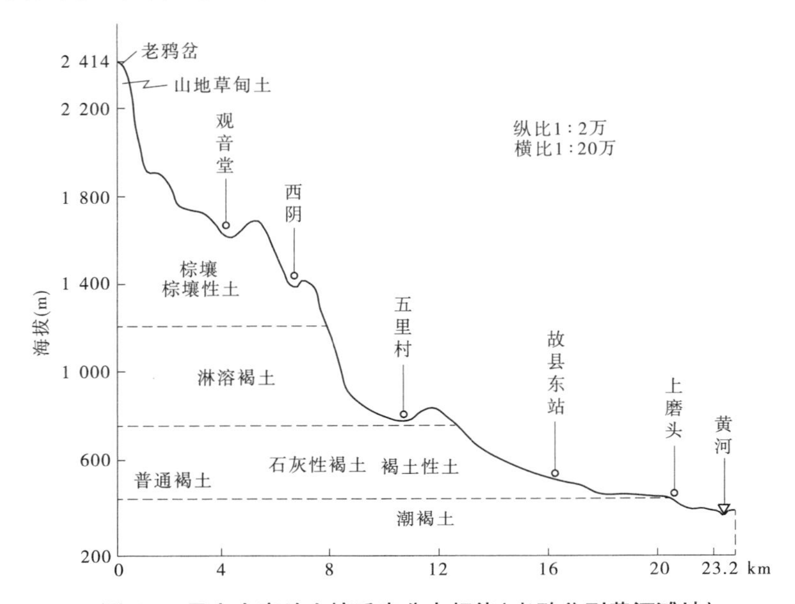

图 6-4　灵宝小秦岭土壤垂直分布规律(老鸦岔到黄河滩地)

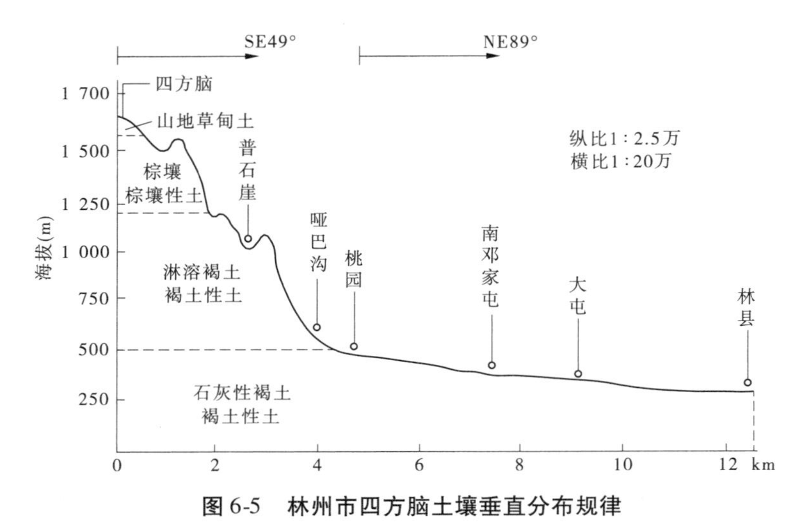

图 6-5　林州市四方脑土壤垂直分布规律

2. 旱地土壤的区域性分布规律

为了了解旱地土壤类型变化与地貌、母质的关系及其在一定地域内的变化规律,分别选择有代表性的土壤广域、中域和微域分布断面。从而可以了解和掌握不同地区旱地土壤的分布变化。

豫西土壤广域性分布：豫西主要包括三门峡、洛阳两市及平顶山市西北部与郑州市的西部。在该区域内有山地、丘陵、盆地、河谷带状平原等不同的地貌类型，不同的地貌上分布着各种地带性与非地带性土壤。土壤的主要类型是棕壤、褐土、红黏土等，南部有少量黄棕壤与黄褐土，石质低山多分布着粗骨土与石质土，紫色砂页岩上分布着紫色土，河流峡谷两岸多分布着潮土与新积土等，现以三门峡市到洛阳长水土壤分布断面（见图 6-6），说明豫西土壤的广域性分布状况。

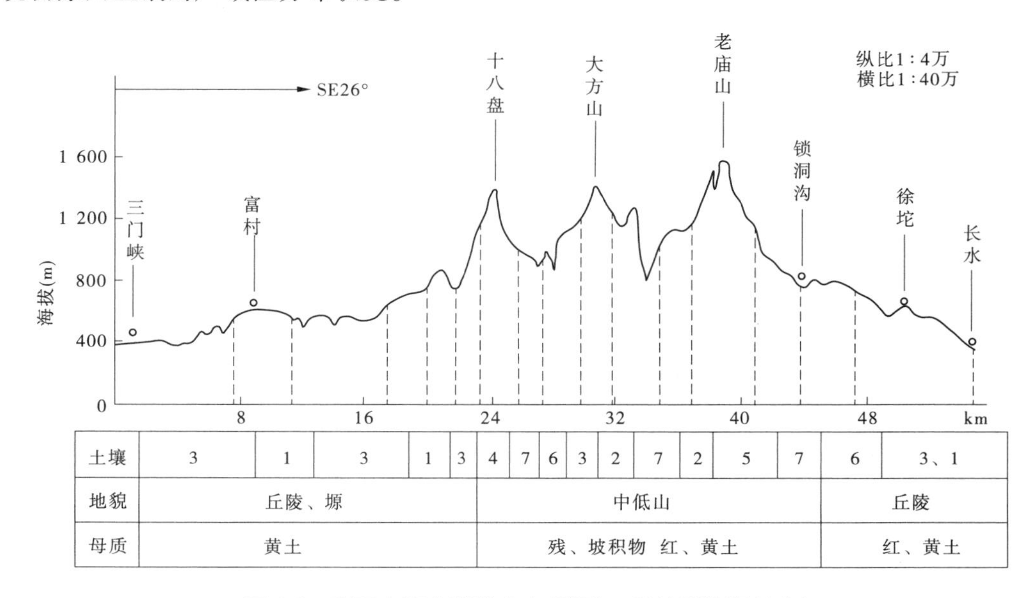

土壤	3	1	3	1	3	4	7	6	3	2	7	2	5	7	6	3、1
地貌	丘陵、塬					中低山									丘陵	
母质	黄土					残、坡积物 红、黄土									红、黄土	

图 6-6　豫西土壤广域性分布断面（三门峡到洛阳长水）

1—褐土；2—淋溶褐土；3—石灰性褐土；4—褐土性土；5—棕壤性土；6—红黏土；7—粗骨土

从图 6-6 可以明显看出以下几个特点：凡海拔 1 000 m 以上的山体，分布着棕壤，800～1 200 m山体交错分布有淋溶褐土，坡度较陡，植被覆盖度较差地段分布有粗骨土。黄土塬地和平缓的丘陵分布有褐土、石灰性褐土，而褐土性土多在地形破碎、坡度较陡地段。第三纪红土出露的丘陵分布着红黏土。

豫北土壤广域性分布：豫北一般指黄河以北而言，主要包括焦作、新乡、鹤壁、安阳、濮阳五个市。区内包括山地、丘陵盆地及东部冲积平原等地貌类型。主要的土壤类型有棕壤、褐土、粗骨土、潮土、风沙土，局部低洼处有盐碱土分布。现以太行山到黄河滩东西向土壤分布断面为例，说明其广域分布规律。

从图 6-7 可以看出，京广线以西海拔 1 200 m 以下的山地、丘陵及山前洪积平原为褐土分布区。其中，海拔 1 000 m 以上山体分布着淋溶褐土，侵蚀较重的石质低山丘陵分布有褐土性土，黄土丘陵的中上部多分布石灰性褐土，山前洪积平原和山间盆地洪冲积物上多发育为普通褐土，山间盆地低洼处和山丘向平原过渡带的交接洼地有砂姜黑土分布，京广线两侧洪积扇下缘分布有潮褐土。石质山地丘陵区坡度较陡、水土流失严重地段广泛分布着石质土和粗骨土。京广线以东为黄淮海冲积平原，广泛分布着潮土，局部残余的丘岗地分布有褐土和潮褐土，黄河古河道高滩地段分布有脱潮土，平原中部低洼处有盐碱土分布,风积沙丘上分布着风沙土。

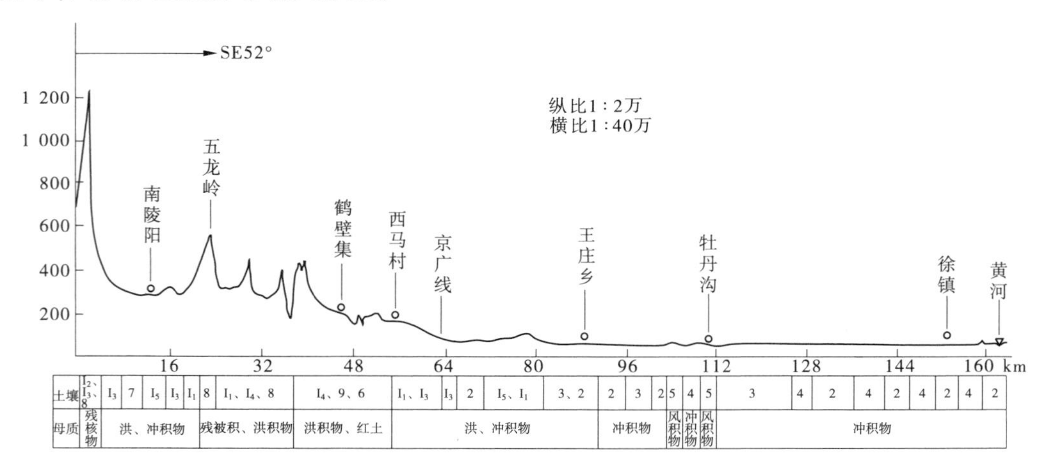

图 6-7 豫北土壤广域分布断面(林州市石板岩到濮阳徐镇黄河滩)

1_1—褐土;1_2—淋溶褐土;1_3—褐土性土;1_4—石灰性褐土;1_5—潮褐土;2—潮土;3—脱潮土;

4—盐碱土;5—风沙土;6—红黏土;7—砂姜黑土;8—石质土;9—粗骨土

豫西丘陵区土壤的中域性分布:在豫西黄土丘陵大地貌范围内,有塬、墚、峁、阶地、缓岗、冲沟、河谷等不同地貌单元,在不同地貌单元中分布着不同的土壤类型,如塬地与缓岗阶地多分布着褐土,墚、峁多分布着褐土性土与石灰性褐土,低丘多分布红黏土,河谷阶地多分布潮褐土和小面积潮土(见图6-8)。

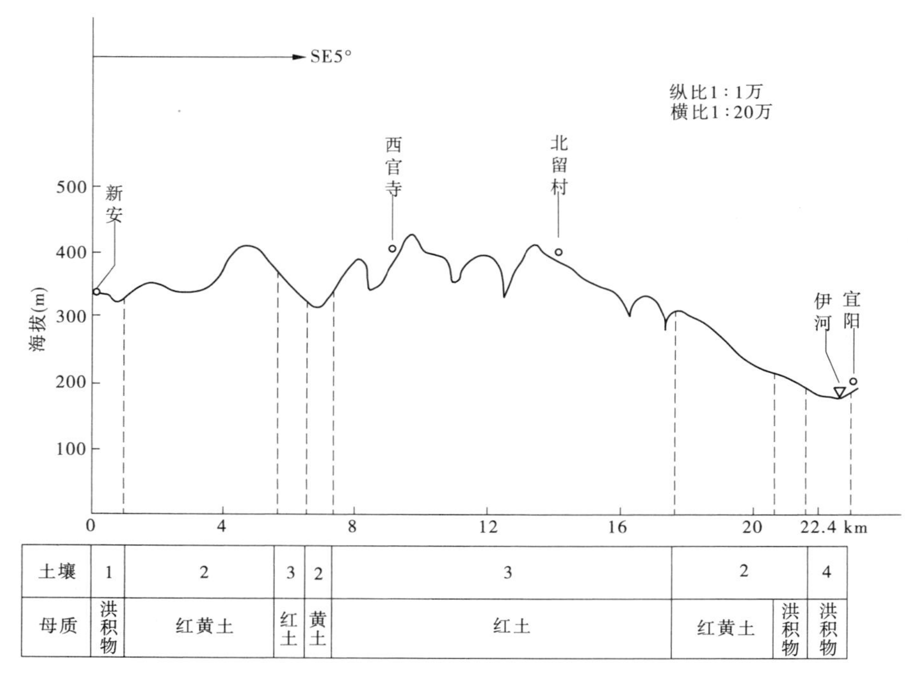

图 6-8 豫西黄土丘陵区土壤中域性分布断面(新安到宜阳)

1—褐土;2—古灰性褐土;3—红黏土;4—潮土

豫西丘陵土壤的微域性分布。在中区地形范围内，由于微域地形的变化，从而使土壤性状产生差异，在不同的微域地形部位上分布着不同类型的土壤。河南不同的土壤微域分布有豫东冲积平原的微域分布、豫南垄岗地区的微域分布、豫西黄土丘陵的微域分布等。

豫西黄土丘陵土壤的微域分布：豫西黄土丘陵有各种不同的中区地貌单元，如塬、墚、峁沟谷与峡谷，而每一个中地貌单元又包括着很多微地貌，如塬地的中心与边缘，墚、峁的顶部，腰部与麓部等，沟谷的上部与底部等。不同的微地貌单元，由于所处的位置不同，其所受外界环境条件的影响不同，因而土壤类型有所差异。现以宜阳县三乡镇黄土沟谷土壤变化为例，从图6-9可以明显看出，沟谷上部由于受地面径流的侵蚀，表层土壤经常流失，未形成明显的土壤发生层次，土壤多为石灰性褐土，但在沟谷底部经常受覆盖堆积，也形不成明显的发生层次，所以土壤多为洪积性褐土性土，这种土壤微域分布规律也具有很大普遍性。

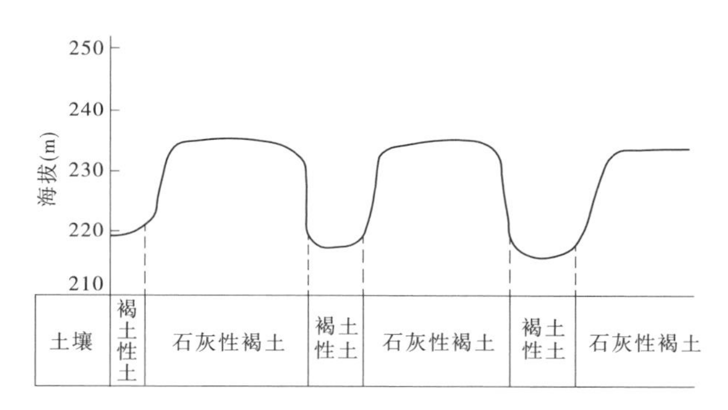

图6-9　黄土沟谷土壤的微域分布（宜阳县三乡镇附近）

（二）旱地土壤养分含量状况

1. 旱地主要土壤类型营养成分的垂直分布

由于旱地处于丘陵岗坡，地面有一定起伏坡度，表土受降水冲刷，水土流失比较严重，加之常年施有机肥料较少，导致耕层普遍较薄，表层（耕层）养分含量与亚表层、底层的差异较大。但在不同地貌、母质的影响下，不同土壤类型（亚类、土属）的保水保肥性能有一定差别，造成表层（耕层）厚度有一定差别。从表6-12和表6-13几种旱地土壤的有机质和全氮含量的剖面分布可以看出，陕西渭北黄土塬是典型褐土，地表相对平缓，土体深厚，保水性较好，它们的耕层厚度在30 cm上下，有机质和全氮含量较高，而河南省有几种褐土的耕层一般在20 cm左右，有机质和全氮含量也较低。在几种褐土亚类中以潮褐土的耕层较厚，有机质、氮含量高于其他几个亚类，因为潮褐土多分布在褐土与潮土交界边缘，土层深厚，地势平缓，肥力普遍较高，是河南省的小麦高产土壤，完全无灌溉条件的潮褐土一般属于“旱肥地”。

表 6-12　旱地土壤有机质、全氮含量的剖面分布

土壤名称	采土地点	深度(cm)	有机质(g/kg)	全氮(g/kg)	碳氮比(C/N)
黄土质褐土	陕县张村乡	0~16	11.80	0.79	8.66
		16~39	8.60	0.61	8.18
		39~66	4.60	0.37	7.21
		66~101	6.60	0.47	8.14
红黄土质褐土	禹州市文殊乡	0~15	8.30	0.71	6.78
		15~29	7.20	0.54	7.73
		29~62	3.30	0.54	3.54
		62~102	3.60	0.52	4.01
洪积褐土	禹州市梁北乡	0~20	9.30	0.74	7.29
		20~36	6.90	0.59	6.78
		36~80	5.00	0.43	6.78
		80~120	2.70	0.43	3.64
黄土质石灰性褐土	偃师市邙岭乡	0~22	10.30	0.74	8.07
		22~40	6.30	0.64	5.71
		40~83	4.80	0.44	6.33
		83~100	4.20	0.40	6.09
红黄土质石灰性褐土	洛宁县杨坡乡	0~16	9.30	0.51	10.58
		16~35	5.30	0.33	9.32
		35~73	4.00	0.21	11.05
		73~120	3.40	0.21	9.39
洪积石灰性褐土	陕县原店镇	0~23	11.90	0.60	11.50
		23~34	7.80	0.48	9.43
		34~80	7.50	0.48	9.06
		80~100	3.40	0.25	7.89
洪积潮褐土	伊川县城关镇	0~20	23.80	1.18	11.70
		20~65	9.70	0.61	9.22
		65~95	7.00	0.56	7.25
		95~120	5.30	0.46	6.68
红黏土	伊川县鸦岑乡	6~15	8.90	0.64	8.07
		15~34	5.50	0.48	6.65
		34~67	3.30	0.42	4.56
		67~104	3.00	0.38	4.58

表 6-13　陕西渭北旱塬几种不同肥力田块有机质及全氮在土壤剖面中的分布　(单位:g/kg)

土层深度(cm)	土壤样号									
	01		02		03		04		05	
	有机质	全氮	有机质	全氮	有机质	全氮	有机质	全氮	有机质	全氮
0～15	12.75	1.14	10.91	0.96	9.19	0.81	8.85	0.75	14.16	1.21
15～30	11.24	0.97	8.97	0.80	8.42	0.74	7.20	0.69	11.87	0.03
30～45	9.27	0.84	6.51	0.60	6.71	0.62	6.27	0.56	10.01	0.87
45～60	8.00	0.75	6.30	0.53	5.34	0.48	5.31	0.45	8.44	0.64
60～80	7.87	0.67	5.68	0.49	5.27	0.46	5.18	0.41	7.46	0.59
80～100	7.78	0.65	5.04	0.46	5.62	0.44	5.00	0.40	6.49	0.50

2. 不同地形部位的土壤养分分布状况

旱地多分布于丘陵岗地,地面大多有一定起伏,有一定坡度的坡耕地的不同部位,土壤的有机质、全氮、全磷含量有明显差异,洛阳农科院吕军杰等在黄土坡耕(坡度8°)的坡上、坡中和坡下部的测定显示,土壤剖面各层次氮、磷、钾含量表现为坡上低、坡下较高尤其是有机质含量最为明显,磷的差异较小。土壤剖面中各层次的差别表现为: 10～30 cm土层,坡中、坡下的有机质含量显著高于坡上,磷的分布差异较小,氮的分布介于二者之间。说明坡耕旱地因雨水冲刷,表层(0～10 cm)有机质含量受损失最严重,氮的流失也比较严重(见表6-14～表6-16)。由此可以看出,有一定坡度的旱地必须工程措施与生物措施相结合,首先要平整地面,修建水平梯田,最大限度减小表土的被冲刷而造成土壤养分流失。

表 6-14　不同坡位、不同层次土壤有机质含量　(单位:g/kg)

土层深度(cm)	坡上	坡中	坡下
0～10	12.9(10.6～14.7)	14.4(13.2～15.0)	15.4(14.2～16.5)
10～30	8.2(6.5～10.0)	11.2(10.1～12.8)	12.4(10.9～15.1)
30～60	4.6(3.4～5.6)	4.6(4.1～7.8)	5.6(4.3～7.7)
60～120	3.7(2.6～4.3)	3.9(3.3～4.7)	3.8(2.6～4.2)

表 6-15　不同坡位、不同层次土壤全氮含量　(单位:g/kg)

土层深度(cm)	坡上	坡中	坡下
0～10	1.26(1.17～1.65)	1.30(0.87～1.43)	1.31(1.08～1.74)
10～30	0.93(0.78～1.09)	1.08(0.87～1.20)	1.13(0.94～1.64)
30～60	0.80(0.58～0.98)	0.77(0.60～0.95)	0.90(0.68～1.28)
60～120	0.73(0.49～0.90)	0.73(0.57～0.99)	0.75(0.60～1.24)

表 6-16　不同坡位、不同层次土壤全磷含量　　（单位:g/kg）

土层深度(cm)	坡上	坡中	坡下
0 ~ 10	0.65(0.59 ~ 0.75)	0.70(0.61 ~ 0.82)	0.71(0.66 ~ 0.76)
10 ~ 30	0.59(0.51 ~ 0.67)	0.63(0.59 ~ 0.68)	0.67(0.62 ~ 0.74)
30 ~ 60	0.54(0.52 ~ 0.57)	0.53(0.50 ~ 0.57)	0.55(0.51 ~ 0.59)
60 ~ 120	0.55(0.52 ~ 0.57)	0.54(0.53 ~ 0.56)	0.54(0.51 ~ 0.57)

3. 以褐土及其亚类为代表的旱地土壤养分含量状况

根据河南省第二次土壤普查资料，将旱区主要土壤亚类（耕层）的有机质、全氮、速效磷、速效钾及全磷、全钾含量列于表 6-17。将锌、硼、钼 、锰 、铜、铁等微量元素含量列于表 6-18。从上述资料可以看出，旱地土壤有机质处于中等水平、全氮和速效磷偏低，全钾和速效钾含量偏高。在微量元素中按照目前通用的微量元素丰缺指标（有效 Zn、B、Mo、Mn、Cu、Fe 含量分别为 0.5、0.5、0.5、7.0、0.20、4.5 mg/kg），旱地土壤的有效钼（Mo）和有效锌（Zn）比较缺乏，尤其有效锌的变异系数接近 50%，即不同地块有效锌变化很大，在生产中需要及时化验才能确定是否缺锌。同时，土壤有效锌含量与土壤碳酸钙（$CaCO_3$）含量呈极显著负相关（$r = 0.738$），当土壤碳酸钙含量大于 60 g/kg 时，有效锌一般低于 0.5 mg/kg时，易引发作物缺锌。由于旱地麦田多富含游离碳酸钙，pH 值大于 7，因而旱地小麦必须注意增施锌肥和钼肥。尤其要注意磷肥、锌肥配合施用。

表 6-17　河南省旱地主要土壤类型耕层有机质、全氮、速效磷、速效钾含量

土壤类型	有机质(g/kg)				全氮(g/kg)				速效磷(mg/kg)				速效钾(mg/kg)			
	N	$\overline{X}$	S	C_V(%)	N	$\bar{x}$	S	C_V(%)	N	$\overline{X}$	S	C_V(%)	N	$\overline{X}$	S	C_V(%)
褐土(土类)	15 721	13.1	5.5	41.98	11 199	0.81	0.38	46.91	14 385	6.4	5.2	81.25	13 983	127.6	52.1	40.83
红黏土	1 814	13.1	4.7	35.88	1 671	0.86	0.41	47.67	1 782	6.1	4.1	67.21	1 807	164.5	54.1	32.89
典型褐土	5 340	12.1	4.6	38.02	3 972	0.76	0.31	40.79								
淋溶褐土	406	17.6	8.6	48.86	276	1.15	0.62	53.91								
石灰性褐土	3 271	12.6	5.1	40.48	2 289	0.78	0.37	47.43								
潮褐土	3 022	13.1	4.1	31.30	1 826	0.79	0.26	32.91								
褐土性土	3 682	14.3	6.9	48.25	2 836	0.88	0.45	51.13								
红黏土	1 235	13.0	4.0	30.77												
石灰性红黏土	579	13.4	5.9	44.03												

注:(1)褐土平均全磷(P)含量 0.57 g/kg(变异系数 23.73%)；

(2)全省土壤全钾含量 15 ~ 20 g/kg，约占总面积的 70% 以上。

表 6-18　河南省旱地土壤耕层几种微量元素含量

（单位：mg/kg）

土壤类型	全锌	有效锌				硼	有效硼				全钼	有效钼				锰	有效锰			
		N	x	S	C_V(%)		N	x	S	C_V(%)		N	x	S	C_V(%)		N	x	S	C_V(%)
土	87.6（18.5～205）	568	0.55	0.27	49.09	48.1（20.2～86.2）	577	0.40	0.16	40.0	0.78（0.2～2.5）	568	0.075	0.049	65.33	531（504～598）	573	9.19	3.80	41.35
红黏土		55	0.41	0.21	51.22		56	0.40	0.13	32.5		56	0.080	0.047	58.75					

土壤类型	全铜	有效铜				有效铁			
		N	x	S	C_V(%)	N	x	S	C_V(%)
褐土	22.2（10.6～35.9）	572	1.01	0.41	40.59	570	6.64	2.91	43.83
红黏土		56	0.89	0.27	30.34	56	5.68	3.15	55.46

(三)河南省旱地代表性土壤类型(土属)主要特性简介

褐土是河南省旱耕地的主要土类,在褐土的亚类和土属中,有的面积较大,是在用耕地的主要土壤。为了便于了解旱地的主要理化特性,现根据河南第二次土壤普查资料,将耕种旱地中面积较大、有代表性的土壤类型(土属)的主要特征特性简述于后。

1. 黄土质褐土(立黄土)

黄土质褐土属于典型褐土亚类。

黄土质褐土面积为353.15万亩,占褐土亚类土壤面积的39.3%。其中洛阳市86.25万亩,三门峡市72.25万亩,许昌市45.86万亩,新乡市39.53万亩,郑州市109.26万亩。所处地貌为黄土塬、岭平地。耕地面积为306.88万亩,占该土属面积的86.9%。

黄土质褐土土体深厚,上虚下实。表土层质地多壤土至黏壤土;土体40~60 cm出现黏化层,黏化层厚度为30~50 cm。全剖面以黄橙色为主。表土层多块状、粒状结构,黏化层多柱状或棱块状结构,结构面上有明显的假菌丝和少量的黏土胶膜,有时出现小砂姜。全剖面石灰反应多为强—中(弱)—强型。成土母质为马兰黄土。垂直节理发育,易发生湿陷和崩塌。坡度平缓,据14个点测量结果,平均坡度为1.17°。

据三门峡市8个剖面统计,黄土质褐土A层平均厚度23 cm,$CaCO_3$含量($\overline{X}$)为33.0 g/kg;B层平均厚度为47 cm,$CaCO_3$含量($\overline{X}$)为9.8 g/kg;A层有明显的复钙现象。

根据20个代表剖面统计,黄土质褐土机械组成以粗粉粒占优势,平均含量($\overline{X}$)为154 g/kg,B_6/A黏粒比为1.2~1.4。属于粉砂质黏壤土。黄土质褐土的机械组成、剖面化学性质和农化性状见表6-19~表6-22。

表6-19　黄土质褐土农化性状统计

项目	有机质(g/kg)	全氮(g/kg)	全磷(g/kg)	全钾(g/kg)	速效磷(mg/kg)	速效钾(g/kg)
n	2 250	1 831	29	2 223	2 178	29
$\overline{X}$	11.2	0.41	0.67	6.5	116	13.1
S	4.36	0.13	0.266	5.74	53.5	—
C_V(%)	38.93	31.71	39.7	88.30	46.12	—

表6-20　黄土质褐土有效微量元素含量　(单位:mg/kg)

项目	Zn	B	Mo	Cu	Fe	Mn
n	40	40	40	40	40	40
$\overline{X}$	0.56	0.44	0.069	1.07	5.77	7.21
S	0.31	0.12	0.041	0.44	2.07	2.24
C_V(%)	55.35	27.27	59.42	41.12	35.88	31.07

从表6-19和表6-20可以看出,黄土质褐土土壤有机质、全氮、速效磷较缺乏,速效钾

较丰富;有效微量元素铜、铁、锰中等,锌、硼、钼较缺乏,交换量中等。

表 6-21　黄土质褐土机械组成

采土地点	深度(cm)	各粒径(mm)颗粒含量(g/kg)				质地
		2~0.2	0.2~0.02	0.02~0.002	<0.002	
陕县张村	0~16	8	359	461	172	粉砂质黏壤土
	16~39	8	364	451	177	粉砂质黏壤土
	39~66	7	330	559	104	粉砂质壤土
	66~101	13	313	428	246	黏壤土
	101~110	10	434	344	212	黏壤土

表 6-22　黄土质褐土代表剖面化学性质(陕县张村乡)

深度(cm)	有机质(g/kg)	全氮(g/kg)	C/N	全磷(g/kg)	全钾(g/kg)	速效磷(mg/kg)	速效钾(mg/kg)	阳离子交换量[cmol(+)/kg]	pH	速效磷(mg/kg)
0~16	11.8	0.79	8.7	0.60	19.5	3.4	105	14.5	8.1	52
16~39	8.6	0.61	8.2	0.54	—	—	—	13.6	8.2	42
39~66	4.6	0.37	7.2	0.46	—	—	—	13.5	8.3	18
66~101	6.6	0.47	8.1	0.51	—	—	—	19.0	8.1	8
101~110	5.0	0.39	7.4	0.55	—	—	—	13.4	8.5	91

2. 洪积褐土

洪积褐土属典型褐土亚类。

洪积褐土面积为309.31万亩,占褐土亚类土壤面积的34.4%,其中鹤壁市61.17万亩,平顶山市55.99万亩,许昌市45.35万亩。洛阳市20.60万亩,三门峡市8.95万亩,郑州市17.63万亩。所处地貌为山前洪积扇、岗丘下部倾斜平地及黄土丘陵洼地。耕地面积291.29万亩,占该土属土壤面积的94.2%。

洪积褐土表土层质地多为黏壤土,部分为黏土、粉砂质壤土;土壤颜色多浅灰黄色、黄褐色,碎块状、粒状结构。黏化层一般在40~55 cm出现,厚度40~50 cm,质地多黏土,部分为壤土,较紧实。多浅黄棕色、棕色。棱块状结构。土体中下部有假菌丝或多量粉末状石灰淀积。石灰反应全剖面多呈强—中(弱)—强型,还有中—中—强型。一般所处部位较低,坡度较小,水土流失较轻。成土母质为洪积物,土体有时能看到小瓦片、炉渣、砾石等侵入体,黏化层有少量黏土胶膜。

据鹤壁、许昌、洛阳、三门峡、安阳、平顶山、郑州等7市农化样统计,洪积褐土的农化性状见表6-23、表6-24,代表剖面理化性质见表6-25、表6-26。

表 6-23　洪积褐土农化性质

项目	有机质 (g/kg)	全氮 (g/kg)	全磷 (g/kg)	全钾 (g/kg)	速效磷 (mg/kg)	速效钾 (mg/kg)	阳离子交换量 [cmol(+)/kg]
n	2 102	1 248	125	81	2 045	1 883	18
$\overline{X}$	13.1	0.84	0.58	18.8	5.3	127	10.7
S	5	0.39	0.20	2.1	4.6	44	—
C_V(%)	38.16	46.43	34.48	11.17	86.79	34.64	—

表 6-24　洪积褐土有效微量元素含量　　(单位:mg/kg)

项目	Zn	B	Mo	Cu	Fe	Mn
n	71	73	69	73	73	73
$\overline{X}$	0.51	0.42	0.077	0.98	5.63	8.79
S	0.32	0.12	0.052	0.30	1.74	5.51
C_V(%)	62.75	28.57	67.53	30.61	30.91	64.68

表 6-25　洪积褐土代表剖面机械组成(汝州市陵头乡)

深度(cm)	各粒径(mm)颗粒含量(g/kg)				质地
	2~0.2	0.2~0.02	0.02~0.002	<0.002	
0~25	44	405	301	250	黏壤土
25~35	14	445	236	305	壤质黏土
35~91	4	326	312	358	壤质黏土
91 以下	17	421	234	328	壤质黏土

表 6-26　洪积褐土代表剖面化学性质(汝州市陵头乡)

深度 (cm)	有机质 (g/kg)	全氮 (g/kg)	C/N	全磷 (g/kg)	全钾 (g/kg)	速效磷 (mg/kg)	速效钾 (mg/kg)	阳离子交换量 [cmol(+)/kg]	pH	碳酸钙 (g/kg)
0~25	13.3	1.07	7.21	0.45	20.2	8.3	123	17.5	8.2	16.2
25~35	10.2	0.67	8.83	0.40	19.8	1.5	91	17.2	8.0	10.1
35~91	6.4	0.66	5.62	0.37	22.7	6.0	107	22.7	8.0	0.9
91 以下	4.5	0.49	5.33	0.43	22.0	3.5	95	20.7	7.9	—

3. 红黄土质褐土

红黄土质褐土属典型褐土亚类。

红黄土质褐土面积为 236.22 万亩,占褐土亚类土壤面积的 26.3%,其中洛阳市

116.65万亩，三门峡市75.19万亩，许昌市37.04万亩，平顶山市7.27万亩。耕地面积为172.60万亩，占该土属土壤面积的73.1%，所处地貌为丘陵、丘间倾斜平地、高岗地等。

红黄土质褐土的成土母质为离石、午城黄土。全剖面棕色至红棕色，石灰反应一般呈中—弱—强型。表土层多黏壤土至壤质黏土，块状结构。黏化层多黏壤土至粉砂质黏土，棱块状结构，结构面上具有明显的假菌丝体及少量的黏土胶膜。B/A黏粒比为1.3~1.4。剖面下部有时能见到小砂姜。

据洛阳、三门峡、许昌、平顶山4市样品统计，红黄土质褐土的农化性状见表6-27和表6-28。

表6-27　红黄土质褐土农化性质

项目	有机质(g/kg)	全氮(g/kg)	全磷(g/kg)	全钾(g/kg)	速效磷(mg/kg)	速效钾(mg/kg)	阳离子交换量[cmol(+)/kg]
n	998	911	54	40	1 019	1 002	9
$\overline{X}$	12.2	0.83	0.54	18.8	7.7	149	18.6
S	3.5	0.18	0.17	1.5	3.9	45	—
C_V(%)	28.69	21.69	31.48	7.98	50.65	30.20	—

表6-28　红黄土质褐土有效微量元素含量　　（单位：mg/kg）

项目	Zn	B	Mo	Cu	Fe	Mn
n	21	29	29	29	29	29
$\overline{X}$	0.14	0.41	0.079	0.98	5.92	7.44
S	0.17	0.13	0.047	0.34	1.64	2.99
C_V(%)	41.46	31.71	59.49	34.69	27.70	40.19

从表6-27可以看出，红黄土质褐土全钾、速效钾含量丰富，全磷低于洪积褐土，速效磷缺乏，有机质、全氮稍高，有效微量元素铜、铁、锰近于适量，锌、硼、钼均缺乏。代表剖面理化性质见表6-29和表6-30。

表6-29　红黄土质褐土代表剖面机械组成

采土地点	深度(cm)	各粒径(mm)颗粒含量(g/kg)				质地
		2~0.2	0.2~0.02	0.02~0.002	<0.002	
禹州市文殊乡	0~15	30	374	339	257	壤质黏土
	15~29	94	358	299	249	黏 壤 土
	29~62	76	322	310	292	壤质黏土
	62~120	14	332	345	309	壤质黏土

表 6-30　红黄土质褐土代表剖面化学性质(禹州市文殊乡)

深度(cm)	有机质(g/kg)	全氮(g/kg)	C/N	全磷(g/kg)	全钾(g/kg)	速效磷(mg/kg)	速效钾(mg/kg)	阳离子交换量[cmol(+)/kg]	pH	碳酸钙(g/kg)
0~15	8.3	0.71	6.8	0.54	19.2	2.5	94	19.6	7.4	17.0
15~29	7.2	0.54	7.7	0.52	19.0	1.5	80	18.8	7.4	17.0
29~62	3.3	0.54	3.5	0.51	20.0	2.0	85	20.3	7.5	8.0
62~120	3.6	0.52	4.0	0.51	18.7	0.3	80	18.2	7.8	46

4. 黄土质淋溶褐土

黄土质淋溶褐土属淋溶褐土亚类。

黄土质淋溶褐土面积为10.71万亩,占淋溶褐土亚类土壤面积的3.7%,其中新乡市10.19万亩,许昌市0.40万亩,三门峡市0.12万亩。所处地貌为海拔800~1 000 m的低山地。成土母质为马兰黄土。耕地面积为1.89万亩,占该土属土壤面积的17.6%。

黄土质淋溶褐土土层深厚,表土层多灰褐色、棕色,心土层、底土层多黄棕色、浅棕色。表土层多粒状结构,黏壤土,心土层、底土层多棱块状结构,壤质黏土。通体无石灰反应,在黏化层结构面上有少量到多量铁锰胶膜,无石砾或表层有零星石砾。pH值7,$CaCO_3$含量通体为2~4.5 g/kg。

黄土质淋溶褐土的肥力较低,耕地面积很小,此处不予评述。

5. 洪积淋溶褐土

洪积淋溶褐土属淋溶褐土亚类。

洪积淋溶褐土面积为47.83万亩,占淋溶褐土亚类土壤面积的16.4%,其中漯河市16.91万亩,新乡市6.75万亩,平顶山市23.21万亩,洛阳市0.96万亩。所处地貌为垂直带谱中的中山麓部、山间盆地,还有褐土南缘、海拔100~200 m沙河以北的局部高地。成土母质为洪积、冲积物。耕地面积为29.55万亩,占该土属土壤面积的61.8%。洪积淋溶褐土土体深厚,上虚下实,表土层多壤土、黏壤土,黏化作用明显,黏化层呈棱块状或棱柱状结构,结构面上有明显或不太明显的褐棕色的铁锰胶膜。通体无石灰反应,有时心、底土层有微弱石灰反应,pH=7.0~7.4。耕层有机质含量平均达到14.9 g/kg,含氮1.01 mg/kg,速效磷、钾含量也较高。

6. 红黄土质淋溶褐土

红黄土质淋溶褐土属淋溶褐土亚类。

红黄土质淋溶褐土面积为120.99万亩,占该土属土壤面积的12.1%。主要分布在山地的阴坡和背阳的岗坡地带。

表土层多黏壤土、壤质黏土,干时灰棕色、淡黄色,湿时棕色、灰棕色,多块状结构;心土层多壤质黏土、黏土,干时淡棕色、湿时暗棕色,多棱块状结构;底土层多块状结构。全剖面一般无石灰反应,有时下部有微石灰反应,pH值6.9~7.5,母质为红黄土。红黄土质淋溶褐土农化性质见表6-31,其代表剖面理化性质见表6-32和表6-33。

表 6-31　红黄土质淋溶褐土农化性质

项目	有机质(g/kg)	全氮(g/kg)	全磷(g/kg)	全钾(g/kg)	速效磷(mg/kg)	速效钾(mg/kg)
n	90	89	11	9	80	83
$\overline{X}$	16.5	1.04	0.47	23.7	6.5	154
S	6.1	0.29	0.21	5.7	5.3	42
C_V(%)	36.97	27.88	44.68	24.05	81.54	27.27

表 6-32　红黄土质淋溶褐土代表剖面机械组成

采土地点	深度(cm)	各粒径(mm)颗粒含量(g/kg)				质地
		2~0.2	0.2~0.02	0.02~0.002	<0.002	
卢氏县范里乡	0~18	35	337	394	234	黏壤土
	18~54	12	290	416	282	壤质黏土
	54~86	8	258	432	302	壤质黏土
	86~120	17	257	417	309	壤质黏土

表 6-33　红黄土质淋溶褐土代表剖面化学性质(卢氏县范里乡)

深度(cm)	有机质(g/kg)	全氮(g/kg)	C/N	全磷(g/kg)	全钾(g/kg)	速效磷(mg/kg)	速效钾(mg/kg)	阳离子交换量[cmol(+)/kg]	pH	碳酸钙(g/kg)
0~18	33.9	1.80	10.9	0.50	19.7	3.5	200	19.9	7.0	2.0
18~54	23.7	1.38	10.0	0.43	—	2.5	101	20.3	7.4	1.3
54~96	18.2	1.10	9.5	0.38	—	2.7	109	—	7.3	1.2
96~120	16.5	1.30	7.4	0.42	—	—	—	—	7.4	1.0

从上述资料可以看出,红黄土质淋溶褐土的机械组成以粉砂粒(0.02~0.002 mm)占优势,达 394~432 g/kg,细砂粒(0.2~0.02 mm)和黏粒(<0.002 mm)次之,粗砂粒(2~0.2 mm)含量较低;B/A 层黏化率为 1.29~1.32。表土层有机质、全氮含量较高,中下部含量较低。全钾、速效钾含量丰富,全磷含量中等,速效磷缺乏。阳离子交换含量较高,中下部含量较低。全钾、速效钾含量丰富,全磷含量中等,速效磷缺乏。交换量较高,pH 值 7.0~7.4,碳酸钙含量通体在 1.0~2.0 g/kg,说明土体无碳酸钙积累。

7. 黄土质石灰性褐土

黄土质石灰性褐土属石灰性褐土亚类。

黄土质石灰性褐土面积为 334.25 万亩,占石灰性褐土亚类土壤面积的 43.9%,其中三门峡市 125.65 万亩,洛阳市 61.92 万亩,焦作市 12.44 万亩,许昌市 2.37 万亩,平顶山市 22.05 万亩,郑州市 109.82 万亩。所处地貌为黄土塬塬头、塬边、黄土梁、黄土峁以及黄土丘陵。耕地面积248.83万亩,占该土属面积的74.4%。成土母质为马兰黄土。

黄土质石灰性褐土表土层多为壤土、黏壤土,心土层和底土层一般比表土层质地偏重,表土层以淡黄色、淡棕色为主,多碎屑状、粒状结构,心土层和底土层多块状结构。全剖面石灰反应强烈,通体pH值8.0~8.5,土体疏松,垂直节理明显,易发生湿陷。坡度较大,据15个点测定,平均坡度为11.4°。据13个典型剖面统计,石灰新生体假菌丝出现部位平均在33 cm,厚度为48 cm。黄土质石灰性褐土农化性质、机械组成和剖面化学性质见表6-34~表6-37。

表6-34　黄土质石灰性褐土农化性质

项目	有机质(g/kg)	全氮(g/kg)	全磷(g/kg)	全钾(g/kg)	速效磷(mg/kg)	速效钾(mg/kg)
n	1 709	1 147	44	37	1 670	1 153
$\overline{X}$	1.4	0.72	0.56	18.5	5.8	114
S	4.89	0.44	0.12	1.7	5.0	44
C_V(%)	42.89	61.11	21.43	9.19	85.21	38.60

表6-35　黄土质石灰性褐土有效微量元素含量　(单位:mg/kg)

项目	Zn	B	Mo	Cu	Fe	Mn
n	36	37	37	36	36	36
$\overline{X}$	0.51	0.36	0.065	0.93	6.19	7.22
S	0.22	0.14	0.046	0.23	2.77	1.21
C_V(%)	43.14	38.89	70.77	24.73	44.75	16.76

从表6-36和表6-37可以看出,黄土质石灰性褐土土壤速效钾含量较丰富,其他各种养分均较缺乏。

表6-36　黄土质石灰性褐土代表剖面机械组成

采土地点	深度(cm)	各粒径(mm)颗粒含量(g/kg)				质地
		2~0.2	0.2~0.02	0.02~0.002	<0.002	
新密市大隗乡	0~16	3	507	288	202	黏壤土
	16~23	3	562	204	231	砂质黏壤土
	23~37	2	570	197	231	砂质黏壤土
	37~62	2	582	179	237	砂质黏壤土
	62~100	0	590	259	151	砂质黏壤土

表 6-37　黄土质石灰性褐土代表剖面化学性质

深度(cm)	有机质(g/kg)	全氮(g/kg)	C/N	全磷(g/kg)	全钾(g/kg)	速效磷(mg/kg)	速效钾(mg/kg)	阳离子交换量[cmol(+)/kg]	pH	碳酸钙(g/kg)
0~16	8.7	0.60	8.41	0.81	19.2	1.8	150	11.9	8.2	31.0
16~23	5.9	0.44	7.78	0.69	19.6	1.0	60	13.6	8.3	37.0
23~37	4.6	0.32	8.34	0.86	15.9	1.5	53	11.3	8.3	40.0
37~62	4.6	0.48	5.56	0.66	13.6	1.0	54	13.2	8.3	35.0
62~100	3.3	0.34	5.63	0.67	20.4	1.0	50	—	8.3	24.0

黄土质石灰性褐土土体深厚,耕性良好,保水保肥性能差,发小苗。土壤干旱,多无灌溉条件,耕作粗放,施肥量少,速效磷奇缺。坡度较大,易发生面蚀和沟蚀,多一年一熟,旱、薄、蚀问题突出。应在搞好水土保持的前提下,开展多种经营,发展旱作农业,平整土地,节水灌溉。增施有机肥,增施磷肥,少量多次,以减少磷肥的固定。坡耕地应以果粮间作为主,果树间种植耐旱作物、豆类作物、绿肥牧草等。

8. 洪积石灰性褐土

洪积石灰性褐土属石灰性褐土亚类。

洪积石灰性褐土面积为202.51万亩,占石灰性褐土亚类土壤面积的26.6%,其中焦作市46.0万亩,三门峡市33.57万亩,洛阳市20.45万亩,新乡市5.54万亩,鹤壁市22.33万亩,郑州市7.99万亩,安阳市66.62万亩。耕地面积为153.01万亩,占该土壤面积的30.0%。所处地貌为山前洪积扇的中上部及盆地边缘。

洪积石灰性褐土剖面构型A-B-C或A-B-BC型。因成土时间短,土壤发育不太明显,有一个弱黏化层,土体常有小石子、瓦片、炉渣等侵入体。土体干时多灰黄色、淡黄色,湿时多暗黄色、淡棕色。表土层多粒状结构,心土层、底土层多块状结构。质地以黏壤土、壤质黏土为主,一般通体石灰反应强烈,少部分通体石灰反应中等。土体中下部有少量假菌丝或粉末状石灰新生体,pH值7.8~8.5。洪积石灰性褐土农化性质、有效微量元素见表6-38和表6-39。

表 6-38　洪积石灰性褐土农化性质

项目	有机质(g/kg)	全氮(g/kg)	全磷(g/kg)	全钾(g/kg)	速效磷(mg/kg)	速效钾(mg/kg)
n	989	653	74	49	936	897
$\overline{X}$	14.6	0.85	0.66	19.0	9.0	162
S	5.3	0.29	0.23	1.9	5.8	54
C_V(%)	36.30	34.12	34.85	10.00	64.44	33.33

表 6-39　洪积石灰性褐土有效微量元素含量　　（单位：mg/kg）

项目	Zn	B	Mo	Cu	Fe	Mn
n	45	45	45	45	45	45
$\overline{X}$	0.61	0.46	0.068	1.02	5.21	9.84
S	0.22	0.10	0.034	0.40	1.67	3.16
C_V(%)	36.07	22.22	50.00	39.22	32.05	32.11

从表 6-38 和表 6-39 可以看出，洪积石灰性褐土土壤有机质、全氮、速效钾含量较丰富，速效磷较缺乏；有效微量元素铜、铁、锰接近适中，锌、硼、钼均较缺乏。代表性剖面见表 6-40 和表 6-41。

表 6-40　洪积石灰性褐土代表剖面机械组成

采土地点	深度(cm)	各粒径(mm)颗粒含量(g/kg)				质地
		2～0.2	0.2～0.02	0.02～0.002	<0.002	
陕县原店镇	0～23	8	370	446	176	黏壤土
	23～34	17	389	425	169	黏壤土
	34～80	7	335	482	176	粉砂质黏壤土
	80～100	27	404	384	185	黏壤土

表 6-41　洪积石灰性褐土代表剖面化学性质（陕县原店镇）

剖面号	深度(cm)	有机质(g/kg)	全氮(g/kg)	C/N	全磷(g/kg)	全钾(g/kg)	速效磷(mg/kg)	速效钾(mg/kg)	阳离子交换量[cmol(+)/kg]	pH	碳酸钙(g/kg)
陕 2－1	0～23	11.9	0.60	11.5	0.69	18.0	6.2	122	11.4	84	66.0
	23～34	7.3	0.48	8.8	0.79	—	—	—	9.8	8.5	63.0
	34～80	7.5	0.48	9.1	0.77	—	—	—	10.6	8.5	68.0
	80～100	3.4	0.25	7.9	0.68	—	—	—	10	8.5	67.0

洪积石灰性褐土大部分已开垦为农田。土层深厚，地势平坦，土壤较肥沃，排灌方便，保水保肥性能一般，适种作物广泛，是豫西高产稳产农业土壤之一。应增施有机肥料，搞好配方施肥技术，增施磷肥、微肥，推广立体农业，提高复种指数，增加经济效益。非耕地可有计划地开垦为耕地，增加耕地面积。

9. 红黄土质石灰性褐土

红黄土质石灰性褐土属石灰性褐土亚类。

红黄土质石灰性褐土面积为 208.41 万亩，占石灰性褐土亚类土壤面积的 27.3%，其中洛阳市 102.95 万亩，三门峡市 105.46 万亩。耕地面积为 92.95 万亩，占该土属土壤面积的 44.6%。所处地貌为红黄土质低山、丘陵。

红黄土质石灰性褐土表层干时多淡红棕色、淡棕色，湿时红棕色。心土层和底土层干时红棕色，湿时暗红棕色。表土层多粒状结构、碎块状结构，底土层、心土层为块状结构。质地多壤质黏土，部分为黏壤土、黏土。通体石灰反应强烈，少部分通体石灰反应中等。pH 值 7.5～8.0，成土母质为红黄土，海拔为 400～900 m。土体中、下部有少量假菌丝、粉末状石灰性褐土土属坡度（11.4°）稍大，其农化性状见表 6-42 和表 6-43。

表 6-42　红黄土质石灰性褐土农化性质

项目	有机质（g/kg）	全氮（g/kg）	全磷（g/kg）	全钾（g/kg）	速效磷（mg/kg）	速效钾（mg/kg）
n	541	503	20	15	536	533
$\overline{X}$	12.6	0.82	0.56	20.1	7.1	158
S	3.8	0.25	0.13	2.0	4.8	51
C_V（%）	30.19	30.49	23.21	9.95	67.61	32.28

表 6-43　红黄土质石灰性褐土有效微量元素含量　（单位：mg/kg）

项目	Zn	B	Mo	Cu	Fe	Mn
n	13	15	15	15	15	15
$\overline{X}$	0.31	0.40	0.064	0.87	4.38	6.53
S	0.07	0.09	0.028	0.21	0.82	2.36
C_V（%）	22.58	22.50	43.75	24.14	18.89	36.14

从表 6-42 和表 6-43 可以看出，红黄土质石灰性褐土速效钾含量丰富，有机质、全氮中等，速效磷缺乏；有效微量元素含量锌、硼、钼缺乏，铜、铁中等，锰较丰富。代表剖面理化性质见表 6-44 和表 6-45。

表 6-44　红黄土质石灰性褐土代表剖面机械组成

剖面号	采土地点	深度（cm）	各粒径（mm）颗粒含量（g/kg）				质地
			2～0.2	0.2～0.02	0.02～0.002	<0.002	
豫 8－14	宜阳县石陵乡	0～17	20	331	209	440	壤质黏土
		17～61	17	348	209	426	壤质黏土
		61～82	29	308	229	434	壤质黏土
		82～105	9	309	324	358	壤质黏土

表 6-45　红黄土质石灰性褐土代表剖面化学性质

剖面号	采土地点	深度 (cm)	有机质 (g/kg)	全氮 (g/kg)	C/N	全磷 (g/kg)	全钾 (g/kg)	速效磷 (mg/kg)	速效钾 (mg/kg)	阳离子交换量 [cmol(+)/kg]	pH	碳酸钙 (g/kg)
豫 8 - 14	宜阳县石陵乡	0 ~ 17	15.3	0.92	9.65	1.27	16.1	3.0	152	14.9	8.1	48.0
		17 ~ 61	7.6	0.56	7.87	0.93	13.6	1.0	89	18.6	8.1	44.0
		61 ~ 82	7.2	0.47	8.89	1.05	13.0	1.3	91	17.9	8.1	48.0
		82 ~ 105	6.9	0.51	7.85	1.02	14.3	1.5	90	18.2	8.0	29.0

红黄土质石灰性褐土，土体深厚，质地黏壤土、壤质黏土，且较为均一，养分含量中等偏下，无灌溉条件，坡度大，土壤侵蚀较严重。其改良利用方向是，适种耐旱耐瘠薄的作物，采取防旱保墒措施，增施有机肥料和磷肥，整修梯田和地边埂，以培肥地力，加厚活土层，防止水土流失。非耕地积极发展耐旱、喜钙的果树、灌木和牧草。

10. 潮褐土（亚类）

潮褐土主要分布在山前洪积扇中下部，丘陵河谷两岸上部。面积为 409.34 万亩，占褐土类土壤面积的 11.5%，其中许昌市 91.52 万亩，郑州市 46.63 万亩，洛阳市 34.97 万亩，焦作市 10.23 万亩，周口地区 17.15 万亩，安阳市 31.21 万亩，鹤壁市 24.14 万亩，新乡市 19.16 万亩，平顶山市 130.80 万亩，占该亚类土壤面积的 94.5%，占褐土类耕地面积的 17.5%。有灌溉条件的潮褐土，是小麦高产田，无灌溉条件的旱地属于"旱肥地"。

潮褐土是褐土向潮土的过渡类型，地下水位一般为 4 ~ 5 m，剖面上、中部不受地下水影响，进行着褐土化过程，有 $CaCO_3$ 的淋淀和弱黏化作用。剖面下部，一般在 80 ~ 100 cm，受地下水影响，有轻微的潮化过程。潮褐土剖面可分为三个基本层段：表土层一般厚 20 cm 左右，为灰褐色、灰黄色、灰棕色，壤土或黏壤土较多，疏松。心土层多在 40 ~ 80 cm，为棕色的黏化层，多为黏壤土、壤质黏土，棱块状结构，在结构面上有少量粉末状或菌丝状石灰淀积。底土层一般在 80 cm 以下，为不太明显的潮化层，稍潮湿，多黄棕、灰棕色，壤土或黏壤土，块状结构，有少量的锈纹锈斑，或受水渍的灰斑，有时有软铁子、小砂姜。

潮褐土土体的化学组成（见表 6-46）有如下特点：第一，CaO 含量平均为 20 g/kg 以上，其中豫洛 2 - 3 剖面平均含量达 90 g/kg 以上；MgO 含量平均在 30 g/kg 以上。第二，K_2O 含量 20.0 ~ 30.4 g/kg，且表土层含量略高于底土层；P_2O_5 含量表土层高于心土层、底土层，说明 K_2O 和 P_2O_5 在表土层有富集现象。第三，SiO_2、Fe_2O_3、Al_2O_3 含量全剖面分布较均一。第四，表中资料说明该亚类成土时间短，各元素的淋溶、淀积情况均比淋溶褐土、褐土类较弱。

表 6-46　潮褐土土体化学组成

剖面号	深度(cm)	煤失量(g/kg)	化学组成(灼烧土 g/kg)									
			SiO_2	Al_2O_3	Fe_2O_3	TiO_2	MnO	CaO	MgO	K_2O	Na_2O	P_2O_5
豫长 11	0～23	48.1	686.5	116.4	37.4	5.9	2.37	19.3	42.0	20.7	19.3	1.35
	38～88	33.8	706.4	117.3	35.6	4.3	1.87	20.7	36.9	20.8	19.2	0.89
	88～120	31.0	707.8	116.9	36.4	6.1	1.41	25.9	31.1	20.0	19.5	0.95
豫洛 2－3	0～20	100.3	659.8	125.3	49.7	5.9	0.93	83.3	30.3	30.4	14.4	1.91
	20～65	63.7	659.0	128.4	52.8	6.2	0.97	78.4	29.1	26.0	13.1	1.61
	65～95	97.4	597.1	122.7	51.7	5.4	1.04	144.0	35.9	26.7	13.6	1.49
	95～100	73.0	684.3	140.1	60.2	6.5	1.04	127.8	36.3	25.1	12.8	1.32

潮褐土黏粒的化学组成有如下特点：第一，CaO 含量在 4.0 g/kg 以下，且表土层含量较高；MgO 含量在25 g/kg 以上。第二，K_2O 含量为24.3～34.8 g/kg，豫长 11 剖面含量表土层高于心、底土层，而豫洛 2－3 剖面各层含量较均一。第三，黏的硅铝率平均为 3.64，硅铁率为 2.88，且各个剖面土层之间基本一致，说明黏粒矿物的一致性(见表 6-47)。

表 6-47　潮褐土黏粒化学组成

剖面	深度(cm)	煤失量(g/kg)	化学组成(占灼烧土 g/kg)										分子率		
			SiO_2	Al_2O_3	Fe_2O_3	TiO_2	MnO	CaO	MgO	K_2O	Na_2O	P_2O_5	$\frac{SiO_2}{Al_2O_3}$	$\frac{SiO_2}{Fe_2O_3}$	$\frac{SiO_2}{R_2O_3}$
豫长 11	0～23	91.8	493.8	225.5	103.8	9.0	0.51	1.4	35.3	34.8	3.3	1.54	3.72	12.65	2.87
	38～88	91.0	486.4	230.5	110.4	7.1	0.56	0	41.6	27.9	2.7	0.94	3.58	11.74	2.75
	88～120	101.1	477.5	255.1	104.5	8.0	0.26	0	25.1	24.3	1.8	0.61	3.18	12.23	2.52
豫洛 2－3	0～21	84.4	575.2	252.5	95.4	8.2	0.47	3.3	26.5	30.3	2.3	1.13	3.87	16.02	3.11
	21～50	81.6	577.6	248.1	95.8	8.4	0.47	2.9	26.4	30.7	2.3	1.03	3.95	16.02	3.17
	50～95	83.1	565.4	260.4	103.2	8.9	0.50	2.7	25.5	30.7	2.2	1.28	3.68	14.56	2.94

从表 6-48 和表 6-49 可以看出，潮褐土除速效磷和有效锌、硼、钼外，各种养分均较适中。据长葛县坡胡乡孟排村剖面分析(见表 6-50)，潮褐土通体质地为黏壤土，疏松，易耕，心土层比表土层黏粒含量略高。容重为 1.23～1.47 mg/m^3，平均 1.37 mg/m^3；总孔隙度为 44.53%～53.58%，平均 48.31%；非毛管孔隙度为 18.00%～27.48%，平均为22.09%；毛管孔隙度平均 26.22%；田间持水量平均 19.26%。潮褐土的物理性质是较好的。

表 6-48　潮褐土农化性质

项目	有机质 (g/kg)	全氮 (g/kg)	全磷 (g/kg)	全钾 (g/kg)	速效磷 (mg/kg)	速效钾 (mg/kg)
n	3 025	1 831	134	108	2 902	2 113
$\overline{X}$	13.1	0.79	0.63	18.6	5.3	116
S	4.1	0.25	0.18	1.2	4.1	44
C_V(%)	31.29	31.65	28.57	6.45	77.36	37.93

表 6-49　潮褐土有效微量元素含量　　（单位:mg/kg）

项目	Zn	B	Mo	Cu	Fe	Mn
n	97	98	95	97	96	97
$\overline{X}$	0.59	0.46	0.081	1.24	6.53	9.36
S	0.30	0.18	0.064	0.67	2.18	2.87
C_V(%)	50.58	39.13	79.1	54.03	33.38	30.66

表 6-50　潮褐土物理性质

深度 (cm)	质地	容重 (mg/m^3)	孔隙度(%)			田间持水量 (%)
			总孔隙度	非毛管孔隙度	毛管孔隙度	
0～17	黏壤土	1.23	53.58	27.47	26.11	21.23
17～61	黏壤土	1.25	52.83	27.48	25.35	20.28
61～82	黏壤土	1.47	44.53	18.00	26.53	18.05
平均		1.37	48.31	22.09	26.22	19.26

11. 黄土质褐土性土

黄土质褐土性土属褐土性土亚类。

黄土质褐土性土面积为 113.33 万亩，占褐土性土亚类土壤面积的 9.4%，其中郑州市 76.80 万亩，焦作市 35.44 万亩，三门峡市 1.09 万亩。耕地面积为 87.70 万亩，占该土属土壤面积的 77.4%。所处地貌为黄土质低山、丘陵，成土母质为马兰黄土。

黄土质褐土性土土体深厚，自然断面垂直节理发育，质地为壤土、黏壤土，颜色多呈浅灰黄色，通体均质，发育层次不明显，黏化层不明显，石灰反应一般通体强烈，部分石灰反应中等。pH 值 8.0～8.3，呈微碱性反应，其农化性状见表 6-51 和表 6-52。

表 6-51　黄土质褐土性土农化性质

项目	有机质 (g/kg)	全氮 (g/kg)	全磷 (g/kg)	全钾 (g/kg)	速效磷 (mg/kg)	速效钾 (mg/kg)
n	636	466	22	19	622	639
$\overline{X}$	9.6	0.62	0.57	17.9	7.5	97
S	3.0	0.19	0.09	4.3	5.6	46
C_V(%)	31.25	30.65	15.79	34.2	74.67	47.42

表 6-52　黄土质褐土性土有效微量元素含量　（单位:mg/kg）

项目	Zn	B	Mo	Cu	Fe	Mn
n	19	19	19	19	19	19
$\overline{X}$	0.57	0.35	0.055	0.79	6.06	8.75
S	0.20	0.12	0.035	0.30	2.20	3.62
C_V(%)	35.09	34.29	63.64	37.97	36.30	41.37

从表 6-51 和表 6-52 可以看出,黄土质褐土性土除土壤速效钾含量稍高外,其他各养分含量均较缺乏;有效微量元素含量除铁、锰外均为不足。

黄土质褐土性土垦殖系数较高。突出问题是:地面坡度较大,土壤侵蚀严重,干旱,缺磷,耕层有时有砂姜,影响耕作。应积极搞坡地改梯田,进行等高带状种植,以保持水土,推广旱作农业技术,种植耐旱作物,增施磷肥和有机肥,提高产量。

12. 洪积褐土性土

洪积褐土性土属褐土性土亚类。

洪积褐土性土面积为 427.10 万亩,占褐土性土亚类土壤面积的 35.6%,其中洛阳市 54.06 万亩,郑州市 65.53 万亩,焦作市 55.81 万亩,新乡市 51.47 万亩,鹤壁市 15.50 万亩,许昌市 6.44 万亩,三门峡市 1.20 万亩,平顶山市 84.91 万亩,安阳市 92.18 万亩。耕地面积为 232.24 万亩,占该土属土壤面积的 54.4%。所处地貌为山前洪积扇、洪冲积倾斜平地及丘陵区沟谷。成土母质为洪积物。

洪积褐土性土土层厚度在 20 ~ 80 cm,即有薄层、中层、厚层。土壤颜色表土层多为棕褐色、灰黄色、灰棕色,心土层、底土层多为棕褐色、淡棕色、灰棕色。土壤质地通体多壤土、黏壤土。表土层多粒状、碎块状结构。心土层和底土层多块状结构,有的有砾石。多通体石灰反应强烈,变有中等或微弱石灰反应,pH 值 7.8 ~ 8.5。洪积褐土性土农化性质见表 6-53 和表 6-54。

表 6-53　洪积褐土性土农化性质

项目	有机质 (g/kg)	全氮 (g/kg)	全磷 (g/kg)	全钾 (g/kg)	速效磷 (mg/kg)	速效钾 (mg/kg)
n	1 731	1 284	77	56	1 569	1 548
$\overline{X}$	15.8	0.97	0.60	18.3	6.6	130
S	6.7	0.53	0.20	3.2	5.7	58
C_V(%)	42.41	54.64	33.33	17.49	86.36	44.62

表 6-54　洪积褐土性土有效微量元素含量　（单位:mg/kg）

项目	Zn	B	Mo	Cu	Fe	Mn
n	54	55	53	54	54	54
$\overline{X}$	0.60	0.41	0.083	0.95	6.84	9.06
S	0.26	0.16	0.067	0.33	3.10	3.13
C_V(%)	43.33	39.02	80.72	34.74	45.32	32.60

从表 6-53 和表 6-54 可以看出,洪积褐土性土有机质、全氮、速效钾含量均较丰富,速效磷较缺;有效微量元素含量除铁、锰外均较缺乏。

洪积褐土性土是褐土性土亚类中面积最大的土属。薄层洪积褐土性土和砾质洪积褐土性土两个土种均有障碍因素,属不良农业土壤。干旱缺水是生产的主要限制因素。在生产上要注意精耕细作,清除过多的砾石,推广行之有效的旱作农业技术,提高蓄水保墒能力。在土层较薄、砾石含量较高的地方可退耕还林还牧,发展果树,种植牧草,促进农、林、牧综合发展。

13. 红黄土质褐土性土

红黄土质褐土性土属褐土性土亚类。

红黄土质褐土性土面积为 285.10 万亩,占褐土性土亚类土壤面积的 23.7%,其中三门峡市 131.07 万亩、洛阳市 118.46 万亩、郑州市 15.56 万亩、焦作市 14.86 万亩、许昌市 5.15 万亩。耕地面积为 126.38 万亩,占该土属土壤面积的 44.3%。所处地貌为红黄土质低山、丘陵。成土母质为红黄土。

红黄土质褐土性土土体深厚。表土层多为淡棕色、淡红棕色,心土层和底土层多淡红棕色。通体为块状结构,质地为黏壤土、壤质黏土,有石灰反应,有的有砂姜,甚至形成钙盘。红黄土质褐土性土农化性质见表 6-55 和表 6-56。

表 6-55　红黄土质褐土性土农化性质

项目	有机质(g/kg)	全氮(g/kg)	全磷(g/kg)	全钾(g/kg)	速效磷(mg/kg)	速效钾(mg/kg)
n	817	694	38	31	781	810
$\overline{X}$	12.9	0.82	0.49	20.9	5.9	153
S	5.2	0.23	0.14	2.9	5.2	50
C_V(%)	40.31	28.05	28.57	13.86	88.14	32.68

表 6-56　红黄土质褐土性土有效微量元素含量　（单位:mg/kg）

项目	Zn	B	Mo	Cu	Fe	Mn
n	33	33	33	33	32	33
$\overline{X}$	0.51	0.44	0.076	0.91	5.04	6.20
S	0.27	0.14	0.043	0.19	1.00	1.83
C_V(%)	52.94	31.82	56.58	20.88	19.84	29.52

从表6-55和表6-56可以看出,红黄土质褐土性土有机质、全氮、全磷含量中等偏下,全钾、速效钾丰富,速效磷缺乏;易遭干旱,对农业生产不利。今后应积极搞好水土保持,修筑梯田,营造刺槐等水土保持林、薪炭林,可因地制宜发展苹果等经济林,搞好农、林、牧、果综合治理开发,严禁陡坡开荒。

14. 石灰性红黏土

石灰性红黏土属红黏土类、红黏土亚类。

全省共有石灰性红黏土土属138.39万亩,占全省红黏土类面积的33%,其中耕地69.78万亩。分布在洛阳、三门峡、南阳、郑州、平顶山、鹤壁等地(市)的低丘和黄土台地,因受上覆黄土的影响,表层或上部均含有一定量的碳酸钙,pH值7.5~8.0,部分剖面含有数量不等的砂姜。石灰性红黏土剖面理化性质,列于表6-57和表6-58。

表6-57　石灰性红黏土代表部面机械组成

采土地点	深度(cm)	各粒径(mm)颗粒含量(g/kg)				质地
		2~0.2	0.2~0.02	0.02~0.002	<0.002	
伊川县高山乡	0~17	0	320.0	362.0	318.0	壤质黏土
	17~28	0	304.0	346.0	350.0	壤质黏土
	28~62	0	234.0	389.0	377.0	壤质黏土
	62~100	0	236.0	301.0	463.0	壤土

表6-58　石灰性红黏土代表部面机械性质(伊川县高山乡)

深度(cm)	有机质(g/kg)	全氮(g/kg)	C/N	全磷(g/kg)	全钾(g/kg)	速效磷(mg/kg)	速效钾(mg/kg)	阳离子交换量[cmol(+)/kg]	pH	碳酸钙(g/kg)
0~17	13.9	0.81	9.95	0.51	17.3	—	—	17.6	8.1	118.7
17~28	10.5	0.78	7.81	0.44	16.6	—	—	20.0	8.4	142.7
28~62	6.9	0.58	6.90	0.34	18.4	—	—	21.9	8.3	95.8
62~100	6.7	0.58	6.70	0.26	—	—	—	24.7	8.0	14.9

由于红黏土受母质影响较大,养分含量低且不协调。速效磷含量5.3 mg/kg。据统计,常年不施有机肥的面积约占30%左右,并且由于土壤质地黏重,孔隙度小,通透性差,土温较低,不利于土壤有机质的分解,使土壤速效养分偏低,虽保肥能力强,但供肥能力差,发老苗,不发小苗。

红黏土质地黏重,土壤可塑性大,黏结力强,物理性状差,适耕期短难耕作,耕层浅。据统计,红黏土耕层厚度平均为16.8 cm。

红黏土多数分布在豫西丘陵岗区,地面坡度大易发生径流,年径流系数2~3,且降水量集中,水土流失严重,该区侵蚀模数为2 000~4 000 t/(km^2·a),即每年平均有0.18~0.36 cm的活土层被侵蚀。

第三节　郑州市旱地概况及主要生态条件

一、降水的时空变化特点

郑州市的光、温、日照都能满足一年二熟小麦—玉米的生长发育,降水量多少及其时空变化是影响旱地粮食生产的主要因子,只有充分了解降水的时空变化规律,才能更好地指导旱作农业生产。

(一)降水量的年际和地域差异

据气象资料统计,1989 年之前郑州市(6 县和市区)的年降水量平均为 621.6 mm,其中以新郑最高,达到 669.8 mm,巩义和登封最少,分别为 583、563 mm,二者相差 86.8 ~ 106.8 mm(见表 6-59)。又据 2004 ~ 2008 年统计,郑州市年降水量为 655.2 mm,其中新郑最高为 750.6 mm,巩义和登封较少,只有 564.8、558.5 mm(见表 6-60)。进入 21 世纪的几年,郑州市年降水量比 20 世纪 90 年代之前平均增加 33.6 mm,各地相比,仍以巩义和登封的降水量最少,而且降水量并没有明显增加,巩义降水量还有所减少;降水最多的新郑比登封高 192.1 mm,比巩义多 186 mm,荥阳、新密的降水量也都高于西部两县。按照旱作农业的气候划分标准,新郑以东可划为半湿润易旱区,而巩义、登封应划入半干旱区。

表 6-59　郑州市降水、日照统计表

地点	新郑	中牟	密县	荥阳	巩义	登封	市区
年降水量(mm)	669.8	616.0	637.2	645.5	583.0	563.0	636.7
日照(h/a)	2 368	2 366	2 241.3	2 336	2 342	2 297	2 385.3
日照百分率(%)	53	54	51	53	53	52	54

注:摘自 1989 年出版的"县级农业区划"资料。

(二)小麦生育期间(10 月 ~ 翌年 5 月)降水特点

据 2004 ~ 2008 年统计,郑州市的小麦生育期间(10 月 ~ 翌年 5 月)的平均降水量为 171.8 mm,其中以新郑、荥阳降水较多,在 180 mm 以上,巩义和登封较少,只有 153、156 mm,二者相差 30 mm 以上,这就是说新郑与巩义、登封的全年降水量之差,主要是小麦生育期间降水的差异。另外,由于 10 月降雨量对小麦播种出苗的影响很大,统计结果表明,本市 10 月的平均降水量只有 21.1 mm(见表 6-60),而且时空变化很大,少雨的 2006 年 10 月降水只有 0.3 mm,而多雨的 2003 年 10 月降水达到 145.6 mm。小麦播种出苗在很大程度上要依赖 9 月降水的多少,郑州市 9 月降水量一般比较丰沛,平均达到 95.8 mm,而且巩义、登封二县降水量不少于其他县,因此,如何搞好玉米收后的及时耙地保墒,充分利用 9 月积蓄的土壤水分,是郑州市旱地小麦生产的一个非常重要的环节。

表 6-60　郑州市 2004～2008 年降水情况统计

县(市)区	2004～2008 年平均降水总量(mm)	多雨年(2003)降水总量(mm)	2004～2008 年(扣除 2007 年 9 月)降水量(mm)	2004～2008 年 10～5 月平均降水量(mm)	少雨年(2007)9 月降水量(mm)	2004～2008 年(扣除 2006)10 月降水量(mm)	少雨年(2006)10 月降水量(mm)	多雨年(2003)10 月降水量(mm)
市区	725.4	953.9	175.2	86.9	4.6	17.8	0	156.4
新郑	750.6	1 000.9	181.3	106.3	6.7	27.6	0.1	178.5
荥阳	681.1	963.3	184.7	93.5	8.3	19.2	0	141.4
新密	673.5	1 058.8	174.4	92.8	3.9	20.3	0.9	143.6
巩义	564.8	982.7	176.5	102.9	7.6	23.9	0.9	151.0
登封	558.5	缺	153.8	107.2	4.1	21.7	0.5	缺
中牟	632.6	928.4	156.8	80.8	3.2	17.0	0	120.6
全市平均	655.2	981.3	171.8	95.8	5.5	21.1	0.3	145.6

二、地貌、土壤类型与旱地概况

郑州市地处黄河冲积平原与豫西山地丘陵交接部位，也是中国西部黄土台地与东部黄淮平原的交接地带。大地貌属于嵩山、箕山的低山丘陵区，除几个孤立的高山外，大部分以低山丘陵为主，大多覆盖厚度不等的黄土。区内最高峰海拔 1 512 m，平原最低处海拔 82 m。全市地貌可分为三大类型，一是京广铁路以东的黄河冲积平原，包括中牟和新郑东半部。因离黄河较近，冲积平原以砂土为主，砂丘较多。二是京广线以西陇海路以北、黄河以南，再沿郑州市区西部向南至新郑西半部一带为黄土丘陵和洪积倾斜平原，土壤以典型褐土、褐土性土和潮褐土为主，地面较平坦，土体深厚，是郑州市的主要小麦产区。三是巩义、荥阳南部，登封、新密大部属于低山丘陵区，大部分为剥蚀低山丘陵与断陷盆地复合地貌，地表普遍有黄土覆盖，也有山地洪积冲积和倾斜平地，地面多起伏不平，土壤类型复杂，分布零星多变。低山以粗骨土、红黏土为主，其上部黄土覆盖部位为石灰性褐土性土，肥力较低，多无灌溉条件。

全市现有耕地 494.7 万亩(2007 年)，其中旱地 280.7 万亩，占 56.73%，郑州市旱地主要分布京广铁路以西的低山丘陵，包括巩义、登封、新密、荥阳、上街区、二七区、邙山区和新郑西半部，其中巩义、登封、新密、上街区、二七区等 5 个县区的旱地占比例较大，旱地占全部耕地的 70% 以上，巩义、登封两地的旱地面积占 79.1% 和 78.7%，新密、上街、二七区旱地比例在 70% 以上(见表 6-61)，是推广旱作农业的重点地区。对于中牟的无灌溉条件的砂丘等旱地，不作为本书的讨论范围。

表 6-61　郑州市旱地状况统计(2007 年)

县(区)	耕地面积千公顷(万亩)	其中旱地面积千公顷(万亩)	旱地比率(%)
巩义	42.1(63.15)	33.3(49.95)	79.1
登封	39.0(58.5)	30.7(46.1)	78.72
新密	47.7(71.55)	34.4(51.61)	72.12
荥阳	4.7(70.5)	26.5(39.75)	56.38
新郑	48.6(72.90)	27.4(41.1)	56.38
中牟	69.6(104.4)	24.8(37.2)	35.63
二七区	5.8(8.7)	4.3(6.45)	74.14
上街区	2.0(3.0)	1.4(2.1)	70.0
管城区	5.8(8.7)	1.8(2.7)	31.4
金水区	6.2(9.3)	1.2(1.8)	19.35
邙山区	9.5(14.25)	1.3(1.95)	13.69
全市	329.8(497.7)	187.1(280.65)	56.73

第七章　河南省旱地小麦栽培

第一节　小麦抗旱性鉴定评价

一、小麦抗旱性的概念及其类型

小麦品种的抗旱性是指植株在干旱时依靠某些性状或特性来提供经济上有价值的收成的能力，也就是小麦在干旱条件下，经济有效地利用水分，获得较高产量的能力。因此，育种家所谓的抗旱品种是指在干旱条件下绝对产量高的基因型。这与生理学家研究的抗旱系数有所不同。

小麦的抗旱性是个相当复杂的特性，由于长期生长在不同的生态条件下，经过自然的和人工的多次选择，不同品种对干旱的适应和抵抗的能力是不同的，方式也是多种多样的。根据旱地小麦生产实践和前人的研究结果，小麦抗旱品种大致可分为避旱、抗旱和耐旱等3种类型。其特点可归纳如下：

（1）避旱型。这类品种的特点是发育快、成熟早，且比较抗寒，在低温下根系发育快、入土深，能使发育最敏感的阶段（水分临界期）在干旱来临之前通过。在干旱期出现较晚的情况下，早熟是有利的，但早熟品种也可能不抗旱。无论早熟性还是抗旱性，本身并不能保证高产，只有那些在干旱条件下发育快，具有生长旺盛、干物质积累速度快和转化效率高特性的早熟品种才能丰产。

（2）抗旱型。这类品种具有发育旺盛的根系，能较多利用深层地下水，在干旱条件下，植株也能比较正常地发育。这类品种还具有伸展类型的分蘖和根系，抗寒性好，分蘖期长，分蘖力强，叶片功能期长，持水力强，根系活力强、不早衰，成熟落黄好，籽粒饱满度好。因此，干旱时植株体内仍能保持一部分或吸取一部分水分，从而使作物不受害或少受伤害。

（3）耐旱型。在干旱条件下，植株耐水分亏缺、耐干化的能力强，特点是能忍受水分不足而产量损失较小。这类品种一般具有比较明显的旱生结构，如叶片窄小、叶色淡绿、叶片较薄、茎秆细韧、植株较高、穗下节较长、幼苗匍匐、分蘖力强，比较抗寒，生理上具有组织结构紧密、细胞较小、持水能力强、植株持续凋萎后恢复能力强等。

另外，小麦在生长发育的不同阶段，其抗旱性也是有差异的，一般可分为前期抗旱、中期抗旱、后期抗旱及全生育期抗旱几种类型。

从上述分析可以看出，比较理想的抗旱小麦品种应具有综合的抗旱方式，即兼具避旱、抗旱、耐旱三种类型的特点以及全生育期均抗旱的特征。同时也说明小麦植株一般抗旱性的鉴定是极为复杂的，育种家选育抗旱品种会面临较大困难。

二、小麦抗旱性鉴定方法

抗旱鉴定就是对小麦品种的抗旱能力进行筛选、评价的过程。国内外学者对于鉴定小麦品种的抗旱性做了大量工作，提出了许多抗旱性鉴定方法，虽然没有形成统一的规范，但对抗旱鉴定、抗旱育种具有重要的参考价值。由于鉴定目的和要求不同，采用的鉴定方法也不同。一般分为田间直接鉴定法、人工模拟鉴定法和实验室鉴定法三种。

（一）田间直接鉴定法

（1）将鉴定品种在不同生态条件下的旱地进行异地多点田间试验。使供试品种在自然降雨而形成的不同土壤水分状况下进行生长发育直至成熟。主要依据在干旱条件下的产量评价抗旱性。

（2）将鉴定品种种植于有灌溉条件的旱地，设置水、旱两种处理，旱处理全生育期靠自然降雨、水处理在自然降雨的基础上再灌水3～5次。最后比较不同水分状况下同一品种的产量，看其在干旱条件下的绝对产量和减产幅度，计算抗旱指数，以此来评价品种的抗旱性。此法受环境条件影响很大，特别是降水，年际间变幅较大，每年的鉴定结果难以重复，如遇到湿润多雨年份，抗旱鉴定就无法进行。因此，需要进行多年鉴定才能正确评价一个小麦品种的抗旱性，所需时间长、工作量大且准确性差，此法的优点是方法简单，无需特殊设备，又有产量结果，所以易为育种者接受。主要对育成品系的抗旱性进行初步筛选。

（二）人工模拟鉴定法

一般是将鉴定品种种于可人工控制水分及其他环境条件的干旱棚、抗旱池、生长箱或人工模拟气候室内。进而研究干旱胁迫对生长发育、生理过程或产量的影响，并以临近田间灌溉（非胁迫）条件为对照，比较指标的变化来评价小麦品种的抗旱性。

（1）旱棚鉴定法。通过移动干旱棚防止自然降雨而人为造成干旱胁迫条件，但其他气候条件基本与大田相同。土壤水分差异必然会反映在小麦品种上。这样，以旱棚内干旱胁迫品种的产量与大田非胁迫的品种产量进行比较，不同抗旱性的品种在此比值上会有很大的差异，以此计算抗旱指数，进行抗旱性分级，评价品种的抗旱性。这种方法不受气候影响，且与大田生产条件接近，结果准确、可靠、重演性好，年度间可比，同时便于控制胁迫时间、强度，可选择任何生育阶段进行鉴定，是进行试验抗旱性鉴定的理想方法。但该法需要一定设备，旱棚面积较小，鉴定数量有限。

（2）人工气候室法。利用人工气候室结合盆栽试验，可以进行大气干燥和土壤干旱试验。特别是利用气候室进行干热风的鉴定，效果较好。这种方法比较准确可靠，可以重复，不受时间限制。但需要一定设备，能源消耗大，鉴定数量有限，且与实际生产有一定差距，一般可用于抗旱生理研究。

（三）实验室鉴定法

实验室鉴定法属于间接鉴定小麦抗旱性，具有鉴定速度快、质量高、批量大的特点，非常适用大批量种质资源的鉴定筛选和抗旱生理研究。常用的实验室方法有以下几种。

（1）高渗溶液法。在室内利用聚乙二醇（PEG）、蔗糖、葡萄糖或甘露醇溶液等进行干旱模拟，根据种子发芽百分率评价品种萌芽期的抗旱性。在渗透胁迫的条件下，发芽率高的品种,抗旱性强。

这种方法适宜于对大批量小麦种质资源的抗旱性进行筛选。

(2)反复干旱法。在塑料箱(框)底部铺一定厚度的耕层土壤,浇透水后播种。苗出齐定苗后,在3～5叶期停止供水,进行干旱胁迫。在50%幼苗达永久萎蔫时,浇水使苗恢复;再干旱处理,使之萎蔫后再浇水,重复2～3次,以最后存活苗的百分率评价品种苗期抗旱性。此法简单易行而且经济,结果比较可靠,是大批量鉴定种质资源苗期抗旱性的有效方法。

(3)分子生物学方法。应用限制性片断长度多态性(RFLP)技术对小麦抗旱基因(也可以是控制与抗旱性密切相关性状的基因)进行定位,建立起RFLP遗传连锁图。在进行作物抗旱鉴定时,用特定的RFLP标记探针便可很容易地甄别出这个遗传材料有无抗旱基因存在。此法目前尚处于研究阶段,并且成本很高,但从长远看这种方法是较有前途的高科技方法。

三、小麦抗旱性鉴定指标

由于对干旱条件长期适应的结果,抗旱性不同的小麦品种形成了不同的形态解剖特征和生理生化特性,这些不同的形态特征和生理特性必然影响到小麦的生长发育,并最终决定产量的高低。据此,可把小麦的抗旱性鉴定指标分为形态指标、生理生化指标和产量指标三大类。一般说来,作物在干旱条件下,生长和形成产量的能力是鉴定抗旱性的可靠指标。但简单快速、可靠的形态和生理生化指标,在抗旱机理研究和抗旱育种中显然具有重要的意义。

(一)形态指标

1.胚根条数和长度

发达的根系必然使作物的吸水效率提高,而使旱情减缓。因此,在干旱情况下,具有发达根系的品种对获得高产稳产是一个重要的保证。根系性状主要包括根数、根长、根重、根冠比等,但是研究根系相当困难。据研究,小麦苗期的抗旱性与胚根数以及木质部导管的狭窄有关。在干旱条件下,60%～75%的产量是靠初生根系形成的。按初生根数目选择植株,可大大提高品种的抗旱性和丰产性。因此,可把沙培5～7 d的麦苗初生根条数和根长作为小麦的抗旱性指标之一。据我们观察,抗旱品种初生根条数多在6条以上。

2.胚芽鞘长度

据研究,小麦胚芽鞘长度品种间存在明显差异,胚芽鞘长的品种旱地产量较高,抗旱性强。因此,胚芽鞘长度可作为鉴定小麦抗旱性的较好指标。

3.拔节期苗高、叶面积和干物重

据研究,小麦拔节期叶面积系数与旱地产量和抗旱指数呈极显著正相关。即拔节期叶面积系数高,旱地产量较高,抗旱性较强。因此,拔节期叶面积系数可作为鉴定小麦抗旱性强弱的指标。另外,拔节期苗高、干物重与小麦的抗旱性和旱地产量呈正相关,也可把拔节期苗高和干物重胁迫指数作为小麦抗旱鉴定指标。

4.株高

干旱对株高影响显著,但一定的生长量是生物产量的基础。因此,过去有人认为高秆

品种(100～120 cm)比较抗旱。而近期较多的研究表明,品种的高矮与抗旱性关系不大。理想的抗旱小麦品种应该是:干旱胁迫时株高不显著降低,在降水充沛时,株高不猛增,只有这样在干旱时能长起来,在水分多时不发生倒伏。因此,可把干旱胁迫条件下株高胁迫指数作为评价小麦抗旱性的指标之一。株高胁迫指数越高,株高稳定性越好,抗旱性越强。

$$株高胁迫指数(PHSI) = \frac{干旱胁迫下小麦株高}{非胁迫小麦株高} \times 100$$

5. 叶的性状

小麦叶片是最直观的性状,过去一般认为,叶色淡绿,叶片窄长,厚度较薄,叶脉较密,叶姿直立,有蜡质,干旱情况下叶片萎蔫较轻的品种比较抗旱,但也有一些研究不支持上述描述。

据研究,植株的旱生结构不一定证明蒸腾作用低,而且更不能证明植株的抗旱性。育种家们的传统态度是为干旱条件下选育叶片小而狭窄的旱生类型植株,一些研究者认为这是不正确的,而是应当选育能抗旱和高产的、深绿色的叶色、叶片较大、根系高度发育的品种。

关于蜡质有无对抗旱的作用争论较大。一些育种家把无蜡质作为抗旱育种的目标,已育成了一批著名的抗旱高产品种,如秦麦 3 号、晋麦 33、晋麦 47、晋麦 54、西峰 20、长 6878、郑旱 1 号、洛旱 2 号等均为无蜡质品种。

目前在区域试验记载标准中仍是根据叶片萎蔫程度来进行抗旱性分级,这只是对品种抗旱性的一个定性描述,可以了解品种间的抗旱性趋势。但据中国农业科学院品种资源所胡荣海先生研究,以叶片萎蔫程度来判断品种的抗旱性是不准确的。因为有的作物是以叶片萎蔫下垂、卷曲等方式来适应水分胁迫,从而使蒸腾减少 50% 左右。据观察,在叶片萎蔫的品种中约有 13% 的品种比较抗旱,在未萎蔫的品种中约有 30% 的品种不抗旱。所以用叶片萎蔫程度评价品种的抗旱性还需进一步研究。

叶姿与抗旱性的关系据研究,直立叶型可以增加叶面积系数和生物产量,在不出现开花前干旱的情况下,这类品种产量可能更高。而在容易出现前期干旱的地区,或在开花前叶面积达不到最大的地区,下披叶型品种的产量可能更高或更稳定。据我们观察,叶姿具有动态变化功能的叶片(苗期匍匐、拔节期直立、抽穗后逐渐由直立转为下垂贴茎),可能是较理想的抗旱类型的叶片。综上所述,把叶色、叶姿、蜡质及萎蔫情况作为抗旱性鉴定指标,还值得商榷。

6. 芒性状

有人发现小麦有芒与抗旱性成正相关,可作为抗旱选择的指标。

7. 颖花结实率

在干旱胁迫下抗旱品种颖花结实率较高。

8. 籽粒饱满度

在干旱胁迫下抗旱品种籽粒饱满度好。

(二)生理生化指标

干旱对作物的影响广泛而深刻,其影响着作物的光合作用、呼吸作用、水分和营养的吸收运输等各种生理过程。品种间在抗旱性方面所表现的差异，都有其相应的生理生化基础。目前，许多学者对于抗旱性鉴定的生理生化指标做了大量的研究。其中研究较多的生理生化指标主要有叶水势（LWP）、叶片含水量、叶片水分饱和度（WSD）、叶片膨压势、束缚水含量、离体叶片持水力（WSD）或叶片失水速率、茎叶耐化学脱水性、水分利用效率、茎秆水分输导能力、渗透胁迫下种子发芽率、反复干旱幼苗存活率及抗萎蔫能力、气孔扩散阻力（DK）、蒸腾速率、光合速率、呼吸速率、冠层温度（TC）、作物水分胁迫指数（CWSL）、渗透调节能力、质膜透性、超弱发光强度、叶绿素荧光强度、株高胁迫指数（PHSI）、干物质胁迫指数（DMSL）。根冠中平衡石淀粉水解速度、脯氨酸含量、脱落酸（ABA）含量、甜菜碱含量、丙二醛（MDA）含量、超氧化物歧化酶（SOD）活性、过氧化氢酶（CAT）活性、过氧化物酶（POD）活性、硝酸还原酶活性、ATP 酶活性、蛋白水解酶活性、Vc 含量、K^+ 含量等 30 多种。由于受胁迫方法、胁迫强度、试验材料、选用品种、气候条件、测定时期、测定部位以及所用仪器设备等因素的影响，不同的研究者得出的结论有一定差异，甚至得出相反的结论。因此，在众多的抗旱生理指标中，寻找少数几种简单易测的指标，对于选育和鉴定抗旱小麦品种意义重大。根据实用有效、公认可靠、便于大批量鉴定和简便经济的原则，认为以下几项指标值得重视和推广。

1. 种子发芽率

种子吸水力与作物的抗旱性呈正相关。吸水力强的种子在干旱胁迫下能够保持较高的发芽势和发芽率，而吸水弱的种子则相反。因此，渗透胁迫下的种子发芽率可以用来评价小麦在萌芽期抗土壤干旱的能力。因为种子在"生理干旱"的条件下具有良好的发芽力，这既说明种子能从溶液中获取更多水分的高度吸收力，也说明在水量不多的情况下发芽的能力。这在以后，它还能促成强大初生根系形成，这无疑将影响成年植株对干旱的抗性。所以，可用高渗溶液中的种子发芽率作为小麦萌芽期的抗旱性指标。

2. 幼苗存活率及抗萎蔫能力

小麦品种的抗萎蔫能力是指植株在一定强度水分胁迫下失水萎蔫的快慢及萎蔫后再灌水时恢复生长的能力。抗萎蔫能力强者失水萎蔫慢，恢复生长能力强、抗旱性也强。可采用反复干旱法，统计在一定水分胁迫强度下 50% 植株死亡（永久萎蔫）所需时间来评价小麦的抗萎蔫能力。检测萎蔫后恢复能力最简便的方法，是反复干旱复水后调查幼苗的存活率。幼苗存活率与品种的抗旱性高度相关，抗旱性强的品种存活率高。由于抗萎蔫能力和幼苗存活率都可以反映抗旱和耐旱两种抗旱机制，所以是既简便又可靠的苗期抗旱性鉴定指标。

3. 离体叶片持水力（或离体叶片失水速率）

在小麦拔节期、孕穗期、抽穗期、灌浆初期测定小麦离体叶片在 6 ~ 48 h 的失水速率已广泛用于小麦抗旱性鉴定。据研究，上述各生育时期叶片失水率与抗旱性均呈显著负相关：即抗旱愈强的品种，失水速率愈慢，持水能力愈强，从而保持植株的正常生长发育。研究者普遍认为，失水率低、保水力强的品种比较抗旱，是一个可靠的鉴定指标。

4. 叶片含水量

据研究，小麦拔节至抽穗期，叶片含水量与品种的抗旱性呈显著的负相关关系。即抗旱性强的品种叶片含水量低，抗旱性弱的品种叶片含水量高，以拔节期最明显。因此，可以拔节至抽穗期特别是拔节期叶片含水量作为鉴定小麦品种中后期抗旱性的生理指标。

5. 渗透调节能力

细胞的渗透调节作用是植物抵御干旱的基本生理机制，它可使植物在干旱逆境下增加细胞内溶质含量，降低其渗透势，从外界水势降低的环境中继续吸水。许多研究者发现，在干旱胁迫下，细胞渗透调节能力强的品种抗旱性也较强。即小麦的渗透调节能力与抗旱性呈正相关，与干旱胁迫下籽粒产量高低一致。李德全的研究表明，渗透调节能力是反映小麦抗旱特性的最好指标。

（三）产量指标

快速有效的抗旱指标是进行抗旱性鉴定的关键。虽然许多形态和生理生化指标都与抗旱性和丰产性有关，但人们希望在能够较全面反映抗旱性信息的前提下，指标越少越好。如何从众多指标中挑选出最具有代表性的指标，化繁为简，是长期以来人们最为关注的问题。以往国内外研究大多热衷于生理生化指标的探讨，现在发现这些指标不仅与最终的抗旱性和丰产性属于较间接的关系，而且对环境敏感、稳定性差。这些指标是否可靠最终是以产量指标（抗旱指数、抗旱系数）为依据来确定的。因为，低级性状（生理生化指标）对抗旱性和干旱下产量的影响往往是通过高级性状（农艺性状）最终发生作用的，构成了一个从生理生化机制—农艺性状表现—抗旱性和丰产性高低的因果机制链。所以，我们认为产量指标是最重要的综合的根本的抗旱性鉴定指标。

1. 抗旱系数

抗旱系数是同一品种旱地产量（干旱胁迫）与水地产量（非干旱胁迫）的比值。它反映了不同小麦品种对干旱的敏感程度，一个品种的抗旱系数高，则品种的抗旱性强、稳产性好，但它不能反映品种的产量水平。因为在水、旱地种植条件下产量水平都低的品种，同样可以有较高的抗旱系数。如 A 品种，在水、旱地每亩产量分别为 408.2 kg 和 271.4 kg；B 品种在水、旱地每亩产量分别为 315.9 kg 和 209.4 kg。二者的抗旱系数相同，均为 0.66。但 A 品种的产量，无论在水地还是旱地种植，都明显高于 B 品种，产量相差 92.3 kg（水地）和 62 kg（旱地）。一个品种在水、旱地种植条件下，产量表现稳定的固然好，但这不是对旱地品种的唯一要求，产量稳定同时产量高才有价值。另外，由于年度间干旱胁迫程度不同，抗旱系数的数值波动较大，无法进行抗旱性分级和年度间比较。

2. 抗旱指数

对一个小麦品种“抗旱性强”的理解很多。但最基本的理解应该是：“在干旱条件下，产量相对较高，因干旱减产的幅度比较小。”根据这种理解，兰巨生先生提出了抗旱指数的概念，胡福顺先生进一步对其进行了修正。其计算公式（修订式）为

$$\text{抗旱指数} = \frac{\text{某品种的旱地产量}}{\text{对照种的旱地产量}} \times \frac{\text{某品种的抗旱系数}}{\text{对照种的抗旱系数}} \qquad (7\text{-}1)$$

其中：对照种的抗旱指数恒定为1，抗旱指数高于 1 者抗旱性优于对照，抗旱指数低于 1 者抗旱性不如对照，并可对抗旱指数进行分级，从而明确各个品种抗旱性级别。为了使各个年度试验结果可比，可增加一个校正对照每年都进行种植鉴定。校正对照最好是国内生产上种植面积较大的、公认的抗旱性较好的品种。标准对照应是当地生产上的主导品种或主推品种，一般是国家区试的对照品种。从上述计算公式可以看出，抗旱指数既与抗旱

系数有关，又与旱地产量有关。抗旱指数高者，不仅抗旱性强，而且在旱地产量高。说明抗旱指数既能反映不同种植条件下品种稳产性，又能体现品种在旱地条件下的产量水平。因此，它是目前小麦抗旱性鉴定指标中最为直观、最为可靠、最接近生产实际、最适宜于抗旱育种和区试工作采用的综合性指标，已广泛用于小麦品种的抗旱性鉴定。

3. 性状抗旱指数

山东农大李宪彬先生将抗旱指数的概念加以外延扩大，使其概念范围不局限于联系旱地产量水平，而使其联系到与产量有关的各类性状上，提出性状抗旱指数的概念。我们根据区试工作需要，将其计算公式修订为

$$\text{性状抗旱指数} = \frac{\text{品种的旱地性状值}}{\text{对照的旱地性状值}} \times \frac{\text{品种的性状抗旱系数}}{\text{对照的性状抗旱系数}} \qquad (7\text{-}2)$$

从而使对照的性状抗旱指数恒定为1，且便于比较和分级。

据研究，把每亩穗数、穗粒数和千粒重的性状抗旱指数分别作为小麦前期（出苗—拔节）、中期（拔节—开花）和后期（开花—成熟）的抗旱性鉴定指标，有一定的参考价值，可作为抗旱指数的补充。

综上所述，现有作物抗旱性鉴定指标已很多，众多学者已经认识到采用单一指标评价作物抗旱性与生产实际有一定差距，并且提出进行多指标的重复测定。根据研究目的不同，选用少数几个较为可靠的指标对实际工作是有意义的。

（1）形态指标具有简单直观易测的优点，对于提高小麦抗旱育种早代选择效率具有较大参考价值。

（2）某些生理生化指标对于稳定品系的抗旱生理与机理研究以及不同生育时期的抗旱性鉴定具有价值。

（3）产量指标是评价小麦全生育期综合抗旱性的根本指标，是各级区域试验小麦品种抗旱性鉴定的最佳指标。可将形态指标、生理生化指标及产量指标相结合，并综合评定各生育期的抗旱性，从而提高抗旱鉴定的可靠性和科学性。

目前，关于小麦抗旱性鉴定评价的操作技术，我国还没有一套完整的技术规范，有关单位基本上是沿用传统方法，采用各自认为适当的指标评价小麦及其种质资源的抗旱性。国际上也未见到鉴定评价作物抗旱性的技术规范。由于缺乏规范的鉴定标准，以往小麦抗旱性的鉴定结果重演性和可比性较差，不能客观准确地评价种质资源的利用价值，影响了亲本的选择和育种效率，以致一些真正抗旱的小麦品种不能充分发挥其优势，浪费了育种工作者的心血，对旱地小麦生产十分不利。同时，在越来越多的国际交往中，由于对种质资源的特性了解不够，不能有效地进行资源交流，不可避免地造成资源浪费和不合理流失。因此，亟需制定并实施小麦抗旱性鉴定评价的技术规范，以科学评价小麦品种及种质资源的抗旱性，有效提高抗旱品种及种质资源的利用效率，促进我国北方旱地小麦生产的发展。

基于上述考虑，2000年9月开始，由中国农业科学院品种资源所牵头，洛阳市农科所参加了农业部下达的“小麦抗旱性评价技术规范”的制定任务。目前，规范几经修正和征求意见，已形成了送审稿。不久的将来，农业部制订出新的“小麦抗旱性评价技术规范”供小麦抗旱育种和栽培工作者参考。

第二节　水分胁迫对小麦生长发育的影响

水是生命之源,世间万物离不开水。对于作物来说,主要依赖于降水和灌溉水。灌溉用水主要包括地下水、河流、湖泊等淡水资源。在中国,由于自然降水受纬度、气候和地形的影响,降水分布不均衡,形成南涝北旱的局面。为满足农业和国民经济其他部门用水,北方部分地区不得不超量开采地下水。北方五大流域的平原区,地下水资源开发利用率大多超过或接近极限。其中海滦河流域平原区地下水开采量已超过极限,黄河流域平原区达到92%,淮河流域平原区达到65%~77%,松花江和辽河流域平原区也分别达到65%和75%。由于超量开采地下水,已形成8个总面积达150万 hm^2 的超采区。每年的旱灾都会造成作物不同程度地减产。据农业部统计,截至2009年2月3日,全国近43%的小麦产区受旱,河南、安徽、山东、河北、山西、陕西、甘肃等7个主产区小麦受旱面积0.3亿 hm^2,比2008年同期增加0.09亿 hm^2。其中,严重受旱379.5万 hm^2。农业部召开全国抗旱保春管工作会议并启动抗旱一级应急响应。

水分循环是作物生长发育的一个重要循环过程。澳大利亚著名水文与土壤物理学家Philip提出土壤-植物-大气连续体(SPAC),成为国际学术界的研究热点。其主要内容是:水分经由土壤到达植物根系,进入根系,通过细胞传输进入木质部,由植物的木质部到达叶片,再由气孔扩散到大气中去,最后参与大气的湍流交换,形成一个统一、动态的互反馈连续系统,即土壤-植物-大气连续体系统。在这一连续体中存在物质、能量和信息的传递和交换,土壤、植物和大气是研究的主要对象,而水分在土壤、植物和大气中的传输更是研究的核心内容。中国著名水文水资源学家刘昌明院士在此基础上提出了"五水"系统的相互作用问题,即大气、植物、地表、土壤和地下水层中的水的相互作用和相互关系,也称之为五水转化。

一、水分胁迫的类型和特点

水分胁迫可以分为土壤水分不足导致的干旱胁迫和土壤水分过大导致的湿害。一般对于华北平原来说,小麦生长期间主要以干旱较多。干旱是华北地区常发性灾害,旱灾引起小麦生长期间的水分胁迫,主要原因是从小麦播种到收获期间自然降水较少,导致土壤水分不足,不能供应小麦正常生长发育需要,进而影响到小麦产量和品质。

本节主要介绍干旱所引起的水分胁迫对小麦生长发育的影响及其应对措施。小麦干旱发生的原因有大气干旱、土壤干旱和生理干旱(金善宝,1996)。对于华北平原,有秋旱和春旱。秋旱主要影响小麦播种和出苗,以及冬前形成壮苗;春旱对小麦春季营养生长有滞后作用,根、茎、叶生长速度减慢,如果干旱持续时间过长或管理不及时,最终影响产量和品质。

由于外界水分胁迫,引起植物体内水分不平衡,易造成暂时性萎蔫。土壤干旱即长期缺水,使土壤干燥而引起的作物生长过程缺水,易造成永久性萎蔫。此外,有时麦田土壤并不缺水,但因土温骤降或高温、病虫危害、土壤含盐量高或缺氧等原因,使小麦植株体内水分失衡,导致生理干旱。生产中遇到的多为土壤干旱和大气干旱。

土壤干旱是长时间没有降水或灌溉等措施引起的,土壤水分是土壤干旱最直接的数据表现。因此,用土壤水分指标来作为作物干旱比用降水量更确切。表 7-1 为冬小麦拔节至成熟期的干旱指标和适宜指标的土壤湿度范围。

表 7-1　冬小麦拔节至成熟期的干旱指标和适宜水分指标(吴乃蓣,1991)　(%)

极旱		重旱		轻旱		适宜	
土壤湿度	占田间持水量	土壤湿度	占田间持水量	土壤湿度	占田间持水量	土壤湿度	占田间持水量
≤7.5	≤34.0	7.6～9.0	34.1～40.0	9.1～12.6	40.1～55.0	12.7～17.5	55.1～80.0

也有根据多年降水和水分耗用对不同区域缺水程度进行划分的。据王素艳、霍治国等研究,在中国北方冬小麦区由于降水偏少,年季间变化大,不同区域水分亏缺程度有所差异,将冬小麦水分亏缺率按高低分为 4 个等级,即不缺水区(＜0%)(表示水分盈余)、低值区(0～32.9%)、中值区(33%～47%)、高值区(≥47%)。其中华北平原全生育期水分亏缺率低值区主要分布在山东南部和东部、河南中部、陕西中部的部分市县;中值区分布在陕西中部、山西西南部、河南北部、河北西南部和东部、山东中北部;高值区分布在山西中部、河北中部及京津地区。

二、水分胁迫对秋播小麦生长发育的影响

水分亏缺是限制作物生长的主要因素之一,作物通过一系列的生理生化变化反映了干旱胁迫。从当前研究来看,目前对于水分胁迫的研究较多的是通过盆栽(管栽)、池栽和小区等进行研究,方法和手段主要以控制田间持水量来控制水分胁迫的程度,也有通过控制灌水次数、时间或灌水量来表征水分亏缺,还有通过光照培养箱等人工气候室开展幼苗水分胁迫下的生理生态变化研究。研究内容较为丰富,研究多集中在水分胁迫条件下冬小麦根系特征、基因表达、生理生化、产量和品质等方面的变化,分别从生理学、解剖学和形态学等学科揭示了作物水分胁迫下的反映机制,提出了各种抗旱性鉴定评价指标,并提出一些解决的对策。

(一)水分胁迫对根系的影响

根系是构建植物地上部分的基础,小麦所需养分、水分均要通过根系来完成。而当根系受到外界水分胁迫的情况下,必然发生一系列的生理、形态等方面的变化,进而影响到地上部分的生长。据研究,土壤水分亏缺导致次生根条数的减少。在一定范围内,冬小麦单株次生根数与土壤含水量呈极显著的正相关关系($R=0.946$),当土壤含水量低于60%时,次生根数量减少,其中以春季水分亏缺对其影响最大。Gajri 等指出,小麦次生根即使在表层土壤干燥时也可以发生,但不能充分发育到穿透深层次土壤。

由于干旱胁迫导致整个作物的生长速率下降,作物需要降低生长所需的压力势阈值使植株得以生长或通过渗透调节来恢复生长所需的压力势。所以高氮情况下会使土壤中盐浓度较高,导致土壤中束缚水的增加,自由水减少,加剧了小麦的干旱程度,使小麦叶片中含水量和水势下降,小麦吸收养分的能力降低,影响作物的生长发育。另外在干旱胁迫

条件下，高氮处理由于土壤中较高盐分浓度会导致根系细胞膜伤害率明显增加，根系保水能力下降使小麦的抗旱性降低；适量氮肥的施用可以使作物的抗旱能力增强。

在干旱情况下，水氮配合、以肥调水是一项重要的抗旱措施，但过量的氮肥反而对作物生长不利。李秧秧等利用模拟土柱研究了不同水分和氮素营养条件下小麦根系的生理生态反应。结果表明，适量施氮（尿素 600 kg/hm^2）增加了总根重和深层土壤中的根重，改善了根系的水分关系，提高了细胞膜的稳定性，因而有助于提高小麦的抗旱性；过量施氮（尿素 1 500 kg/hm^2）增加上层根重并不会增加其抗寒性。在重度水分胁迫下，过量施氮导致根细胞膜伤害率明显增加，根系水分关系恶化，根系保水能力下降，使小麦抗旱性降低。因此，对于干旱条件下或水分胁迫情况下，水肥促进、以肥调水，合理的施氮有利于提高小麦的抗旱能力。

根系是作物获取水分和营养物质的器官，也是产量形成过程中的基础，同时依靠地上部分提供能量维持自身消耗。根系发达有利于作物从土壤中获取更丰富的水分和养分，根系功能的高效性取决于其对地上部分水肥的供应能力和消耗地上部分同化物的量。以往在旱地较多的研究结果表明，作物生长期间供水不足，就会导致根系量的增加以增大吸水量，但庞大的根系耗碳量过多又会影响地上部的生物学产量。因此，适度限量供水所形成的合理根系，有利于提高水分利用效率和冬小麦产量。这对华北平原冬小麦的产量提高极为重要。

（二）水分胁迫的基因表达

随着研究手段的多样和丰富，利用分子生物学方法探讨小麦水分胁迫诱导表达基因的种类，建立抗旱相关基因表达谱，从整体水平研究小麦在水分胁迫条件下的代谢机制进而研究其抗旱机理，对于全面认识作物抗旱性的遗传基础、发掘抗旱基因、培育抗旱节水作物品种具有重要意义。生物的生长、发育、代谢、繁殖和死亡等生命活动都是由不同的基因表达来控制的，一般认为某一时期的表达基因的数量约为全部基因的 1.5%，所以基因的表达具有时空性和组织特异性。研究差异表达基因的方法很多，如组织或特异时期的同工酶谱分析、差减杂交、mRNA 差别显示法、代表性序列差别分析和抑制差减杂交技术。

王转等利用抑制差减杂交和高密度点阵膜技术研究小麦 2 叶幼苗期水分胁迫诱导表达基因。通过筛选具有 1 530 个克隆的 SSH 文库，获得 181 个阳性克隆。序列同源性比较和功能查询结果发现，83.2% 的水分胁迫诱导表达基因分别与不同逆境胁迫条件下表达的基因具有较高的同源性，这些基因在生物体内的功能都是直接或间接对细胞遭受逆境胁迫起保护作用，并初步建立了小麦幼苗期水分胁迫诱导的基因表达谱。

庞晓斌等利用抑制差减杂交技术，分别构建小麦幼苗在水分胁迫 1、6、12、24、48 h 条件下的 cDNA 文库，得到 6 733 条 EST 序列，发现水分胁迫应答基因表达的时间特性及 4 种表达模式。在 648 个已知功能注释的 unigene 中，6.17% 属转录因子类基因，2.16% 为蛋白磷酸酶类基因，4.01% 是蛋白激酶类基因，19.90% 为避免损伤和修复蛋白类基因，2.0% 为大分子保护因子类基因，9.11% 为膜蛋白类基因，这些基因可能是抗旱相关的重要基因。

现在越来越多的生物技术应用到了作物栽培学科，为干旱胁迫的分子水平下的研究提供了很好的途径和解决对策。从以上研究来看，植物体对水分胁迫应答的基因水平是一个较为复杂的过程，虽然目前对水分胁迫下的基因表达做了一些工作，但仍有大量基因产物的功能不清楚，对于多数已知功能的蛋白质作用方式、作用机制以及与其他蛋白或基因的关系还都有待进一步的研究和探索，只有全面揭示信号传递和基因相互作用的复杂网络，才能真正从分子水平上来解释植物响应干旱胁迫的遗传机制。

（三）水分胁迫对冬小麦生理生态的影响

对作物进行控制供水，使其在某段时期内承受一定程度的水分亏缺，在保证较高产量的同时，提高水分利用效率，是近年来生物学节水研究的方法之一。据研究，轻度缺水虽对小麦叶片扩展有影响，但并不影响叶片气孔的开启，对光合作用影响不大，而且复水后叶片会经历一个快速生长期，以补偿胁迫期间减少的生长量。这就是通常所讲的补偿效应，但这种补偿效应是有限度的。

在水分胁迫条件下，根系的变化最为敏感，这直接影响到地上部和地下部的生长及干物质的分配。黄清华等通过光照培养箱进行小麦幼苗水分胁迫后复水的研究发现，复水后叶片相对含水量、根干重和最大根长表现为逐渐增大，根冠比表现为逐渐减小。这充分说明了在水分胁迫下，改变水分供应存在一定的补偿效应。同时发现复水后叶片细胞膜的稳定性没能立即开始恢复，而是在复水一定时间以后才开始恢复。这表明，以叶片相对电导率作为衡量细胞膜稳定性的指标，也表现为滞后的恢复或补偿。

已有的研究表明，细胞中可溶性糖、脯氨酸（Pro）、超氧化物歧化酶（SOD）、丙二醛（MDA）等的变化已被证实与植物的耐旱性有关。水分胁迫条件下，不同抗旱性品种在小麦幼苗期其 SOD、过氧化氢酶（CAT）活性表现不同程度的降低，过氧化物酶（POD）活性上升。苗期是小麦发育的重要时期，此时受到水分亏缺，则保护酶系统不能清除体内产生的大量 H_2O_2 和自由基，将会影响小麦植株的生长发育；灌浆期是小麦产量形成的关键时期，此期干旱严重影响小麦高产和稳产。尤其对于华北地区，在冬小麦生长后期经常遇到高温干旱天气。干旱胁迫导致小麦籽粒灌浆期缩短，可能与其植株生理功能衰老有关。细胞中可溶性糖、脯氨酸（Pro）、甜菜碱等可溶性物质可作为渗透调节物质和防脱水剂而起作用的，通过调节而降低细胞水势和保持细胞膨压。超氧化物歧化酶（SOD）、过氧化氢酶（CAT）、过氧化物酶（POD）等保护酶可清除干旱胁迫下细胞内积累的过多活性氧，丙二醛（MDA）含量的高低可在一定程度上反映植物耐旱性的强弱。

吴诗光等（2001）研究了在干旱胁迫下不同品种植株体内可溶性糖、脯氨酸、超氧化物歧化酶和丙二醛含量的变化。结果表明，干旱处理使叶片中 Pro 的含量发生很大变化。中度缺水时其含量降低，严重缺水时叶片中 Pro 的含量则大幅度增加，不同耐旱性品种间的变化趋势相似，但品种间差异显著，以耐旱性弱的品种上升最快。中度缺水时，耐旱性强的品种可溶性糖的含量下降幅度大于耐旱性弱的品种；严重缺水时，耐旱性强的品种可溶性糖含量的变化较小，耐旱性弱的品种比中度缺水时有明显的下降。

王月福等通过控制田间持水量 70%、55%、45% 在不同土壤水分处理下对耐旱性不同小麦品种籽粒发育和内源激素含量的研究表明，灌浆前期籽粒内脱落酸（ABA）含量先上升，在灌浆中期达到最大，之后下降。土壤水分亏缺导致在灌浆前期籽粒内 ABA 含量上升快、峰值出现早，灌浆后期下降亦快，其变化趋势与不同土壤水分处理下籽粒灌浆速率变化相一致。

从近年的研究来看，有关水分胁迫条件下小麦生理生态等指标的变化研究较多，一部分观点为在小麦某个生育阶段适当控水（水分胁迫），在复水后会有一个明显的补偿作用，这个控水阶段主要集中在生长前期之前，或者局限于盆栽、生长室，或者可控条件下进行，其机理有待大田进一步验证；一部分观点为水分胁迫影响内源激素、保护酶系统以及灌浆速率等，这主要集中在灌浆期，即抽穗后水分胁迫所产生的生理生态变化。根据近年研究，笔者认为，对于水分的胁迫应注意适期和适度，控水应该在拔节期之前，即在营养生长阶段；拔节后水分亏缺对穗粒数和千粒重等指标会有一定影响，尤其灌浆期水分亏缺更不利于产量的形成。拔节水和灌浆水对小麦生长发育至关重要，这两个时期也是小麦生长需水量较大的时期，因此在这个阶段如果发生水分胁迫，会引起小麦生理生态一系列的变化，进而对产量造成一定影响。

（四）水分胁迫对叶片荧光学动力及光合作用的影响

水分胁迫对植物的光合作用的影响是复杂的过程，不仅直接引发了光合作用的异常，同时也影响光合电子传递。叶绿素荧光动力学是以光合作用理论为基础，利用体内叶绿素 a 荧光作为研究手段，研究外界因子状况对植物光合生理指标影响的测定技术。

水分胁迫引起的植物光合作用减弱是干旱条件作物减产的重要原因。但山仑等的研究表明，小麦浆期中度干旱对光合作用影响不明显。Asseng 等研究发现，生育早期遭受水分胁迫的小麦，复水 6 d 后光合速率和根系吸水速率可恢复到对照水平；而生育中期遭受水分胁迫的小麦，复水 10 d 后光合速率和根系吸水速率只恢复到对照的 80%。也有研究结果表明，在拔节期、灌浆前期和生育后期，各处理 0～20 cm、20～40 cm 土层分别处于不同程度的水分胁迫条件下，抗旱品种的叶片光合速率和蒸腾速率下降百分率较小，叶片的光合速率和蒸腾速率均以春季浇二水（拔节水 + 灌浆水）的处理具有优势。不同处理旗叶光合速率均随着土壤水分含量的减少呈现降低的趋势，处理间差异显著。水分胁迫影响了旗叶的光合速率，开花后，轻度胁迫能较长时间保持高的光合速率，有利于籽粒充分灌浆获得高产，而中度胁迫和重度胁迫开花前虽有较高的光合速率，但在开花后急剧下降，从而造成灌浆受阻，产量降低。

胡继超等通过冬小麦盆栽水分控制，研究了干旱和渍水胁迫下冬小麦水分生理生态关系。结果表明，在水分亏缺条件下，相对蒸腾速率和净光合速率随土壤水分变化的关系不相同，相对蒸腾速率与土壤相对含水量为直线关系，而净光合速率与土壤相对含水量之间为曲线关系。渍水胁迫对叶片蒸腾速率和净光合速率具有同等的影响，蒸腾速率和净光合速率随渍水持续天数的延长降幅增大，尤其在小麦生育中后期显著。干旱和渍水胁迫均降低了小麦植株总干物重，并使各器官间的干物质分配比例发生变化，但并不改变地上部各器官之间分配比例的大小次序。

通过对植物叶片荧光学的研究，可以较好地从微观层面诠释光合作用的机理。已有研究结果表明，水分胁迫下冬小麦叶绿素 a 荧光动力学参数中，可变荧光（F_v）下降，光系统Ⅱ（PSⅡ）原初光能转换效率（F_v/F_m）和 SⅡ 的潜在活性（F_v/F_0）降低。水分胁迫下旗叶的 $T_{1/2}$ 值减少（$T_{1/2}$ 是从初始荧光产量到最大荧光产量所需时间的一半，$T_{1/2}$ 的大小反映电子传递体 - 质体醌（PQ）库大小），旗叶光系统原初光能转化效率（F_v/F_m）和潜在活性

(F_v/F_0)降低。光合作用的潜在活力降低,影响了光合电子的传递和 CO_2 同化的正常进行,表现在可变荧光淬灭速率($\Delta F_v/F_0$)减慢,可变荧光下降比值($Rfd=\Delta F_v/F_t$)减小,进而影响冬小麦旗叶的光合速率。

近年来关于光合作用以及荧光学动力的研究相对较多,多数结果表明,过度水分亏缺引起旗叶光系统原初光能转化效率和潜在活性降低,进而导致光合速率降低;轻度的胁迫有利于旗叶保持较高的光合速率。关于轻度、中度和重度胁迫,缺少一个大田诊断的水分指标,如何将这一研究结果运用到生产中仍有一段距离。

(五)对籽粒灌浆的影响

小麦籽粒灌浆过程呈现出"慢—快—慢"的节奏,其生长过程可以用 Logistic 生长曲线来拟合,根据 Logistic 方程的两个突变点,可以将小麦的籽粒灌浆过程划分为渐增期、快增期和缓增期三个阶段。快增期的灌浆速率、持续天数和渐增期的灌浆速率是影响小麦粒重的重要参数。但快增期的灌浆速率和持续天数变异系数小,提高难度大,而缓增期的灌浆速率与持续天数、渐增期的灌浆速率变异系数大,是造成粒重不稳的主要生理原因,也是影响旱地小麦产量的主要障碍。因此,应采取相应的栽培技术措施,协调灌浆速率与持续期的矛盾,在增加渐增期灌浆速率的基础上,增加缓增期的灌浆速率,延长其持续时间,尤其是减少缓增期的灌浆速率与持续天数的波动性来保证灌浆的顺利进行,通过增加粒重而达到高产的目的(李友军,1995;吴少辉,2002)。

表 7-2 为小麦籽粒生长过程的有关参数。

表 7-2　小麦籽粒生长过程的 Logistic 方程参数与次级参数

项　目	晋麦 54	豫麦 18	豫麦 2 号	豫麦 49 号	洛旱 2 号	豫麦 48
K	41.051	40.81	38.73	46.02	41.94	45.99
a	137.84	57.97	46.2	31.40	53.04	44.48
b	0.319 6	0.259 6	0.249 6	0.255 7	0.274	0.26
r^2	0.989 2	0.991 2	0.974	0.986 0	0.982 6	0.965 8
T_{max}	15.41	15.64	15.36	13.48	14.49	16.60
R_{max}	2.71	2.55	2.60	2.72	2.73	2.66
T	30	30	28	28	28	29
R	1.36	1.33	1.33	1.58	1.46	1.55
T_1	9.95	8.87	9.22	7.53	9.04	9.81
R_1	0.61	0.68	0.61	0.88	0.68	0.69
T_2	10.72	12.99	12.11	11.86	11.14	12.86
R_2	2.66	2.16	2.15	2.62	2.56	2.44
T_3	9.33	8.14	6.67	8.61	7.83	6.33
R_3	0.65	0.74	0.84	0.77	0.78	1.06

(六)水分胁迫对小麦产量和品质的影响

已有的研究表明,干旱抑制小麦正常的生长发育,继而影响小麦的产量。土壤水分胁迫影响小麦产量的原因是多方面的。从物质生产的角度看,它既可以影响冠层叶面积的发育,也可以影响叶片光合速率;就产量的物质来源而言,它既可以影响开花后光合产物的积累,也可以影响开花前积累的同化物的再分配。

李英枫等的研究表明,小麦籽粒主要品质性状在不同水分条件下存在显著差异。在水分胁迫下,湿面筋含量、粗蛋白含量以及沉淀值均呈显著或极显著下降趋势。在试验条件下品质性状间的相关分析结果表明,不同品种间粗蛋白含量与湿面筋含量、沉淀值呈极显著正相关。因此,在小麦生态育种和调优栽培研究中,需要重视水分因子对小麦籽粒品质性状影响的不同步性。

据以往研究来看,由于土壤水分胁迫影响器官生长,使叶面积减小,叶绿素含量降低,群体和单叶光合性能都有所变劣;单叶光合性能的研究多集中在旗叶,干旱使旗叶光合速率降低,光合功能期缩短;进而导致开花后的光合产物减少,灌浆物质不足。适度的水分胁迫可以加快贮存在营养器官中的物质向籽粒中转移,这在一定程度上弥补了水分胁迫引起的产量下降。水分胁迫对冬小麦穗数的后效影响基本上表现为正效应,而对每穗粒数、千粒重、产量及 WUE 的后效影响则全部为负效应。

也有研究从灌水次数来表征水分亏缺程度,从灌水次数来看,浇二水 (拔节水 + 灌浆水)的处理比浇一水(拔节水)、二水(越冬水 + 拔节水)处理增产。可见,拔节水和灌浆水对小麦产量起到至关重要的作用。

以河北省为例,比较华北平原灌溉和水分胁迫下小麦的生产潜力差异见表 7-3。

表 7-3　河北省不同区域冬小麦降水生产潜力及灌溉生产潜力

地区	作物熟制	县(市)	降水潜力 (kg/hm^2)	灌溉潜力 (kg/hm^2)	降水潜力/灌溉潜力(%)
坝上高原燕山地区	两年三熟	遵化	3 739.30	4 874.44	77
太行山地区	一年两熟	石家庄	4 221.37	7 009.07	60
		保定	3 956.63	6 288.22	63
燕山山麓平原区	两年一熟	唐山	4 089.99	6 790.33	60
太行山山麓平原区	一年两熟	宁晋	4 040.56	6 708.85	60
		永年	4 056.15	6 786.26	60
低平原区	一年两熟	饶阳	3 916.28	6 422.70	61
	两年三熟	霸州	3 900.07	6 211.22	63
滨海平原区	一年两熟	沧州	4 032.56	6 571.57	61
	两年三熟	乐亭	3 492.65	5 733.22	61

注:引用黄志英,梁彦庆,葛京凤等资料。

从表 7-3 可以看出,自然降水干旱条件下(水分胁迫)的降水生产潜力和灌溉生产潜力之间的差别。表中结果是,降水潜力区域之间由于降水的不同有所差异,从河北省不同类型区降水潜力同灌溉潜力比值来看，多数区域降水潜力仅相当于灌溉潜力的60%左右，可见由于水分胁迫或不足导致冬小麦很难达到预期目标，在华北平原，水分不足造成产量的减少要大于其他因素，因此只有通过灌溉来补充土壤水分满足小麦生长需求。

目前关于水分胁迫对小麦产量影响的研究相对较多，涉及品质方面的研究有限。较多的研究认为，水分胁迫将会导致产量降低，但在小麦某个时期轻度水分胁迫对小麦产量影响较小或基本持平，甚至略有增产。笔者根据近年研究发现，无论是以灌水次数，还是以田间持水量来衡量水分胁迫的程度，前提是要保证底墒相对较好，苗齐、苗匀，培育壮苗和发达的根系，在这种情况下，拔节期前进行适当控水，对冬小麦产量影响较小，重点要浇好拔节水和灌浆水。而关于品质方面，氮肥对强筋小麦品质至关重要，应将水氮结合起来研究，实现产量和品质的同步增长。

第三节 河南旱地小麦的生长发育

一、旱地小麦生长发育特点

旱地小麦由于干旱缺水，土壤瘠薄，耕作粗放，且受自然条件影响较大，因此与水肥地相比，小麦在生长发育过程中表现出如下特点。

（一）幼苗生长期长，分蘖少，冬前不易形成壮苗

丘陵旱区秋季气温下降早而快，冬季气温较低，结冻早，小麦生长速度比较缓慢，表现为叶片小，根系少，分蘖慢或缺位，植株瘦小，冬前不易形成壮苗。春季气温回升较慢，因此小麦返青迟，起身晚，从播种到返青约需170 d，比平原水地多20 d左右。丘陵旱地由于秋末气温下降早，冬季寒冷时间长，春性品种和晚播弱苗易受冻害。

（二）分蘖只有冬前一个盛期，两极分化早，成穗率低

丘陵旱地由于雨季在土壤中积蓄了一定的水分，冬前可形成一定数量的分蘖，但冬春雨雪稀少，开春以后蒸发量逐渐加大，土壤水分迅速下降。由于墒情变差，春季基本不再产生分蘖。因此，旱薄地只有冬前一个分蘖盛期，返青前即达到高峰，返青后就开始两极分化，而且速度快而集中，致使旱地小麦的有效分蘖时间缩短，分蘖成穗率低。

（三）幼穗分化期长，小穗、小花退化多，穗粒数少

丘陵旱地由于缺水，小麦的幼穗分化时间比平原水地要长，但分化的小穗和小花数少，尤其是退化量大，所以穗粒数偏少。从持续时间看，其特点是“开始早，时间长，前期慢，后期快”。一般10月下旬幼穗开始伸长，但由于“春旱”，后期快速进入四分体期，使大量小花退化，穗粒数减少，产量降低。

（四）灌浆期较短，粒重低

灌浆期间虽然温度、日照等条件有利，但因干旱而使根系、叶片早衰，植株提早干枯，缩短了灌浆时间，粒重偏低，且因年际间降雨量不同而变幅较大，造成产量低而不稳。

丘陵旱地由于干旱缺水，土壤瘠薄，耕作粗放，且受自然条件影响较大，该区小麦生长发育与水地小麦相比有明显差异。河南灌溉小麦生长发育的特点是“两长一短”，即分蘖时间长、幼穗分化期长和籽粒灌浆期短。在降雨量充分的年份，旱地小麦同水地相同，但

在水分欠缺年份和干旱年份，旱地小麦生育特点是“两长两短”。即幼苗生长期长、幼穗分化期长，分蘖期短、籽粒灌浆期短。

（1）幼苗生长期长。旱地小麦多处于丘陵地带，种植模式主要以一年一熟的晒旱地为主，即使一年两熟的种植模式，由于秋季作物受干旱的影响往往成熟较早，该区秋季气温下降早而快，所以该区的种植习惯是趁墒早播，一般在 9 月下旬播种。冬季气温偏低，结冻早，春季气温回升慢，所以小麦返青晚，起身慢。从播种到返青大约需要 150 d。而平原水浇地地区，一般在 10 月中旬播种，到第二年 2 月中旬返青，从播种到返青大约需要 130 d，旱地小麦从播种到返青比平原水地多 20 d 左右（见表 7-4）。

表 7-4　旱、水地小麦生育期比较

类型	播种（月-日）	出苗（月-日）	越冬（月-日）	返青（月-日）	拔节（月-日）	抽穗（月-日）	成熟（月-日）	全生育期天数（d）
水地	10-12	10-18	12-20	02-15	03-10	04-15	06-05	230
旱地	09-26	10-04	12-15	02-20	03-18	04-10	05-30	252

（2）幼穗分化期长。旱地小麦播种较早，幼穗分化时间比平原水地要长，但由于干旱的影响，幼穗分化速度不仅变慢，而且分化的小穗和小花数不多，尤其是退化量大，故旱地小麦穗粒数偏少。从幼穗分化持续时间看，总体趋势也是“开始早，时间长，前期慢，后期快”。一般 10 月下旬幼穗开始伸长，即“麦长一寸，身怀有孕”。但由于春旱，后期急剧进入四分体时期，致使大量的小花退化，穗粒数减少，产量降低（见表 7-5）。

表 7-5　旱、水地小麦幼穗分化进程比较（段国辉，2004）

类型	幼穗分化总天数（d）	伸长期（月-日）	单棱期（月-日）	二棱期（月-日）	护颖原基分化期（月-日）	小花分化期（月-日）	雌雄蕊原基分化期（月-日）	药隔形成期（月-日）	四分体期（月-日）
水地	143	11-18	12-01	12-17	03-10	03-12	03-24	03-28	04-11
旱地	150	11-14	11-21	12-13	03-10	03-12	03-17	03-28	04-11

（3）分蘖期短。丘陵旱地由于秋末气温下降早，冬季寒冷时间长，干旱年份封冻后就停止分蘖，加之春季干旱，气温回升慢，春季也不再分蘖，只有冬前一个分蘖高峰，返青后就开始两极分化，不仅速度快而且死亡集中。如果播种前后干旱严重，不仅第一、二分蘖大量缺位，且冬前也难以形成分蘖高峰，因此在旱地不宜种植春性品种或播种偏晚。据渑池县气象局统计，冬前积温最多的年份达 727.7 ℃，最少的年份仅有 494.5 ℃，相差 233.2 ℃，冬季气温变动也很大，冷冬年零下积温为 311 ℃，暖冬年零下积温仅 55.3 ℃，相差 255.7 ℃，春季到 4 月中旬有时还出现 0 ℃以下的低温。所以旱地冬季分蘖少，不易形成壮苗，返青后就开始两极分化，而且速度快而集中，致使旱地小麦的有效分蘖时间大大缩短，成穗数减少。

旱地小麦分蘖的消长规律和平原水地的“两个盛期，一个高峰，越冬不停，集中死亡”

不同，可总结为“一个盛期，一个高峰，越冬停止，快速死亡”。

(4)籽粒灌浆期短。旱地小麦拔节、抽穗、灌浆较水地小麦早 5～7 d，而且干旱越严重物候期越提前，所以旱地小麦虽然抽穗早，但灌浆时间相对水地来说较短，且灌浆强度远不如水地，后期受干热风和干旱的影响，小麦成熟相对较早。据观察，在正常年份小麦的灌浆时间为 30～35 d，干旱缺雨年份，特别是土壤瘠薄的麦田，灌浆时间仅有 28 d，所以旱地小麦粒重不稳，年际间变幅大，造成产量低而不稳。

二、旱地小麦根系的生长发育

(一)旱地小麦根的生长及在土层中的分布

有学者研究认为，根系的生长发育形态在很大程度上是对土壤条件的反应。丘陵旱地小麦根系与平原水浇地相比较的一个显著特点，是旱地小麦根系下扎入土较深，而且，在旱地不同土壤类型上小麦根系的入土深度和分布状况有一定差异。陈培元等(1960)研究认为，黄土旱地小麦根系最大入土深度可达 400 cm；苗果园(1989)认为，黄土旱地小麦根系入土深度平均为 370 cm，最深可达 500 cm 左右。王绍中、茹天祥研究认为，在质地黏重的红黏土旱地，小麦根系入土达 340 cm，这是由于红黏土下层土壤可利用水分较少，根系下扎困难。

洛宁县农技站在王村乡立黄土旱地对郑旱一号品种小麦根系在不同土层中的分布经冲根称重，连续 7 年观测结果(见表 7-6)，0～40 cm 土层根系分布最多，平均占总根量干重的 69.55%。40～120 cm 土层根系分布次之，占总根干重的 22.52%，120～200 cm 土层根量最少，占总根干重的 7.98%。从根总重分析，根总重的 2/3 分布在 0～40 cm 土层中，主要分布在 0～30 cm 深度内。有 1/3 分布在 40～200 cm 土层。

表 7-6　小麦根系在不同土层中的分布(洛宁县立黄土)

处理	0～40 cm		40～120 cm		120～200 cm		合计量(g)	亩干根重(g)	根重:植株重
	g	%	g	%	g	%			
丰＋丰	19.2	70.9	5.5	20.3	2.4	8.9	27.1	108.4	1:11.36
平＋丰	16.0	68.1	5.1	21.7	2.4	10.2	85.5	94	1:11.02
旱＋丰	14.5	37.8	5.4	23.2	1.5	7.0	21.2	85.5	1:8.75
丰＋平	16.6	69	5.3	22.0	2.1	8.8	24.0	96	1:10.25
平＋平	14.2	67.5	5.0	23.8	1.8	8.6	21.0	84	1:10.66
旱＋平	14.6	71.0	4.3	21.0	1.6	7.6	20.5	82	1:8.21
丰＋旱	13.5	69.4	4.5	23.2	1.4	7.0	19.4	77.6	1:10.69
平＋旱	12.4	70.0	4.2	23.7	1.1	6.3	17.7	70.8	1:8.7
旱＋旱	11.6	72.0	3.6	23.4	0.9	5.3	16.1	64.2	1:6.8
平均	14.73	69.55	4.77	22.52	1.69	7.98	21.18	84.72	1:9.6

注：丰代表降水较多，平代表降水正常，旱代表降水偏少，以半年为统计单位。

尹钧 1983 年在山西黄土旱地小麦根系研究表明(见表 7-7)，0～10 cm 土层小麦根量占总根量的58.6%,0～50 cm 土层的根量占72.9%,而且,从冬前、返青、拔节、抽穗各期,0～50 cm 土层根量都占总根的71%以上;生育前期(越冬前)占80%左右,其中0～10 cm 土层根量都在50%以上。50～100 cm 土层各生育期根量约占10%,100～200 cm 土层也占10%上下,200 cm 以下根系所占比例在5%以下,根系下扎最深可达500 cm。

表7-7 旱地小麦不同生育时期根系重量垂直分布

土壤层次(cm)	冬前		返青		拔节		抽穗		成熟	
	根量	占总根量(%)	根量	占总根量(%)	根量	占总根量(%)	根量	占总根量(%)	根量	占总根量(%)
0～10	180	56.9	163.1	50	440.6	62.9	442.5	54.9	424.8	58.6
10～50	74.3	23.5	78	23.9	120.2	17.1	139.7	17.3	103.2	14.3
50～100	29.4	9.3	40.7	12.5	68.6	9.8	91.4	11.3	73	10.1
100～200	28.9	9.1	35.8	10.9	53.6	7.6	88.5	11	79.4	11
200～300	3.7	1.2	8	2.4	15.1	2.2	35.5	4.4	36.4	5
300～400			0.9	0.3	2.5	0.4	7.8	1	6.6	0.9
400～500					0.3	0.04	0.4	0.05	0.8	0.1
0～500	316.3	100	326.5	100	700.9	100	805.8	100	724.2	100

注:根量单位为 mg/50 cm^2 ×深度。

根长的增加与根深变化的规律基本一致,也表现为前期快后期慢。种子萌发至第一叶出土产生初生根3～5条,当幼苗第四片叶出现次生根,次生根着生于分蘖节上,发生顺序由下向上,每节发根数一般1～3条,次生根主要分布在0～50 cm 土层,最深也可达到2 m 以上。次生根量的形成所经历的时间较长,通常有两个生长高峰期,即冬前分蘖高峰期与冬后拔节至抽穗的生长高峰期。在正常年份,小麦初生根的一级分支可达21.1个/条,小麦根毛密度为224.5%,而干旱条件下与正常水分条件下相比,分别增加了38%和50.7%(马元喜,1999),可见在旱地冬小麦营养生长期,适当控制水分(如蹲苗等)对增加根系分支、根系密度、扩大吸水空间有重要意义。

王绍中、茹天祥等在豫西红黏土旱地观测小麦不同生育期各土层根系数量和所占比例的结果(见表7-8)表明,根群主要集中分布在0～30 cm 土层,约占总根数的70%,生育前期所占比例高于生育后期。而30～60 cm 土层根系数量及所占比例是生育后期所占比例大于前期。60 cm 以下土层根数所占比例很小。根系在土层中的分布状况与黄土旱地是基本一致的,只是红黏土的小麦根系更集中分布在上层,其最深下扎深度也只有340 cm。

表 7-8　各生育期不同深度土层的根条数(红黏土,1990～1993)(王绍中、茹天祥)

土层(cm)	四叶一心期		越冬期		孕穗期		灌浆期	
	根系数	占总根数(%)	根系数	占总根数(%)	根系数	占总根数(%)	根系数	占总根数(%)
0～30	20.5	91.51	37.9	72.47	94.9	72.66	113.3	68.58
30～60	1.5	6.70	8.3	15.87	14.3	10.95	18.9	11.44
60～100	0.4	1.79	4.4	8.41	6.5	4.98	10.0	6.05
100～140			1.6	3.06	5.7	4.36	7.9	4.78
140～180			0.1	0.19	5.3	4.06	7.0	4.23
180～220					3.3	2.53	4.8	2.92
220～260					0.6	0.46	2.3	1.39
260～340							1.0	0.61
合计	22.4	100.00	52.3	100.00	130.6	100.00	165.2	100.00

注:取样面积为 10 cm×40 cm。

(二)根系生物量的增长与构形

黄土旱地小麦根系生物量(干物质)增长过程与其数量增长过程基本一致,伴随数量增长其生物量增长亦有两个高峰,而且冬后增长高峰大于冬前增长高峰(苗果园,1983)。多年多点统计分析结果表明,冬小麦根系生物量增长规律符合一元五次方程,其理论值与实际测定值拟合很好,相关系数达 0.995 9**。红黏土小麦根系的生育研究结果表明(王绍中、茹天祥,1993),旱地小麦根系在黏重土壤条件下,其分布和形态与土壤的坚实度和透气性密切相关,形成与轻壤土有所不同的根系构形。除第一对初生根基本垂直向下伸展外,其余大部分初生根和次生根都呈辐射状扩散伸展。越冬前早发的次生根下扎的深度较大,后发的次生根则主要分布在耕层,但与水浇地相比,旱地小麦中、下层根系分布比较多,有利于吸取土壤深层水分,说明根系的下扎深度对旱地小麦后期的耐旱性具有十分重要的意义。

小麦根系在土体中的分布,不论是根条数还是根系生物量,均符合 $Y = ae - bx$ 的由上到下的负指数递减方程,其中 Y 为根条数或根系生物量,x 为土层深度。各生育期根条数的土体分布模式为

四叶一心期:$Y = 9.003e - 0.045\,2x$　$(r = -0.993\,7^{**})$

越冬期:　$Y = 20.027e - 0.032\,5x$　$(r = -0.875\,3^{**})$

孕穗期:　$Y = 23.291e - 0.015\,1x$　$(r = -0.928\,1^{**})$

灌浆期:　$Y = 28.423e - 0.014\,3x$　$(r = -0.950\,4^{**})$

越冬期、孕穗期根系生物量的土体分布模式为

越冬期:　$Y = 182.837e - 0.036\,9x$　$(r = -0.985\,0^{**})$

孕穗期:　$Y = 277.853e - 0.033\,2x$　$(r = -0.962\,5^{**})$

(三)旱地小麦根系生育与土壤水分的关系

为了研究在黏重土壤条件下,不同土壤含水量对根系生长发育的影响,王绍中、茹天祥于 1992 年和 1993 年进行了不同土壤含水量的模拟试验,从表 7-9 的试验结果可以看出,土壤含水量低于 15% 时,根尖吸水困难,地上部分和地下部分均不能正常生长。根据

表 7-9 资料,求出根系入土深度(Y,cm)和根尖处土壤含水量(x,%)的函数关系为

$$Y = 2.009e^{0.2204x} \qquad (r = 0.9384^{**})$$

表 7-9　不同土壤含水量条件下根系发育比较

播种时土壤含水量(%)	调查时根尖周围(%)	地上部表现形态	初生根条数	根系入土深度(cm)
14	12.0	全部萎蔫	1	25
16	14.0	轻度萎蔫	2	43
18	15.4	微显萎蔫	3	59
20	15.7	基本正常	4	89
22	18.6	正常	4	102

从方程可以看出,根系入土深度与根尖处土壤含水量的关系符合指数递增方程,根尖土壤含水量越高,根系的入土深度就越大,反映出根系的发育受土壤含水量的制约,这种关系生产上对保持好底墒、促进根系良好发育具有重要意义。同时,也观察了干旱条件下根系的形态变化。1991 年小麦播种前底墒甚差,播后 75 d 无雨,土壤水分严重亏缺,翌年 2 月 2 日调查,10 ~ 30 cm 土层含水量为 8% ~ 10%,50 ~ 100 cm 土层含水量为 15% ~ 16.5%,此时单株分蘖仅 2 ~ 3 个,初生根入土深度 105 cm,单株次生根 10.5 条,次生根平均长度只有 2.4 cm,最长 5.5 cm,最短的只能见到根尖的突起,且根尖处都呈黄褐色,生长完全停滞。3 月上旬降水后,次生根都恢复生长。在观察中还发现,40% 的单株在旱象缓和后,于起身期又发生一条形态类似于次生根的初生根。

(四)旱地小麦苗期根系的适应能力

小麦苗期对土壤水分适应能力很强,具有耐旱性,苗期受旱的小麦,当春季土壤水分得到改善时,冬前受旱的发根力反而会得到加强;但拔节至抽穗期干旱,则会严重影响根的生长。景蕊莲(2002)以 35 个不同栽培类型的小麦品种(系)作为试验材料,根据其 6 叶期幼苗的根系形态性状进行聚类分析,将供试材料的根系类型分为:大根系、小根系和中间型根系 3 种。具有中间型根系的材料反复干旱存活率最高,这些材料的根系特点是单株根数 7 ~ 8.5 条,最大根长 20 ~ 22 cm,根总干重 44 ~ 48 mg,其中 10 cm 以下根重占 36% ~ 45%,根冠比范围在 0.22 ~ 0.24。一些水地栽培的育成品种苗期抗旱性较强,旱地栽培的育成品种苗期抗旱性差异较大,个别旱地栽培的地方品种在土壤水分胁迫条件下反而比在正常水分条件下的根系发育更好,可能是长期适应干旱条件的结果(见表 7-10、表 7-11)。

单长卷(2006)设置了 4 个土壤含水量试验,分别为田间持水量的 80% ±5%(正常水分处理,用 N 表示)、田间持水量 60% ±5%(轻度干旱处理,用 LD 表示)、45% ±5%(中度干旱处理,用 MD 表示)和 35% ±5%(严重干旱处理,用 SD 表示)。试验结果表明,随着土壤干旱程度的加剧,根水势降低的幅度加大,保水能力和抗旱性逐渐增强。说明冬小麦根系对土壤干旱胁迫的适应性很强(见图 7-1、图 7-2)。

表 7-10　供试品种(系)的编号及名称

编号	名称	类型	编号	名称	类型	编号	名称	类型
1	鲁麦 14	*	13	MY9094	* *	25	晋麦 5 号	* *
2	冀 84518	*	14	淮 4311	* *	26	太原 633	* *
3	冀麦 26	*	15	唐麦 4 号	* *	27	茶淀红	* * *
4	百农 3217	*	16	71 - 321	* *	28	野鸡红	* * *
5	济南 13	*	17	津丰 1 号	* *	29	白齐麦	* * *
6	陕 7859	*	18	山农 722245	* *	30	特早麦	* * *
7	京核 931	*	19	冀麦 1 号	* *	31	抗碱麦	* * *
8	442M - 1	* *	20	CA8841	* *	32	红芒麦	* * *
9	科遗 26	* *	21	京农 88 - 66	* *	33	红秃头	* * *
10	92 鉴 6492	* *	22	遗 4023	* *	34	陕西一撮毛	* * *
11	抗 281	* *	23	农大 91	* *	35	洋麦	* * *
12	MY1324	* *	24	晋麦 33	* *			

注:*表示水地栽培的育成品种;* *表示旱地栽培的育成品种;* * *表示旱地栽培的地方品种。

表 7-11　各类材料的单株根系性状平均值

项目	根数	最大根长(cm)	0~10 cm 根干重(g)	10 cm 以下根干重(g)	根总干重(g)	冠干重(g)	根冠比
处理	7.2	21.6	24.4	19.7	44.1	190.8	0.231
对照	16.8	16.1	31	19.7	50.7	307.5	0.165

注:对照的土壤水分保持在田间持水量的 65% ~67%;处理保持在田间持水量的 45% ~55%。

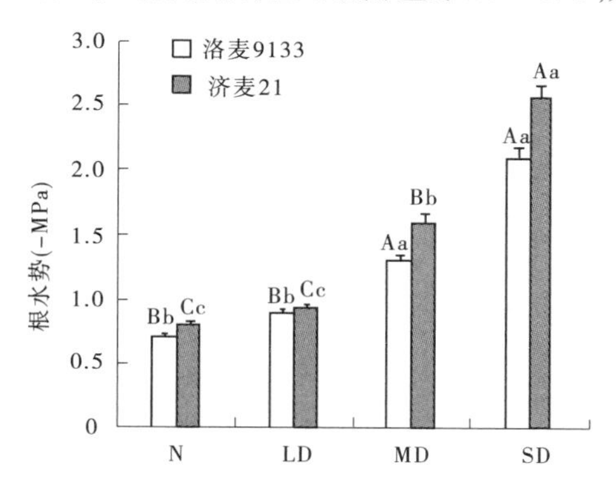

图 7-1　土壤干旱对冬小麦幼苗根水势的影响

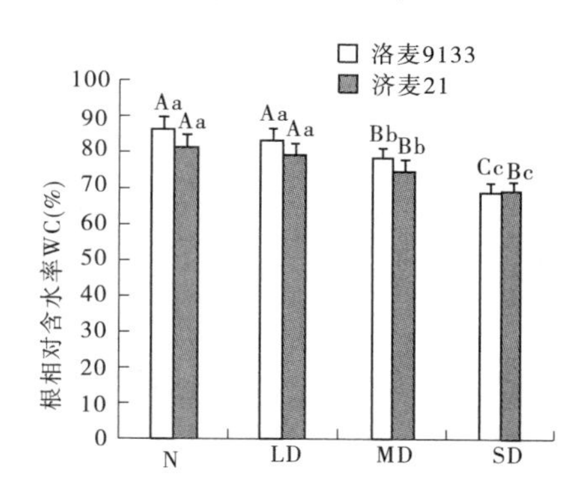

图 7-2　土壤干旱对冬小麦幼苗根相对含水率的影响

土壤干旱对冬小麦幼苗根系活力有一定的影响。从图 7-3 中可知,随土壤干旱胁迫程度的加剧,幼苗根系活力均呈逐渐降低趋势。经差异显著性分析可知,各处理水平间冬小麦幼苗根系活力均达极显著差异水平,且从正常水分处理到严重干旱处理根系活力的变动幅度均逐渐增大。这种变化表明,土壤干旱程度对冬小麦幼苗根系活力具有显著影响,冬小麦幼苗根系通过降低根系活力来抵抗干旱逆境。随干旱胁迫的加剧,冬小麦幼苗根系 SOD、POD 活性均呈增加趋势,且 SOD 活性和 POD 活性均较高。这说明,在干旱胁迫下,冬小麦幼苗根系的保护酶系统能够有效地清除细胞内由于干旱胁迫产生的活性氧,确保较低膜脂过氧化,以维持细胞膜的完整性,降低膜伤害率,从而增强抗旱性,以适应干旱逆境(见表 7-12)。

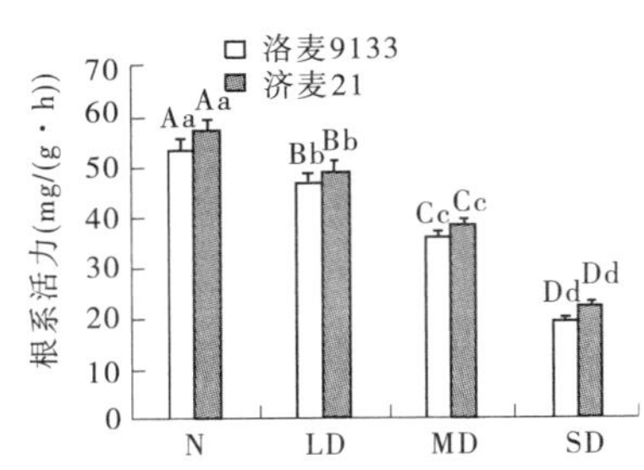

图 7-3　土壤干旱对冬小麦幼苗根系活力的影响

表 7-12　土壤干旱对冬小麦幼苗根系保护酶活性的影响

品种	处理	SOD 活性(U/gFW)	POD 活性(U/minFW)
洛麦 9133	N	380	522
	LD	416	568
	MD	485	650
	SD	526	710
济麦 21	N	350	516
	LD	382	560
	MD	463	632
	SD	500	681

三、旱地小麦茎的生长发育

(一)旱地小麦茎的生长

小麦的茎秆分为地上和地下两部分。地下节间不伸长,一般 5 ~9 节,构成蘖节。地上节间伸长,4 ~6 节,节间数目因品种而异,多数品种为 5 节。小麦的主茎或分蘖的茎节在茎生长锥伸长以前或伸长初期便已分化形成,但节间不伸长,密集在一起,一直到春季分蘖结束时才开始伸长。伸长顺序是由基节向上依次进行,并有重叠现象,即当第 1 节间接近定长时,第 2 节间显著伸长,第 3 节间缓慢伸长,余次类推;穗下节间的伸长至开花期才结束。

旱地小麦主茎多为 5 节。不论是高秆品种还是中秆品种,凡是旱地种植,株高就明显降低。一般高秆品种株高降低 20 cm 左右,中秆品种降低 10 cm 左右。段国辉(2005)用 20 个旱地小麦品种,在水旱两种环境下种植,对株高构成中不同茎节的长度进行了调查,结果表明,在水旱两种环境下,株高存在较大差异,最高差异达到 19. 3 cm,小麦株高的差异主要取决于倒 1 节和倒 2 节的节长(见表 7-13),20 个品种的倒 1 节长平均值在水地比旱地长 6 cm，倒 2 节长平均值在水地比旱地长 2.5 cm。

表 7-13　小麦水、旱地种植株高构成比较

品种名称	倒 1 节长		倒 2 节长		倒 3 节长		倒 4 节长		倒 5 节长		株高	
	旱地	水地	旱地	水地	旱地	水地	旱地	水地	旱地	水地	旱地	水地
百农 9310	25.9	33.3	14.7	18.4	9.0	10.1	6.4	8.1	5.3	5.8	72.9	92.2
新麦 9529	21.6	25.9	12.9	16.6	9.9	10.4	6.5	8.2	6.4	5.8	70.3	80.5
周 92031	23.0	26.0	13.9	17.1	8.8	10.3	5.7	7.2	6.9	5.0	71.0	78.3
峡麦 92007	25.7	29.3	15.2	17.5	10.7	10.7	7.9	9.0	6.4	6.2	81.8	91.4
浚旱 1 号	22.6	29.1	12.1	15.1	8.2	9.0	6.0	6.9	5.7	6.3	71.0	78.6
偃旱 338	21.7	33.1	13.0	13.3	10.1	9.3	6.9	6.4	5.9	2.7	66.9	77.1
偃佃 9433	25.4	30.0	12.0	14.3	7.6	8.2	5.3	6.9	5.0	6.1	69.4	78.1
洛阳 9505	27.3	33.8	14.8	14.8	8.5	8.6	6.8	5.4	3.9	4.7	76.2	79.1
安麦 7 号	25.2	30.6	13.8	16.2	9.2	9.8	5.5	7.3	5.0	5.2	72.4	85.1
豫麦 2 号	23.6	29.7	14.3	16.4	9.5	10.0	6.9	7.9	5.8	5.1	75.6	81.7
长 6154	31.8	39.2	21.4	23.7	16.0	16.5	12.7	12.4	6.6	7.1	104.2	114.1
天水 95－3	29.9	37.3	23.0	21.8	17.6	14.9	12.2	13.3	8.4	7.7	111.0	112.8
和东 TX－006	26.5	35.4	17.2	19.1	11.0	11.6	7.8	9.5	8.1	8.5	84.0	96.8
洛优 97123	23.4	28.3	14.2	17.5	9.6	8.5	7.0	8.3	5.1	5.3	71.8	84.6
百农 9310	25.4	32.6	14.3	19.3	8.4	11.2	6.2	8.0	4.8	5.8	75.0	92.0
长武 5864	26.1	29.4	18.5	20.9	10.4	8.9	8.7	7.8	5.0	5.6	87.1	90.2
邯 6050	22.8	28.3	15.2	19.7	11.1	12.2	7.6	9.2	6.4	6.0	80.3	92.4
Q93－1726	21.7	30.8	18.4	19.8	13.4	12.8	10.4	10.4	7.2	6.2	87.2	95.6
烟 96266	22.0	27.7	13.0	18.8	8.9	10.5	7.3	8.8	6.0	7.5	75.9	90.8
晋麦 47	21.6	23.1	22.8	23.5	20.9	19.9	14.7	14.5	9.9	9.5	103.0	103.2
平均	24.6	30.6	15.7	18.2	10.9	11.2	7.9	8.8	6.2	6.1	80.3	89.7

（二）旱地小麦株高的遗传

张灿军（2001）在旱作条件下，选用水旱两种有代表性的小麦品种各 4 个，组成 4×4 不完全双列杂交组合。通过对株高及其构成因素的杂种优势分析，表明水旱杂交 F_1 代小麦株高构成因素平均优势普遍存在，采用水旱杂交模式，是 F_1 代获得株高适中、基部节间较短、穗下节间较长、穗大抗旱的理想组合的有效途径。水旱杂交，后代株高构成因素的表现主要由加性基因控制；基部节间的遗传力较低，不宜早代选择；而穗下节、株高等性状的遗传力较高，早代即可加大选择力度（见表 7-14）。

赵万春（2003）在旱生条件下，对小麦株高及其构成因素的遗传和相关研究中发现，

在株高构成因素中,穗茎节长对株高的贡献最大,其次为第 2 节长(见表 7-15)。

表 7-14 冬小麦水旱杂交株高构成因素遗传参数估算值

参数	株高	主穗长	穗下节	倒 2 节	倒 3 节	倒 4 节	倒 5 节
δ_1^2	2.446	0.01	2.245	0.77	0.461	0.672	0.361
δ_2^2	36.082	0.634	0.842	3.363	5.113	1.997	0.487
δ_{12}^2	4.391	0.058	0.147	0.212	0.527	0.228	0.151
δ_e^2	8.667	0.077	0.96	0.883	0.643	0.717	0.777
V_g(%)	89.77	91.665	95.453	95.114	91.359	92.116	84.846
V_s(%)	10.23	8.335	4.547	4.886	8.641	7.884	15.154
H^2B(%)	83.2	90.034	77.126	88.708	90.461	80.163	56.292
H^2N(%)	74.688	82.53	73.618	84.374	82.645	73.843	47.762

表 7-15 株高性状的基因型遗传相关系数

项目	第 1 节长	第 2 节长	第 3 节长	第 4 节长	穗长
第 2 节长	0.869 8**				
第 3 节长	0.223 6	0.493 7*			
第 4 节长	0.125 5	0.056 7	0.437 9*		
穗长	0.518 9**	0.583 6**	0.297 8	0.004 1	
株高	0.936 5**	0.952 9**	0.515 2**	0.218 9	0.628 7**

(三)旱地条件下株高和其他性状的关系

赵万春(2003)在旱生条件下,株高和穗茎节长与抗旱性、籽粒产量呈极显著正相关(见表 7-16)。

表 7-16 株高构成因素对株高的直接效应(对角线)、间接效应和决策系数

性状	直接效应(对角线)和间接效应					总效应	决策系数(%)
	第 1 节长	第 2 节长	第 3 节长	第 4 节长	穗长		
第 1 节长	0.588 3	0.247 8	0.043 5	0.005 4	0.051 4	0.936 5	75.58
第 2 节长	0.511 7	0.284 9	0.096 0	0.002 5	0.057 8	0.952 9	46.19
第 3 节长	0.131 6	0.140 7	0.194 5	0.019 0	0.029 5	0.515 2	16.26
第 4 节长	0.073 8	0.016 2	0.085 2	0.043 3	0.000 4	0.218 9	1.71
穗长	0.305 3	0.166 3	0.057 9	0.000 2	0.099 1	0.628 7	11.48

段国辉(2005)选用 20 个旱地小麦品种,研究了水旱两种环境下种植,对生长后期(挑旗期、抽穗期、半仁期、顶满仓期)株高构成中不同性状与抗旱性和产量指标之间的关系,结果(见表 7-17)表明,在旱地环境下,节长总体长度与产量性状成负相关,但差异不

表 7-17　旱地环境下茎秆各性状同产量和抗旱指数相关系数

项目	挑旗期		抽穗期		半仁期		顶满仓期		成熟期	
相关性状	产量	抗旱指数	产量	抗旱指数	产量	抗旱指数	产量	抗旱指数	产量	抗旱指数
倒 1 节长	0.055 48	0.348 85	0.134 38	0.596 25**	-0.344 4	0.052 13	-0.300 11	-0.002 79	-0.248 3	0.159 82
倒 1 节鲜重	0.303 96	0.321 83	0.244 89	0.566 84**	-0.086 34	-0.019 97	-0.145 19	-0.192 59		
倒 1 节干重	-0.273 10	0.004 48	0.138 69	0.402 06	0.111 28	0.466 77*	-0.280 40	0.033 43	-0.161 87	-0.339 91
倒 2 节长	-0.282 57	0.320 24	-0.355 7	0.076 10	-0.379 26	-0.106 68	-0.321 45	-0.073 97	-0.398 72	-0.056 5
倒 2 节鲜重	-0.080 69	0.332 90	-0.185 97	0.172 85	-0.233 48	-0.185 79	-0.321 15	-0.303 67		
倒 2 节干重	-0.449 35*	0.030 65	-0.109 61	0.236 21	-0.001 23	0.124 11	-0.351 44	-0.002 34	-0.503 93*	-0.372 65
倒 3 节长	-0.398 51	0.124 69	-0.419 47	·-0.034 66	-0.440 32*	-0.028 41	-0.394 76	-0.054 97	-0.421 42	-0.044 81
倒 3 节鲜重	-0.329 60	-0.005 61	-0.290 69	0.031 98	-0.368 03	-0.028 21	-0.518 71*	-0.239 62		
倒 3 节干重	-0.230 85	-0.056 05	-0.290 43	0.108 93	-0.158 41	0.100 8	-0.466 09*	0.060 64	-0.409 72	-0.207 09
倒 4 节长	-0.381 06	-0.018 95	-0.378 19	-0.159 19	-0.478 13*	-0.151 17	-0.397 05	-0.059 80	-0.377 08	-0.105 85
倒 4 节鲜重	-0.302 42	-0.192 38	-0.279 82	-0.053 14	-0.436 09*	-0.353 2	-0.433 68	-0.203 01		
倒 4 节干重	-0.237 25	-0.338 15	-0.526 46*	-0.137 23	-0.187 34	0.098 82	-0.503 89*	-0.118 64	-0.394 87	-0.139 35
倒 5 节长	-0.160 17	0.328 06	0.004 17	-0.049 04	-0.247 96	-0.029 62	-0.282 98	-0.149 57	-0.189 13	-0.047 06
倒 5 节鲜重	0.359 68	0.101 62	0.276 34	-0.014 80	0.001 07	0.246 97	-0.179 51	-0.258 32		
倒 5 节干重	0.073 95	-0.234 28	0.004 25	0.129 39	0.239 13	0.433 72*	-0.191 32	-0.206 22	-0.212 93	-0.097 8

显著;干重与产量性状整体呈负相关,达显著差异水平较显著,具体表现为倒 2 节在挑旗期和成熟期同产量性状显著负相关,倒 3 节在顶满仓期呈显著负相关,倒 4 节在抽穗和顶满仓期为显著负相关节在抽穗期和顶满仓期呈显著负相关,倒 4 节干重在抽穗期为显著负相关,节干重在抽穗期呈显著负相关。抗旱指数方面,节长整体与抗旱指数负相关不显著,节间整长度与抗旱指数呈负相关但不显著,但倒 1 节节长却与抗旱指数在挑旗期、抽穗期、半仁期和成熟期呈正相关,且在抽穗期达极显著差异水平;干重与品种抗旱指数整体成正相关,差异不显著,但倒 1 节干重在顶满仓期以前与抗旱指数呈正相关且在半仁期差异达显著水平,倒 5 节干重在抽穗期和半仁期同抗旱指数呈正相关且在半仁期差异达极显著水平。水地环境下(见表 7-18),产量方面,节长同产量性状整体呈显著负相关,具体的节长中,倒 2、3、4 节同旱地产量在灌浆中期呈显著负相关,倒 1、5 节前期呈正相关,后期呈负相关,但差异都不显著;节干重同产量性状相关性表现为,倒 1、5 节总体呈正相关,但不显著,倒 2、3、4 节总体呈负相关不显著。抗旱指数方面,节间长与抗旱指数,灌浆前期呈正相关不显著,中后期呈负相关不显著;节干重与抗旱指数表现出灌浆前期呈正相关不显著、中后期呈负相关不显著。值得注意的是,倒 1、4 节在灌浆前期和末期呈负相关,而在灌浆中期呈正相关,且倒 1 节在抽穗期达极显著差异水平。

四、旱地小麦叶的生长发育

(一)旱地小麦叶的生长

小麦的叶按植物解剖学可分为普通叶(营养叶)和变态叶(不完全叶)两种。变态叶包括盾片、胚芽鞘、分蘖鞘、外子叶和稃壳等。普通叶(又叫真叶、绿叶、安全叶)由叶片(叶身)、叶鞘、叶耳、叶舌、叶枕 5 个部分组成。叶片是普通叶的主体部分,光合作用、呼吸作用及蒸腾等生理过程主要通过它进行。

早期的许多研究表明,抗旱品种一般叶片窄长而下披(张正斌,1992)。近 20 年来,旱地品种的株高下降了,叶子趋于短小。旱地小麦叶片和水地叶片相比,旱地叶片一般短小,特别是上部叶片很小,全株叶片呈塔形分布。这种株型不仅有利于株间的光分布,而且对后期增加根系活力、提高光合生产能力十分有利,故旱地小麦大多表现活秆成熟,而水浇地小麦上部叶片一般都偏大。吴少辉(2005)利用 20 个小麦品种,在水旱两种环境模式下种植,对生长后期小麦上 3 叶的性状进行研究,结果(见表 7-19)表明,小麦品种在水旱不同环境模式下种植,上 3 叶的性状存在较大差异。

(二)旱地小麦生长后期上三叶性状与抗旱性和产量构成因素关系

吴少辉(2005)选用 20 个旱地小麦品种,在育种圃种植模式下,对生长后期(挑旗期、抽穗期、半仁期、顶满仓期)上部 3 片叶的叶片含水量及其他性状与抗旱性和产量指标之间的关系,采用相关和回归分析方法进行分析,总结出不同时期上 3 叶性状与抗旱性和产量及其构成因素的关系,结果表明挑旗期到抽穗期选择倒 3 叶叶片含水量大的材料,不仅能提高亩成穗数,而且有利于提高产量;半仁期选择上 3 叶含水量低,特别是旗叶含水量低的材料,最终达到丰产性与抗旱性兼顾。顶满仓期降低上 3 叶含水量,特别是降低旗叶和倒 2 叶的含水量,在提高千粒重和抗旱性的基础上,提高产量(见表 7-20)。

表 7-18　水地环境下茎秆各性状同产量和抗旱指数的相关系数

项目	挑旗期		抽穗期		半仁期		顶满仓期		成熟期	
相关性状	产量	抗旱指数	产量	抗旱指数	产量	抗旱指数	产量	抗旱指数	产量	抗旱指数
倒 1 节长	0.123 23	0.336 58	0.159 65	0.426 00	-0.167 51	-0.191 82	-0.318 62	-0.104 02	-0.233 5	-0.047 08
倒 1 节鲜重	0.270 32	0.522 97**	0.383 25	0.349 38	0.151 73	-0.273 81	0.016 29	-0.136 93		
倒 1 节干重	-0.185 43	-0.034 96	0.186 44	0.529 53**	0.385 53	0.266 87	0.166 09	-0.212 00	0.150 56	-0.128 84
倒 2 节长	-0.279 45	0.211 64	-0.371 84	0.038 52	-0.445 72*	-0.201 19	-0.507 02*	-0.239 70	-0.336 14	-0.176 50
倒 2 节鲜重	0.132 24	0.491 03*	0.174 5	0.080 89	0.112 67	-0.230 78	-0.197 24	-0.514 73*		
倒 2 节干重	-0.008 63	0.171 50	-0.093 87	0.383 11	-0.164 32	-0.230 76	-0.079 66	-0.274 44	-0.036 65	-0.312 15
倒 3 节长	-0.384 03	0.089 69	-0.455 66*	-0.070 95	-0.426 03	-0.122 84	-0.493 62*	-0.061 91	-0.331 59	-0.017 89
倒 3 节鲜重	0.129 78	0.278 22	0.098 8	0.010 74	-0.117 92	-0.041 2	-0.442 53	-0.321 71		
倒 3 节干重	-0.079 89	0.090 62	0.084 8	0.343 67	-0.162 8	0.160 01	-0.420 99	-0.222 37	-0.197 1	-0.291 47
倒 4 节长	-0.387 40	-0.006 17	-0.533 1**	-0.146 50	-0.453 86*	-0.081 53	-0.450 49*	-0.155 09	-0.438 52*	-0.135 54
倒 4 节鲜重	0.074 99	0.026 15	-0.130 96	-0.117 40	-0.225 67	-0.208 55	-0.367 87	-0.265 55		
倒 4 节干重	-0.015 84	-0.090 43	0.061 69	0.319 54	-0.207 19	0.048 11	-0.305 32	-0.056 10	-0.243 52	-0.357 92
倒 5 节长	0.105 11	0.273 40	-0.330 71	-0.031 02	-0.227 25	0.188 32	-0.291 27	-0.111 62	-0.050 3	0.022 18
倒 5 节鲜重	0.410 42	0.192 73	0.081 00	-0.114 04	-0.107 02	-0.072 73	-0.355 19	-0.383 20		
倒 5 节干重	0.257 83	0.280 15	0.133 25	0.355 01	0.347 71	-0.064 96	-0.020 16	-0.035 70	0.002 96	-0.137 05

表 7-19　旱、水地小麦上 3 叶性状比较(吴少辉,2005)

性状	倒1叶长	倒1叶宽	倒1叶鲜重	倒1叶干重	倒2叶长	倒2叶宽	倒2叶鲜重	倒2叶干重	倒3叶长	倒3叶宽	倒3叶鲜重	倒3叶干重
水地	22.53	1.97	0.63	0.15	28.76	1.67	0.76	0.13	24.94	1.50	0.65	0.09
旱地	17.63	1.74	0.36	0.15	25.78	1.49	0.50	0.18	24.77	1.24	0.37	0.12
差值	4.90	0.23	0.27	0.00	2.98	0.18	0.26	-0.05	0.17	0.26	0.28	-0.03

通过对上 3 叶性状与抗旱指数和产量及其构成因素的相关和回归分析,结果表明,在不同时期同一育种目标对上 3 叶的性状要求不同,同一时期不同叶片对抗旱性和产量及其构成因素的贡献也不同。所以育种者要根据育种目标,在不同时期对叶片性状的选择要有不同的侧重点,而且要考虑性状之间的相互搭配。从整体上可以看出,上 3 叶越长、长/宽越大,抗旱性越强。倒 2 叶、倒 3 叶宽度较小有利于提高灌浆期田间的通风透光性能力,对提高光能利用效率更有利。所以在抗旱育种上,要注重上 3 叶的长宽比例,旗叶的长度要适中,并不是越长越好,而且生物产量不能很大,这同柴守玺的研究结果是一致的,即旗叶叶片薄是抗旱的理想类型(见表 7-21 ~ 表 7-24)。

五、旱地小麦根系生长与地上部植株生育的关系

由于旱地小麦的生长发育、器官建成都受土壤水分丰欠的制约。因而,旱地小麦根系生长量和入土深度都直接影响地上部的生长发育。地上植株与地下根系的生育规律具备与平原水浇地不同的特点。据山西农业大学在黄土高原亩产 225 kg 的旱地小麦田测定,小麦根系各生育期的生物量所占百分率:冬前 39.3%,返青期 40.5%,拔节期 87.0%,抽穗期 100%,根系生物量的增长速度以返青期至拔节期最快,抽穗期达到最大值。地上部各生育期生物量所占百分率为:冬前 7.0%,返青期 8.6%,拔节期 25.5%,抽穗期 49.5%,成熟期 100%,地下部根系的生长发育速度在前中期显著高于地上部。小麦全生育期生物量的根冠比(S/R)随生育进程而递增,各生育期分别为:冬前期 6.3、返青期 5.7、拔节期 10.4、抽穗期 17.4,成熟期 33.0。根深与株高的比值(Rd/Sh)各生育期分别为:越冬期 11.3、返青期 19.9、拔节期 10.0、抽穗期 4.2、成熟期 4.5,说明根系下扎速度在返青至拔节期最快,与生物量的增长是一致的。虽然根系下扎深度在各生育期都数倍于株高,但其比值也是随生育期的进程而下降,说明旱地小麦根系先于地上部的生长,证明根系先行生长是地上部营养器官和生殖器官建成的基础。这就是通常所说的旱地小麦冬季具有“上闲下忙”的生长特点。

六、旱地小麦分蘖成穗特点与提高分蘖成穗的途径

雨水充分的年份旱地麦田小麦分蘖的发生遵守叶蘖同伸规律,但在干旱缺水年份旱地麦田的分蘖常有缺位现象。造成缺位的原因主要是口墒不足,整地不实,使分蘖节迟迟不长次生根,同样也不产生相应的分蘖,一旦遇雨或土壤踏实后,即在分生能力较强的上位节上产生分蘖与次生根,原来(节位)下位节的分生能力减弱,不再产生分蘖,造成分蘖缺位。

表 7-20　叶片含水量与抗旱性和产量及其构成因素的相关性分析

项目	挑旗期			抽穗期			半仁期			顶满仓期		
	旗叶	倒 2 叶	倒 3 叶	旗叶	倒 2 叶	倒 3 叶	旗叶	倒 2 叶	倒 3 叶	旗叶	倒 2 叶	倒 3 叶
抗旱指数	0.007 6	-0.017	0.058 9	-0.067	0.006 3	-0.350 5	-0.323 4	-0.224 5	-0.100 2	-0.135 4	-0.047 3	-0.022 9
单株穗数	-0.055	0.118 9	0.070 1	0.166 5	0.166 9	0.550 8*	-0.013 4	-0.016 7	-0.163 1	0.628 4**	0.390 1	-0.125 4
亩成穗数	-0.118	0.485 9*	0.563 7**	-0.321 6	-0.387 3	-0.136	-0.229 5	-0.199 8	-0.290 3	0.361	0.186 2	-0.109 5
穗粒数	-0.206	0.133 2	0.100 3	0.152 1	0.008 5	0.211 5	-0.076 5	-0.120 1	-0.141 6	0.299 4	0.143 6	-0.017 3
千粒重	0.057 1	-0.108	-0.232	-0.14	0.006 5	-0.108 7	-0.451 1*	-0.291 8	-0.176 1	-0.434 2	-0.456 7*	0.084 1
小区产量	0.092 1	0.133 4	0.401 3	-0.087	-0.032 3	-0.126 2	0.109 8	-0.027	-0.012 4	-0.278 3	0.273 1	0.136 4

表 7-21　挑旗期上 3 叶性状与抗旱指数和产量及其构成因素的相关分析

上 3 叶	性状	单株穗数	穗粒数	千粒重	亩成穗数	产量	抗旱指数
旗叶	长	0.387 4	0.090 8	0.123 6	0.163 8	-0.204 7	0.122 4
	宽	-0.190 8	-0.043 3	-0.084 1	-0.345 8	0.413 8	-0.119 1
	面积	0.178 2	0.069 0	0.019 4	-0.144 3	0.164 8	-0.018 6
	长/宽	0.326 7	0.040 8	0.155 0	0.336 9	-0.362 8	0.197 5
	鲜重	-0.194 5	-0.043 3	-0.081 5	-0.347 8	0.415 6	-0.121 4
	干重	-0.033 1	0.207 7	-0.111 5	-0.056 6	0.136 9	-0.078 2
倒 2 叶	长	0.044 0	0.088 4	0.241 2	0.263 8	-0.232 1	0.202 2
	宽	0.290 7	0.097 6	-0.197 9	-0.008 7	0.224 5	0.062 5
	面积	0.296 9	0.119 7	-0.153 5	0.036 6	0.179 5	0.099 8
	长/宽	-0.141 5	-0.127 4	0.293 2	0.306 8	-0.307 1	0.152 2
	鲜重	-0.040 1	0.338 8	0.007 7	-0.195 2	0.018 3	-0.243 6
	干重	-0.194 5	0.239 1	0.088 5	-0.565 5	-0.116 1	-0.248 6
倒 3 叶	长	-0.277 4	0.001 9	0.044 7	0.297 4	0.062 5	0.384 7
	宽	-0.116 7	0.339 2	-0.090 7	-0.444 3	0.195 0	-0.091 4
	面积	-0.289 2	0.195 3	-0.003 7	-0.109 1	0.172 9	0.198 2
	长/宽	-0.102 4	-0.166 3	0.082 4	0.577 4	-0.086 8	0.374 9
	鲜重	-0.247 3	0.376 4	-0.030 5	-0.283 3	0.084 7	-0.157 2
	干重	-0.222 9	0.151 1	0.151 0	-0.590 7	-0.246 0	-0.118 6

表 7-22　抽穗期上 3 叶性状与抗旱指数和产量及其构成因素的相关分析

上 3 叶	性状	单株穗数	穗粒数	千粒重	亩成穗数	产量	抗旱指数
旗叶	长	0.543 8	0.064 0	-0.173 2	0.279 8	-0.200 8	0.291 3
	宽	0.037 6	0.293 4	-0.158 1	-0.382 9	0.238 2	-0.164 2
	面积	0.389 1	0.236 9	-0.239 8	-0.051 3	0.043 6	0.102 4
	长/宽	0.420 6	-0.126 0	-0.006 9	0.511 1	-0.320 5	0.357 9
	鲜重	0.397 6	0.172 9	-0.201 7	-0.097 9	0.057 1	-0.023 6
	干重	0.323 2	0.029 6	-0.120 7	0.159 9	0.116 3	0.048 9
倒 2 叶	长	0.168 5	0.088 0	0.028 2	0.297 9	-0.173 2	0.302 3
	宽	0.000 0	0.295 5	-0.159 1	-0.473 3	0.279 7	-0.228 7
	面积	0.114 8	0.271 5	-0.104 2	-0.112 5	0.087 1	0.066 2
	长/宽	0.144 8	-0.083 8	0.124 0	0.522 9	-0.294 4	0.362 5
	鲜重	0.016 3	0.179 1	-0.063 5	-0.153 9	0.168 5	-0.130 8
	干重	-0.114 1	0.179 2	-0.055 1	0.062 2	0.201 7	-0.136 3
倒 3 叶	长	-0.302 6	-0.034 8	0.174 5	-0.034 1	-0.095 6	0.030 9
	宽	-0.074 7	0.365 5	-0.025 8	-0.558 7	0.081 4	-0.389 5
	面积	-0.239 6	0.243 7	0.091 3	-0.447 5	0.013 8	-0.270 8
	长/宽	-0.108 9	-0.246 4	0.116 2	0.455 7	-0.109 8	0.319 1
	鲜重	-0.276 1	0.188 2	0.020 7	-0.370 8	0.130 9	-0.317 7
	干重	-0.635 3	-0.023 5	0.123 2	-0.233 5	0.200 1	-0.035 4

表 7-23　半仁期上 3 叶性状与抗旱指数和产量及其构成因素的相关分析

上 3 叶	性状	单株穗数	穗粒数	千粒重	亩成穗数	产量	抗旱指数
旗叶	长	0.504 4	0.212 4	-0.115 4	0.235 2	-0.308 1	0.218 1
	宽	-0.213 5	0.133 1	-0.254 3	-0.317 5	0.310 3	-0.301 6
	面积	0.135 7	0.303 0	-0.361 5	-0.178 2	0.099 6	-0.170 0
	长/宽	0.368 7	-0.035 6	0.174 3	0.382 5	-0.344 9	0.365 8
	鲜重	0.152 0	0.381 3	-0.382 5	-0.268 1	0.110 2	-0.240 3
	干重	0.205 3	0.582 5	0.072 9	-0.108 4	0.057 2	0.079 7
倒 2 叶	长	0.266 8	0.145 5	-0.007 6	0.288 0	-0.438 1	0.218 2
	宽	-0.360 5	0.121 3	-0.177 6	-0.418 9	0.203 7	-0.277 2
	面积	-0.142 0	0.234 5	-0.219 7	-0.233 5	-0.121 3	-0.136 5
	长/宽	0.347 7	-0.047 4	0.169 7	0.461 5	-0.319 2	0.338 2
	鲜重	-0.263 4	0.141 6	-0.123 5	-0.336 9	0.071 4	-0.111 6
	干重	-0.266 0	0.361 5	0.153 2	-0.160 2	0.197 7	0.089 7
倒 3 叶	长	-0.147 1	0.122 5	-0.086 8	-0.175 2	-0.350 1	0.057 8
	宽	-0.451 0	0.010 7	0.097 1	-0.257 0	0.224 4	-0.146 6
	面积	-0.396 9	0.063 4	0.042 6	-0.268 8	0.001 4	-0.094 7
	长/宽	0.342 4	0.008 7	-0.075 0	0.199 8	-0.416 7	0.235 3
	鲜重	-0.341 1	0.011 5	0.047 8	-0.337 3	0.122 1	-0.093 9
	干重	-0.478 2	0.223 6	0.290 9	-0.176 4	0.236 3	0.092 0

表 7-24　顶满仓期上 3 叶性状与抗旱指数和产量及其构成因素的相关分析

上 3 叶	性状	单株穗数	穗粒数	千粒重	亩成穗数	产量	抗旱指数
旗叶	长	0.442 3	0.031 1	0.134 1	0.143 1	-0.356 5	0.082 2
	宽	0.060 5	0.352 5	-0.188 6	-0.370 6	0.148 3	-0.340 11
	面积	0.384 4	0.299 9	-0.052 4	-0.170 3	-0.147 4	-0.207 51
	长/宽	0.299 5	-0.162 8	0.212 6	0.342 5	-0.334 0	0.278 08
	鲜重	0.441 5	0.269 2	-0.063 1	-0.149 4	-0.165 4	-0.363 27
	干重	0.349 2	0.352 8	-0.387 9	-0.002 1	-0.470 9	-0.328 76
倒 2 叶	长	0.169 8	-0.053 0	0.191 2	0.268 8	-0.316 2	0.286 81
	宽	-0.071 6	0.360 0	-0.091 8	-0.528 5	0.132 5	-0.404 42
	面积	0.053 1	0.278 5	0.038 0	-0.293 9	-0.122 7	-0.157 29
	长/宽	0.166 2	-0.219 5	0.185 7	0.508 8	-0.253 6	0.423 65
	鲜重	-0.020 2	0.187 0	0.075 3	-0.254 4	0.038 9	-0.325 11
	干重	-0.413 7	-0.093 8	0.543 7	-0.348 1	-0.248 8	-0.188 14
倒 3 叶	长	-0.239 7	0.026 2	0.180 9	0.036 4	-0.242 2	0.151 68
	宽	-0.311 7	0.199 8	0.100 3	-0.617 3	0.113 6	-0.396 29
	面积	-0.383 4	0.168 1	0.176 4	-0.521 1	-0.014 1	-0.257 71
	长/宽	0.194 6	-0.135 8	0.041 8	0.596 3	-0.226 5	0.419 45
	鲜重	-0.436 9	-0.037 5	0.352 8	-0.330 9	0.054 4	-0.128 65
	干重	0.201 6	-0.152 2	0.220 1	-0.063 8	-0.251 0	-0.092 62

在实践中，由于品种特性、播期、播量、播种深浅以及水、肥、温、光等条件的影响，分蘖数完全符合分蘖情况的不太多，尤其是旱地播种严重干旱，冬前积温不足等情况下，造成分蘖缺位，分蘖数少。

（一）分蘖消长特点

雨水充足的年份旱地小麦的分蘖消长同水地一样也表现为“两个盛期，一个高峰，越冬不停，集中死亡”，这样的年份非常少。丘陵旱地小麦分蘖消长受气候土壤双重影响，其表现特别明显，降雨多，地力肥，分蘖发生的就多，可按器官同伸规律发生。遇夏季多雨，秋季气温适宜，适期播种的小麦，年前会形成高峰，但是当秋季干旱，土壤墒情很快丧失，播种质量不高，为此实行探墒播种，分蘖节处于土壤的干土层里，故经常形成弱苗，分蘖缺位，形不成冬前高峰，到春季又是干旱，不仅不会产生分蘖，而且年前分蘖也很快死亡。形成了秋季旺盛高峰，春季迅速死亡的情况，即前旺后衰特点。

（二）分蘖成穗的特点

从分蘖的发生部位来看，旱地与水地一样，低级、低位蘖的成穗率高于高级、高位蘖。（余四平，2006）在旱作情况下对洛麦21、洛旱6号、豫麦49、偃展4110等的分蘖情况进行了研究，Ⅰ、Ⅱ级分蘖的成穗率分别达到90%和80%，主茎和Ⅲ级分蘖的成穗率高于50%（见表7-25）。

表7-25　不同播期不同品种的成穗数及各级分蘖的成穗率（定株观察10株）

项目	洛麦21号			洛旱6号			豫麦49号			偃展4110			平均
	10-04	10-14	10-24	10-04	10-14	10-24	10-04	10-14	10-24	10-04	10-14	10-24	
成穗数	28	27	31	45	35	28	37	36	39	47	44	33	35.8
总分蘖数	182	158	116	138	127	87	194	161	105	175	151	119	143
主茎（%）	60	50	70	90	90	70	0	10	50	0	40	100	52.5
Ⅰ（%）	100	80	80	100	100	100	100	80	90	60	90	100	90
Ⅱ（%）	60	70	60	90	90	50	100	70	100	100	90	80	80
Ⅲ（%）	25	30	80	40	20	11.1	50	80	70	80	80	40	50.5
Ⅳ（%）	0	0	16.7	10	11.1	0	20	10	37.5	40	20	0	13.8
C（%）	100	50	33.3	100	33.3	37.5	0	83.3	50	0	0	0	40.6
$Ⅰ_p$（%）	30	30	0	70	20	22.2	70	50	20	80	77.8	10	40
其他分蘖（%）	0	0	0	2.7	0	0	2.3	1.1	0	9.9	5.4	0	1.78

注：Ⅰ、Ⅱ、Ⅲ、Ⅳ分别为第1、2、3、4个一级分蘖，C为胚芽鞘蘖，$Ⅰ_p$为Ⅰ的第1个二级分蘖。

（三）不同年份小麦分蘖的特点

旱地小麦的分蘖除受品种特性、土壤肥力等因素影响外，降雨的多少也是主要制约因素。不同年份由于降雨量的不同，分蘖数量也显著不同，而且变幅较大，其规律性不如水地明显。

(1)干旱年份。播种期若遇干旱,出苗迟而不全,尤其是在探墒播种的情况下,苗质很弱,分蘖产生的晚且数量少,大多是高位分蘖,分蘖成穗率低。春季干旱,一般不再分蘖,并且分蘖迅速死亡,分蘖死亡率较高,有的年份主茎也有死亡现象,所以干旱年份主茎成穗占95%以上。

(2)正常年份。也可叫平水年份。小麦可以适期播种,出苗全而壮,冬前可产生一定的分蘖,分蘖高峰期大多在冬前出现。由于春季干旱频繁,返青起身期就开始两级分化,如果这时田间保墒工作做得好,一部分分蘖还可以成穗。据调查,主茎穗一般占70%～80%,分蘖穗占20%～30%。

(3)丰水年份。在伏天多雨,秋雨不断,播种时墒情好,苗齐苗壮,冬前充分利用积温,可产生大量的分蘖,尤其在地力较肥的田块,年前就可以封垄。春季雨水充足,还可以形成第二个分蘖高峰,最高每公顷可达1 500万头以上。在这种情况下,有效分蘖期长,分蘖成穗率高。据调查主茎穗占50%～60%,分蘖穗占40%～50%,与水地一样,茎蘖并重。

七、旱地小麦的幼穗分化

(一)旱地小麦幼穗分化特点

旱地小麦幼穗分化规律与水浇地基本一致,但由于干旱缺水等因素的影响,旱地小麦幼穗发育进程和小花、小穗的退化与水浇地略有不同。

1.旱地小麦幼穗分化前期慢后期快

旱地小麦幼穗分化历时一般为150～160 d,占全生育期时长的68%～70%。由于土壤墒情的原因,旱地小麦播种普遍存在"墒到不等时"现象,故其播期较水地偏早,一般9月下旬至10月上旬播种。旱地多处于丘陵地带,气温下降相对较快,小麦较早的通过春化阶段,幼穗分化较水地提前。洛阳农科院试验结果表明,旱地种植条件下,半冬性小麦品种出苗20 d左右开始幼穗分化,比水浇地早5～7 d。旱地小麦幼穗分化全过程中,幼穗生长锥伸长期至护颖原基分化期一般为120 d左右,分化时间占总分化时间的80%左右,而水浇地半冬性小麦品种此阶段一般为115 d左右,占幼穗分化总时间的75%。单棱期至护颖分化期是决定小穗数多少的关键时期,其分化时间长短,直接影响小穗数的多少。旱地小麦由于幼穗分化开始较早,而且此时土壤营养状况尚好,因此分化的小穗数与水浇地相差无几,一般每穗可分化小穗数20个左右。从护颖原基分化期至四分体时期,由于丘陵旱地降雨量较少,春季气温回升快,蒸发量大,土壤墒情差,加上小麦返青后生长加快,需要肥水量较多,致使小麦生殖生长相对加快,幼穗分化后期历时相对较短,一般历时30 d左右。而水浇地由于土壤水肥充足,一般需要经历40 d左右,这样就形成了旱地小麦分化"前期慢、历时长,后期快、历时短"的特点。生产上旱、水地小麦幼穗分化进程比较见表7-26。

2.旱地小麦小花、小穗退化多

小麦护颖原基分化期到四分体时期是颖片和雌雄蕊的分化形成期,该阶段的发育状况直接影响到穗粒数的多少。该时期一般处在3月中旬到4月上旬,这个时期在河南的气候特征上有着"十年九春旱"之说,另外倒春寒也经常发生。由于降雨量较少,远远不能满足小麦生长发育对水分的需求，特别是小麦发育进入到四分体时期对水分十分敏感，称为小麦需水的“临界期”，此时干旱胁迫会严重影响小花的正常发育，导致小花退化，若此时期再发生倒春寒，小花退化现象会更严重，出现穗子上部不育，甚至整穗小花全部退化，形成不结实穗。

表 7-26　生产上旱、水地小麦幼穗分化进程比较

类型	幼穗分化总天数（d）	伸长期（月-日）	单棱期（月-日）	二棱期（月-日）	护颖原基分化期（月-日）	小花分化期（月-日）	雌雄蕊原基分化期（月-日）	药隔形成期（月-日）	四分体期（月-日）
水地	143	11-26	12-11	12-29	03-12	03-17	03-24	04-08	04-11
旱地	150	11-14	11-21	12-13	03-10	03-12	03-17	03-28	04-11

（二）提高旱地小麦穗粒数的关键措施

1. 蓄水保墒

春季少雨、土壤墒情差是旱地小麦幼穗分化历时短、结实数少的主要原因。冬前至越冬期，可采用中耕镇压等蓄水保墒措施。中耕能切断土壤毛细管，减少土壤水分蒸发，还可疏松土壤，提高地温，保证麦苗安全越冬和促进麦苗早发；镇压可以压碎坷垃，减少水分散失，使深层土壤中的水分上升到根系密集层供小麦利用。镇压结合中耕，保墒效果更好。

2. 趁墒追肥

土壤缺肥是旱地小麦穗粒数少的又一重要影响因素。丘陵旱地，一般地形复杂机械耕作不便，导致耕层较浅，再加上地面坡度大，水土流失严重，造成土壤肥力较低，无法满足小麦健壮生长的需要。越冬前后可遇雨雪趁墒补施氮肥，以促进幼穗发育，增加穗分化强度，延长穗分化时间，提高穗粒数。

八、旱地小麦籽粒灌浆

（一）旱地小麦灌浆特点

丘陵旱地小麦和平原水浇地小麦籽粒灌浆规律基本一致。由于干旱和其他生态条件的原因，旱地小麦与水浇地相比，其籽粒灌浆还具有“开始早、高峰来得快、灌浆强度低、历时短”的特点。旱地小麦由于幼穗分化结束早，其开花期较水浇地一般早 3 ~5 d。同时，由于干旱等因素的影响，导致光合强度低，根系和叶片早衰，灌浆提前结束。吴建国（1983）在小麦后期缺水条件下，对生理指标的测定结果表明，小麦灌浆期间，光合强度在干旱胁迫条件下比正常水分条件下降低 50%，而呼吸作用增强，其旗叶比正常水分小麦早死 5 ~7 d。一般年份，旱地小麦开花到成熟历时 33 d 左右，千粒重平均日增量在 1.2 kg 左右，低于水浇地。河南农业大学（1998）对旱地小麦与水浇地小麦籽粒灌浆特性进行了比较测定，从相同的生育时期看，旱地与水浇地小麦灌浆进程的趋势是一致的。

吴少辉（2005）选用当前黄淮麦区推广的小麦品种为材料，研究了黄淮麦区水、旱两种生态类型小麦品种的灌浆特性。设 R 为籽粒平均灌浆速率，T 为灌浆持续天数，R_{max} 为最大灌浆速率，T_{max} 为达到 R_{max} 的时间。灌浆过程划分为：灌浆渐增期、灌浆快增期、灌浆缓增期3个阶段。T_1、R_1、T_2、R_2、T_3、R_3 分别表示3个阶段灌浆持续时间和阶段灌浆速率。试验结果表明,参试水地品种籽粒干物质积累变化趋势基本一致,曲线聚集程度比较高,均呈"S"型曲线变化,籽粒增重进程表现为前期慢、中期快、后期平稳的变化态势。参试旱地品种籽粒干物质积累变化趋势基本一致,也呈现出"S"型曲线变化,但曲线比较分散(见图7-4、图7-5)。

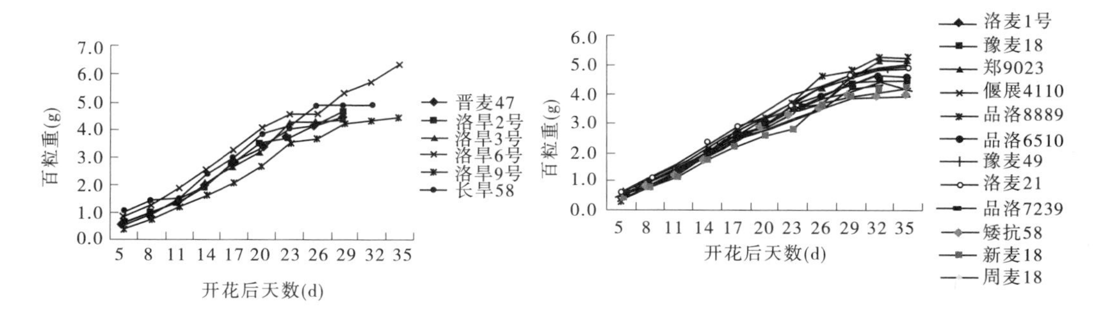

图7-4　旱地参试品种籽粒干物质积累图　　　　图7-5　水地参试品种籽粒干物质积累图

(二)旱地小麦不同灌浆阶段的灌浆特点

吴少辉(2005)研究发现,两种生态类型下,不同灌浆阶段的参数有着很大的差异。水地品种的平均灌浆时间比旱地品种长2.2 d,其中前两个阶段(T_1、T_2)两种生态类型差别较小,相差不到1 d,但灌浆缓增期持续时间(T_3),水地品种要比旱地品种长1.15 d,而且旱地品种不同阶段的灌浆速率均比水地品种大,千粒重比水地品种高出2.07 g(见表7-27)。

表7-27　水、旱两种生态类型的灌浆进程Logistic方程参数(吴少辉,2005)

项目	R_{max}	R	R_1	R_2	R_3	T	T_1	T_2	T_3	千粒重
水地品种平均值	0.213 0	0.138 4	0.112 7	0.186 7	0.087 3	33.7	9.29	15.32	9.13	46.62
旱地品种平均值	0.230 4	0.155 1	0.131 5	0.202 0	0.098 2	31.5	8.56	14.97	7.98	48.69
水旱差值	-0.017 4	-0.016 7	-0.018 8	-0.015 3	-0.010 9	2.2	0.73	0.35	1.15	-2.07

(三)旱地小麦籽粒灌浆参数与粒重形成的关系

吴少辉(2005)研究结果,对水地品种来说,籽粒灌浆参数中的灌浆速率对粒重的影响明显大于灌浆时间,旱地次之。对籽粒灌浆参数与粒重形成进行相关分析,结果表明,水地品种,差异达到显著水平的有 R、R_3、R_{max}、T_{max};旱地品种,差异达到显著水平的有 R、R_2、T_2。所以水地育种者,应将平均灌浆速率、缓增期籽粒灌浆、最大灌浆速率及其出现的时间等特性作为小麦高产育种的重要选择指标。旱地育种者在注重平均灌浆速率的同时,加大快增期的灌浆速率,可保证籽粒干物质量的迅速积累,从而躲过后期干旱、干热风等危害,保证小麦粒重稳定提高(见表7-28、表7-29)。

表 7-28　水地品种灌浆参数及粒重间相关分析

相关系数	R_{max}	R	R_1	R_2	R_3	T	T_1	T_2	T_3	千粒重
T_{max}	0.147 7	0.656 4*	0.277 2	0.147 8	0.603 0*	-0.124 0	0.697 8*	0.728 0**	-0.742 0**	0.660 2*
R_{max}		0.561 1	0.109 2	1.000 0**	0.381 3	0.088 0	0.522 2	-0.293 0	0.083 2	0.654 4*
R			0.601 9*	0.561 4	0.879 5**	-0.432 0	0.431 5	0.503 9	-0.718 0**	0.884 8**
R_1				0.109 7	0.259 6	0.005 0	-0.329 0	0.702 0*	-0.338 0	0.685 6*
R_2					0.381 5	0.087 8	0.521 9	-0.292 0	0.082 9	0.654 5*
R_3						-0.742 0**	0.517 4	0.346 5	-0.842 0**	0.585 0*
T							-0.072 0	-0.104 0	0.722 2**	0.036 2
T_1								0.016 9	-0.354 0	0.422 4
T_2									-0.697 0*	0.518 1
T_3										-0.427 0

表 7-29　旱地品种灌浆参数及粒重间相关分析

相关系数	R_{max}	R	R_1	R_2	R_3	T	T_1	T_2	T_3	千粒重
T_{max}	0.211 6	0.400 2	-0.071	0.210 6	0.610 2	0.393 4	0.837 0*	0.689 2	-0.524 0	0.576 9
R_{max}		0.880 8*	0.508 4	1.000 0**	0.828 2*	-0.402 0	0.048 1	0.318 4	-0.617 0	0.761 3
R			0.697 0	0.880 2*	0.942 6**	-0.338 0	0.041 9	0.665 9	-0.802 0	0.909 8*
R_1				0.508 0	0.432 6	-0.084 0	-0.576	0.635 3	-0.259 0	0.715 2
R_2					0.827 6*	-0.402 0	0.047 5	0.317 3	-0.616 0	0.760 5
R_3						-0.324 0	0.353 4	0.631 2	-0.910 0*	0.846 9*
T							0.272 9	0.342 3	0.540 8	0.082 1
T_1								0.180 4	-0.348 0	0.141 9
T_2									-0.483 0	0.849 8*
T_3										-0.596 0

（四）提高旱地小麦粒重的途径

小麦籽粒形成和灌浆期是决定粒重高低的关键时期。针对丘陵旱地干旱缺水的实际，结合小麦生长发育状况和籽粒灌浆特点：一方面维持和延长植株后期功能叶的寿命，延缓早衰，提高光合强度，尽可能增加后期光合产物的积累量。另一方面，由于旱地小麦生长后期生态条件差，时间短，管理的回旋余地较小。因此，要实现提高粒重的目的，必须从生育前期着手,培育壮苗,建立合理的群体结构,抽穗后要注意养根保叶,防止早衰,防治病虫害,防止干热风。

第四节　旱地小麦栽培技术

旱区冬小麦一般在9月中下旬播种,第二年6月上中旬成熟,全生育期均处于少雨季节,降水量只占小麦总需水量的1/4~1/2,水分供需矛盾非常突出。该区年平均气温12.0~14.6℃,年日照时数2 083~2 346 h,光热资源比较充足,可以满足小麦生长发育的需要。该区耕作制度以一年两熟为主,兼有两年三熟、一年一熟。一年一熟多为麦田连作,一年两熟多为小麦-玉米(谷子、绿豆等)轮作,两年三熟多为瓜类(棉花)-小麦-玉米。由于该区生产条件较差,土壤养分不足,耕作管理粗放,农民人均收入低,对农业投入不足,农作物产量水平不高。

一、旱地小麦的水肥要求

肖俊夫(2006)研究了不同生育期干旱处理对冬小麦产量及产量构成因素的影响,结果(见表7-30)表明,不同时期干旱处理间,产量存在显著差异,与适宜水分处理下比较,抽穗期干旱处理减产32%;拔节期干旱处理减产19.8%、灌浆期干旱处理减产11.5%、返青期干旱处理减产7%、越冬期干旱处理减产3.7%;从产量构成因素看,灌浆期干旱处理和抽穗期干旱处理对有效穗数的影响较大,它们与适宜水分对照处理相比分别减少了6.2%和7.4%;对穗数影响最大的是拔节期和抽穗期干旱。所以对河南旱地小麦整个生育期来讲,拔节期到抽穗期被认为是水分临界期。

表7-30　冬小麦不同生育期干旱处理产量及产量构成分析(肖俊夫,2006)

处理	株高(cm)	穗数(万头/hm^2)	千粒重(g)	产量(kg/hm^2)
适宜水分处理	78	571.5	39.0	7 696
越冬期干旱	85	592.5	39.8	7 413
返青期干旱	79	604.5	38.6	7 157
拔节期干旱	66	426.5	40.7	6 170
抽穗期干旱	67	450.0	73.0	5 220
灌浆期干旱	75	604.5	37.2	6 810

旱地小麦在生育过程中对氮磷钾肥的需要量是个复杂的问题,一般认为每生产50 kg小麦籽粒,大约需要纯氮1.5 kg、磷0.6 kg、钾1.5 kg以上,氮磷钾比大约为3∶1∶3。据洛阳市土肥站测定结果,全市旱地小麦平均每生产50 kg小麦籽粒需纯氮1.53 kg、磷0.44 kg、钾1.24 kg。其比例为3.5∶1∶2.8。旱地农田水和肥量是影响旱地作物生产力的两个主要因子,二者相互促进,又相互制约。要提高旱地小麦产量既要重视水,又要重视肥,要特别注意"以肥调水"。国外学者布朗(Brown)试验表明,每公顷施氮67 kg,作物吸水量比不施肥增加1.8倍,增产92%,同时水分利用率提高56%。山西农大试验,小麦施氮肥

的水分生产效益为 66 kg/(mm · hm^2),施磷肥的为 79.5 kg/(mm · hm^2),不施肥的仅 61.5 kg/(mm · hm^2)。说明旱地小麦以肥促水,提高产量是必须实施的关键技术之一。另一方面,旱地小麦肥料效应与土壤水分丰欠有密切关系,不少研究证明,土壤含水量 10% 是肥料效应的临界值,在 10% 以上,随含水量提高而肥效增加,在临界值以下,氮肥无效,磷肥仍有一定增产效应。

二、旱地小麦的常规栽培技术

河南旱地小麦的生产如果单纯依靠生育期降水和土壤供水,远远不能满足小麦稳产高产的需要。缺水是影响旱地小麦高产的主要限制因素,因此必须全面利用全年各时期的降水,力争保住自然降水,减少休闲期和返青期土壤水的蒸发,提高水分的利用率。旱地小麦虽然不同地区自然条件、栽培条件、产量水平有所不同,但共同的栽培原理都是围绕"蓄水、保水、用水"、提高水分利用效率为中心。因此,蓄水保墒的耕作技术,迅速提高肥力的施肥技术,建立起实现"蓄水、保水、用水"、提高水分利用效率的目标体系,培育壮苗的播种和群体控制技术。需要精耕细作、纳雨蓄墒;沃土配肥、合理施肥,提高土壤肥力;选用良种,适时播种。通过以上技术,最终达到最大限度提高自然降水的生产利用效率,实现旱地小麦高产。

(一)合理耕作,蓄水保墒

旱地小麦的耕作技术要以"蓄住天上水,保住地中墒"为中心,采用深耕蓄墒、浅耕保墒、隔年轮耕,达到伏雨秋用、秋雨春用的目的。长期浅耕,耕层之下形成紧实的犁底层,减小了降水的入渗速度。深翻耕,打破犁底层,降低土壤容重,使孔隙度增加,因而可以提高降水的入渗速率和贮水量。同时,深翻耕可以创造一个深层的耕作层,利于根系下扎和生长发育,吸收深层的土壤水分和养料。深松耕也是旱地土壤蓄水的有效途径,深松耕后土壤容重降低,土壤蓄水能力提高,贮水量明显提高。

(二)合理施肥,培肥地力

旱作麦地,土壤干旱,养分少,土壤结构不良。增施肥料,可以改善土壤结构,达到"以肥调水",增强小麦对水分的利用能力,提高降水利用率。合理施肥可充分发挥肥料的增产作用,是实现高产、稳产、低成本的一个重要措施。正确的施肥措施应该根据作物对营养的需要及土壤对作物营养的提供水平而定,试验证明,旱地农田在施肥培肥方面应坚持平衡施肥,有机、无机相结合原则。土壤有机质与土壤肥力有密切关系,对土壤的理化性质及生物性质有着重大的影响,对提高作物产量也有重要的作用。有机肥料养分全,肥效慢;化肥肥分浓,见效快。特别是有机肥料中含有大量的有机质,经微生物作用形成腐殖质,能改良土壤结构,使其疏松绵软,透气良好,这不仅有利于作物根系的生长发育,而且有助于提高土壤保水、保肥能力;化肥可以供给微生物活动需要的速效养分,加速微生物繁殖和活动,促进有机肥料分解,释放出大量的二氧化碳和有机酸,这就有利于土壤中难溶性养分的溶解。因而有机肥料和化肥配合施用,能取长补短、互相调剂,充分发挥这两种肥料的作用。

(三)选用抗旱良种

不同的小麦品种有不同的生态环境要求,它们对水分的需求及反应与其特征特性一样,有明显的差异,所以旱地高产品种的选择非常重要,要因地制宜。选用抗旱品种时一定要结合当地自然条件,尽可能地使作物生育期与当地环境条件、技术水平保持一致。旱地小麦生产上宜选用抗旱性和抗寒性好、抗灾能力强、稳产性好的半冬性品种。目前适合旱肥地推广的小麦品种主要有洛旱2号、洛旱6号、洛旱7号、豫麦49等,适合旱薄地推广的小麦品种主要有晋麦47、洛旱9号等。

(四)适期适量播种

根据旱地栽培的生育特点及冬前壮苗对积温的要求,一般以10月1~8日为宜。冬性品种,宜在上述适宜播期范围的上限,弱冬性品种宜在下限播种。旱地小麦注意在适期内抢墒播种。在适宜播期范围内,小麦基本苗可控制在13万~18万,冬性品种可采用适宜范围的上限,弱冬性品种可采用下限。播种偏早的可减少1万~2万,偏晚的可增加2万~3万。

(五)创建合理群体

在旱地小麦产量构成三要素中,穗数的形成正处于雨季过后、水热条件适宜的冬前苗期,而粒数、粒重的形成正处于春夏旱季,因此旱地小麦产量结构主要应依靠穗数。北方旱地麦区资料表明,一般雨水年份,旱地丰产田的亩穗数一般为25万~35万,丰雨年高产田可达35万~45万,而目前大面积旱地小麦穗数多在30万穗以下,可以认为尚有10万~20万的穗数生产潜力。

(六)加强冬春季管理

旱地麦田土壤空隙度大,尤其是在整地不良抢墒播种的情况下,更易造成耕层土壤内有悬虚,不仅失墒严重,小麦根系下扎也不稳,影响生长发育,而且冬季易受寒风伤根伤蘖造成死苗。旱地小麦冬季管理应在查苗补种、疏苗移栽、确保苗全苗匀的基础上,采用播后镇压,可使土壤与种子密接,踏实虚土层,起到保湿、提墒、防寒抗冻的多重作用;春季管理重在保墒增温,促进早发苗、早分蘖、早长根,通过顶凌解冻耙压清垄、促苗早发稳长。这时土壤开始解冻化通,毛孔蒸发恢复,地表冻融松弛,通过尽早耙压,有利于保墒,紧实土壤,弥合裂缝,促进麦苗生长。

(七)及时防治病虫害

小麦病虫害种类繁多,发生普遍,其危害程度有加重趋势,要求在播期进行预防性防治,效果最好。根据各地气候不同和病虫害发生情况,因时因地防治。

(八)适时收获

蜡熟末期,进行收获。在蜡熟末期收获,籽粒的千粒重最高,籽粒的营养品质和加工品质也最优。

三、旱地小麦高产的几项关键栽培技术

(一)围绕"一个中心",提高土壤水分生产效益

据多年的研究资料,旱地小麦单产达到3 000~4 500 kg/hm^2 时,在一般情况下约需水400 mm。因此,降水量成为限制旱地小麦产量的重要因素。据洛阳市农科所试验,0~200 cm土体每毫米贮水能生产小麦1.41 kg,在洛宁县旱塬的研究和实践表明,良好的栽培技术可使每毫米贮水生产小麦1.46 kg,而一般栽培条件仅能生产小麦0.61 kg。高产

试验示范和生产实践结果说明，在旱地小麦生产中，必须以提高土壤单位水分的生产效益为中心，坚持做好蓄水保墒、提高土壤肥力等工作，围绕这个中心，不断改善各项配套栽培技术，使有限的水分充分发挥增产作用。只有这样，才可能使旱地小麦产量持续增长。

(二)打好“蓄水保墒、培肥地力、适时早播”三个基础

1. 蓄水保墒

据河南农业大学在巩义市和新安县的研究资料，旱地麦田0～200 cm土体在小麦播种前贮水150～450 mm，小麦产量与播前土壤蓄水量呈正相关关系，即播前土壤贮水越多，小麦产量越高。这说明在丘陵旱作麦区，小麦播种以前做好蓄水保墒工作是提高小麦产量的重要基础。北方旱作麦区全年的降水量有60%～70%集中在6～9月，这就为播前蓄水创造了有利条件。资料表明，无论是晒旱地还是回茬地，在小麦播前土壤的蓄水能力还是很大的。据在洛宁旱塬的研究结果，小麦播前晒旱地0～200 cm土层蓄水量丰年最多可达到435 mm。在夏玉米地进行秸秆覆盖和春玉米地进行地膜覆盖均有良好的蓄水保墒效果，一般在玉米收获期0～200 cm土层蓄水较不覆盖的多50 m^3 左右。综合各地实践经验，旱地小麦播前蓄水保墒的主要措施有以下几方面：

(1)改张口过伏为合口过伏。即伏前深耕粗耙轻耙，而后遇雨即耙，半月无降雨要进行干耙，播前只耙不耕，做到“耕作层内张外合，滴水归田防蒸发，上虚下实无坷垃”。

(2)前茬作物秸秆覆盖。即在夏玉米定苗后，在玉米自然株高达35 cm左右时，每公顷均匀撒盖4 500～6 000 kg麦秸或麦糠(0.5 kg/m^2)，这样既能蓄水保墒，又能抑制杂草生长，不仅使夏玉米增产，还为小麦蓄贮了底墒。

(3)前茬作物地膜覆盖。即在玉米田进行地膜覆盖，在玉米收获后揭膜立即清茬浅耙，再深耕细耙，麦播前遇雨即耙。因春玉米收获早，距麦播还有较长时间，耕后地表裸露蒸发量大，必须坚持遇雨即耙，重耙细耙，只有这样才能保住底墒。

2. 增施肥料，培肥地力

大量试验和农民生产经验证明，培肥地力是以肥调水、提高水分利用率、小麦获得高产的主要条件。旱地小麦的高产田都出现在地力基础较高的“旱肥地”。要想提高旱地小麦产量，培肥地力是第一个关键措施。

增施肥料，特别是增施有机肥，不但能为小麦生长发育提供养分，而且能有效地改良土壤，增加土壤的蓄水保墒能力。增施氮、磷、钾化肥，以无机促有机，有机无机相结合，可显著提高产量。据洛阳市农科所研究，旱地小麦单施有机肥，每增施1.5万 kg/hm^2 农家肥，可增产小麦112.5 kg/hm^2，增产11.4%；而有机肥与氮素化肥相结合，可增产小麦150～300 kg/hm^2(除去氮素化肥的增产量)。河南旱地曾因缺磷严重制约了小麦产量，通过增加磷肥用量，产量有了显著提高。但随着产量的提高，旱地小麦缺钾问题又暴露出来。研究表明，每公顷用150 kg钾肥，单株次生根增加1～4条，每穗增加3～4粒，千粒重提高1.6 g，增产小麦450 kg/hm^2。因此，在旱地要有机肥、氮磷钾化肥配合使用，以便充分发挥土壤中单位水分的增产作用。

总之，河南省大多数旱地小麦施肥，亦应做到有机肥＋氮磷钾化肥合理搭配，如洛宁县王村乡赵守义的旱地小麦产量保持在6 750 kg/hm^2 左右(每亩450 kg)，每季小麦每公顷施农家肥10万～12万kg、碳铵1 050 kg、磷肥1 200 kg和一定量钾肥，混合一次作

底肥。

3. 适时偏早播种

适时偏早播种能够经济有效地利用温、光自然条件,协调个体营养生长与生殖生长的关系,有利于小麦次生根和分蘖生长,培育壮苗,提高成穗率,是旱地小麦增产的关键措施。旱地小麦产量的高低,穗数是决定因素,而穗数多少与冬前大分蘖呈正相关关系。因此,旱地小麦适时早播可促进冬前分蘖和提高成穗率。10 月 1 日前后播种的田块,11 月分蘖的成穗率达 68%,12 月上旬的分蘖成穗率只有 5%,以后的分蘖则多为无效分蘖。冬前生长好的麦苗对麦田起到覆盖作用,耕层水分含量高;而晚播麦田麦苗生长弱,麦田覆盖度差,耕层水分含量低,不仅穗数少而且穗粒数和千粒重均有所下降,因而造成减产。适时偏早播种是促进小麦根系发育的有效措施。多年研究表明,不同播期对小麦冬前及拔节期初生根入土深度、次生根条数、长度等均有明显的影响。据观察,9 月 26 日播种的越冬期总根量分别是 10 月 4 日和 10 月 13 日播种的 1.51 倍和 2.31 倍,而 40 ~100 cm 土层内的根量,前者则为后两者的 2.30 倍和 2.34 倍。所以适时偏早播种是提高旱地小麦抗旱性、有效利用土壤水分、促根、增蘖、促穗的中心环节。为保证河南旱地小麦冬前总茎数达到 750 万 ~900 万个/hm^2(50 万 ~60 万个/亩),实现 450 万 ~525 万个/hm^2(30 万 ~35 万个/亩)穗和冬前积温达到 500 ~700 ℃的生产要求,必须认真做好适时偏早播种。晒旱地播期应在 9 月 25 日至 10 月 5 日,回茬地在 10 月 10 日以前播种为宜。

(三)改进五项栽培技术措施

1. 改耐旱耐瘠品种为耐旱丰产品种

在过去,丘陵旱作麦区限制小麦产量的突出问题是一旱二薄,选用的小麦品种多为耐旱耐瘠品种。但随着蓄水保墒措施的应用与化肥用量的不断增加,耐旱耐瘠品种丰产潜力较低的矛盾逐渐显现,于是出现了盲目在丘陵旱地种植高水肥地品种的现象,结果造成了减产。因此,丘陵旱作麦区应选用耐旱、耐寒、抗病、抗干热风,丰产潜力大,在旱地表现稳产的品种。

2. 改平播为沟播

小麦沟播,可促可控,能够显著提高旱地小麦产量。

(1)沟播可以促根增蘖。沟播具有剥去干土层使种子种在湿土层和深播浅盖的作用,又因沟底温度比地面高 0.3 ~0.8 ℃,一般出苗和分蘖期比平播早 1 ~2 d,冬前单株分蘖多 0.1 ~0.6 个,次生根多 1.2 ~1.4 条,成穗数增加 7.5 万 ~70.5 万个/hm^2(0.5 万 ~12.1 万个/亩),穗粒数多 0.1 ~6.2 粒,沟播较平播增产 8% ~12%。遇到旱年,播种时底墒不足,平播极易造成缺苗断垄,而沟播则出苗齐全,并且在冬季降雪时,雪积可在沟内积存,能防止被风刮走,起到集纳雨雪、蓄水保墒的作用。

(2)沟播可以控制麦苗旺长。在丘陵旱地适时偏早播种是成功的增产经验,但在冬暖年份,麦苗容易旺长,不仅多消耗水肥,甚至遇到倒春寒会冻死麦苗。而沟播麦田可在越冬或返青期进行平沟培土,有效地控制无效分蘖的滋生和加速两极分化,且培土后可防止分蘖节受冻害,又可多产生次生根,充分利用土壤中的水分和养分,因而增产作用显著。

3. 改大播种量为适宜播种量

过去,由于旱地缺水少肥,小麦生产一直沿用的是大播量靠主茎成穗的增产途径,播种量多在 150 kg/hm^2(10 kg/亩)以上,有的高达 225 ~ 300 kg/hm^2(15 ~ 20 kg/亩)。随着蓄水保墒和培肥地力措施的应用,虽然土壤的水肥状况有所改善,但大播种量造成麦田群体过大,根系发育不良,耐旱性差,难以获得高产;而播量过小,虽个体生长良好,但成穗数少,产量也不高。试验表明,在河南适时偏早播种的情况下,晒旱地和早茬地基本苗以 210 万 ~ 240 万株/hm^2(14 万 ~ 16 万株/亩)为宜,夏玉米等回茬地以基本苗 240 万 ~ 270 万株/hm^2(16 万 ~ 18 万株/亩)为宜。因此,改大播种量为适宜播种量,不仅可节省种子,而且还能增产小麦 450 ~ 750 kg/hm^2(30 ~ 50 kg/亩)。

4. 改不施追肥为看墒追肥

在一般情况下,旱地麦田实行粗肥、氮、磷、钾肥底施"一炮轰"的施肥方法,一般不进行追肥。但在土壤水分状况改善以后,冬春遇到较多降水仍不进行追肥,将造成土壤水分生产效益降低。据试验,在冬春降雨后 0 ~ 20 cm 土壤含水量大于 17% 的情况下,追纯氮 75 kg/hm^2,可增产 8% ~ 17% ,但若 0 ~ 20 cm 土壤含水量在 17% 以下追肥,则增产效果不明显或不增产。因此,旱地小麦应改不追肥为看墒追肥,即墒情差不追肥,墒情好可适量追施速效氮肥。

5. 改重种轻管为种管并举

丘陵旱作麦区长期以来比较重视小麦播种工作。但在生产上存在着"一年与麦见两面",即种时见一次面、收时再见一次面的重种轻管现象并不少见。因此,应加强旱地麦田的管理,通过看墒追肥、中耕保墒、镇压提墒、防治小麦蜘蛛和穗蚜等增产措施的应用,改变"旱地麦田重种轻管"的思想,实现"种、管并举",是实现旱地小麦高产稳产的重要措施。

四、旱地小麦应变栽培技术

(一)旱地小麦的适墒播种技术

所谓适墒播种就是指在旱地小麦的适宜播种期内,土壤墒情适宜,播种能正常出苗的称为适墒播种,一般来说,小麦出苗要求的适宜土壤墒情为土壤田间最大持水量的70% ~ 80%,但由于土壤质地不同,小麦种子萌发出苗所要求的土壤含水量不同,一般要求沙土为 14% ~16%,壤土 16% ~18%,黏土 20% ~24%,当土壤含水量分别低于 10%、13% 和 16% 时,就会影响到萌发出苗。因此,要种好旱地小麦,就必须及时做好播前准备工作,尽量做到适墒、适期播种,为旱地小麦的稳产、丰产奠定基础。

1. 丘陵旱地麦田的整地要领

旱地麦多为一年一熟或一年两熟制,因此应根据不同的前茬作物特点进行精细整理。

(1)晒旱地麦田。晒旱地麦田多为一年一熟,有充足的时间进行精细整地,能够达到"深、净、细、实、平"的要求,晒旱地麦田的整地应以保墒为中心,最大限度地接纳伏雨,增加土壤深层水分贮备,是旱地小麦增产的关键措施。旱地耕作应改三犁九耙为一次深耕,晒旱地于 7 月上旬深耕 25 ~ 30 cm,随深耕施入底肥,做到合口过伏,遇雨即耙,先粗耙、轻耙,后复耙、细耙,若半月无降雨,要进行干耙,小麦播种前只耙不耕,达到"耕层内张外合,滴水归田防蒸发,上虚下实无坷垃"。

(2)秋茬麦地。前茬为秋作物的秋茬麦地,秋收种麦,时间紧迫,秋收后,土壤常比较板结,因此整地首先应抓好碎土、保墒工作。首先在秋作物的生长后期进行中耕,以利接纳较多的降雨,蓄水保墒,为麦播整地创造条件。其次,对于早秋茬作物,秋收后到种麦尚有一段时间,可以先浅耕灭茬,而后深耕,耕后可以进行短期晒垡,但晒到垡头发白时,就要及时耙平保墒,以免遇到秋旱,表墒不足,土块难以耙碎。对于晚秋茬则要做到快收、早耕。结合施底肥随犁随耙,保住水墒。在干旱年份,为了防止跑墒,也可不进行耕翻,直接用旋耕机旋耕 10 ~ 15 cm,再耙 2 ~ 3 遍,使麦田平整塌实,即可播种。

2. 施足底肥

施足底肥和巧用种肥,是保证小麦生长发育有充足养分供应的前提,同时施足底肥,也是改良土壤、培肥地力、提高土壤蓄水保墒能力的重要措施,特别是对于丘陵旱地来说,旱与薄是密切相关的,只有施足底肥,才能促使小麦在冬前早分蘖、多分蘖,增加单株次生根条数,达到穗多、穗大,提高抗寒、抗旱能力。所以群众有“三追不如一底”“年内不如年里,年里不如掩底”的施肥经验。旱地小麦底肥应以有机肥为主,配合适量的速效氮、磷、钾肥。目标产量在 4 500 kg/hm^2(300 kg/亩)以上的地块,在施有机肥 3 万 kg/hm^2(2 000 kg/亩)的基础上,化肥施用总量为纯氮 150 ~ 180 kg/hm^2(10 ~ 12 kg/亩),P_2O_5 120 ~ 150 kg/hm^2(8 ~ 10 kg/亩),K_2O 75 kg/hm^2(5 kg/亩)。可将全部有机肥、磷肥、钾肥和 70% ~ 80% 的氮肥作底肥,剩余的 20% ~30% 氮肥于第二年春季土壤返浆期开沟追施。

李忠民等根据农业系统工程学“最佳模拟配合”原理,采用“多元二次正交旋转组合设计”的方法,研究了豫西丘陵旱地小麦基本苗、施氮量、施磷量对产量的效应,结果证明,各因素对小麦产量的影响程度依次为氮肥、磷肥、基本苗,增施肥料是小麦增产的基础;豫西丘陵旱地小麦产量随磷肥的增施而增加,与氮肥施用量呈抛物线状,以 15 ~ 18 kg/亩最高;在其他微效和独效采用最佳水平时,产量在 300 kg/亩以上时应采取的农艺措施是施纯氮 15 ~ 18 kg,纯磷 6 ~ 7 kg,基本苗 16 万 ~ 19 万株。

3. 选用耐旱丰产品种

旱地高产品种的选择非常重要。在土层厚、地力好的旱肥地,应选用耐旱、耐寒、抗病、抗干热风、丰产潜力大,在旱地表现稳产的品种。如郑旱 1 号、洛旱 2 号、洛旱 6 号等。

4. 适期适量播种

根据旱地小麦的生育特点及冬前壮苗对积温的要求,在适墒情况下,应先播冬性品种,再播半冬性品种,最后播春性品种。一般情况下,在日平均温度 16 ~ 18 ℃播冬性品种,14 ~ 16 ℃播半冬性品种,13 ~ 15 ℃时播春性品种。在适宜播期范围内,旱地小麦的基本苗可控制在 180 万 ~300 万株/hm^2(12 万 ~20 万株/亩),冬性品种可采用适宜范围的上限,弱冬性品种或春性品种可采用下限。播种偏早的基本苗可减少 15 万 ~ 30 万株/hm^2(1 万 ~2 万/亩),偏晚的可适当增加 30 万 ~45 万株/hm^2(2 万 ~3 万株/亩)。沟播的基本苗可控制在 225 万 ~300 万株/hm^2(15 万 ~20 万株/亩)。

5. 播种规格

播种方式以 20 cm 等行距或 18 ~23 cm 的大小行为宜。播种深度 3 ~4 cm。若采用机械沟播,则沟距 36 ~42 cm,沟深 9 cm,沟宽 12 ~15 cm,每沟内播种 2 行小麦。播种深度 3 ~4 cm。播种时开沟、施肥、播种、覆土、镇压等各项工序最好一次完成。

6. 播后镇压，出苗后疏密补稀

旱地小麦播种后应及时镇压，沉实土壤，利于提墒保墒、全苗苗壮。出苗后及时查苗补缺，对缺苗的地块要及时补种，对密度过大的要及时疏苗。

7. 加强管理

旱地小麦应于早春土壤返浆期借墒追施速效氮肥，墒情较差的地块，应以镇压为主；墒情较好的地块，应以划锄为主；对土壤不实、坷垃较多的麦田，先镇压、后划锄；要结合划锄灭除杂草。防治麦田红蜘蛛、蚜虫等害虫危害。小麦开花后可以用磷酸二氢钾、硫酸锌等进行叶面喷肥，以延缓衰老，提高粒重，蜡熟末期，适时收获。

（二）旱地小麦的欠墒播种技术

旱地小麦的欠墒播种是指在小麦的适宜播种期内，土壤墒情较差，土壤 0～20 cm 含水量在 10%～15% 的范围内，但采取适当的措施播种后，小麦能够出苗。欠墒播种技术主要有抢墒播种、沟播、覆膜穴播等措施。

1. 抢墒播种

抢墒播种是指土壤 0～20 cm 含水量在 11%～15% 的范围内，按照"有墒不等时"的原则，采取多耙提墒的方法，适时偏早，抢墒播种。抢墒播种，因为土壤中有底墒，小麦种子在土壤水分不太充足的条件下，可以缓慢地吸收水分而萌发，出苗率可达 90% 以上。抢墒播种是旱地小麦利用时间墒情，提高产量的有效措施。研究表明，抢墒播种，比雨后播种方式提前早出苗 17～136 d，平均提前 57.5 d；单株分蘖多 2.4～2.9 个，单株次生根多 1.8～2.5 条，接近正常，每公顷穗数可达 267 万～523 万，穗粒数 25.8～31.6 粒，千粒重 32.6～38.0 g。因此，抢墒播种与其他抗旱播种方式相比，具有播种出苗早，苗情发育好，产量高的特点（李友军，1997）。

抢墒播种的方法如下：

（1）及时整地。在前茬作物收获后立即趁墒整地，边耕翻边耙边镇压保墒。

（2）适时偏早播种。当土壤 0～20 cm 含水量在 11%～15% 的范围内时，可按照"有墒不等时"的原则，采取多耙提墒的方法适时偏早抢墒播种，但播种不可盲目提前，在一般情况下，播种期可提前 10～15 d。

（3）精选品种。抢墒早播应选择抗旱耐寒的冬性或半冬性品种。不可选用春性品种，以免造成年前拔节而受冻害。

（4）增大播量，抢时早播。由于墒情较差，出苗率较低。因此，在播种时，应比适墒播种时增加播量 10% 左右，以确保基本苗。

（5）播深适宜。抢墒播种深度要适宜，不可过浅，以免种子落干，也不可过深，一般以 4～5 cm 为宜。

（6）药剂拌种。抢墒早播由于出苗早、温度高，前期病虫危害较重。因此，在播种时要用药剂拌种，以免病虫危害。

2. 沟播

小麦沟播是指采用开沟播种方式，深播种、浅覆土，播种后留下浅沟，并结合冬春培土的一种栽培技术。小麦沟播，虽然播种较深，但覆土浅，所以在土壤墒情较差时，能够起干种湿，有利于早出苗，出全苗，多分蘖和培育冬前壮苗。因此，沟播是确保旱地小麦适时播种、实现旱地小麦稳产丰产的技术措施。

沟播增产的原因主要表现在以下几个方面：

(1)沟播在欠墒时能保证适时偏早播种，且容易一播全苗。旱地有70%的年份，小麦播种时因表层墒不足，很难一播全苗。过去小麦播种时遇到干旱，群众多采用探墒播种（即深播8~10 cm），由于播种过深，出苗和分蘖推迟，冬前很难形成壮苗；如果播种遇到降雨，还容易造成闷芽，缺苗断垄严重。而沟播则能起干种湿，达到深播种浅覆土，使种子正好种在湿土层上，因此出苗快，苗齐，苗全，分蘖早，冬前容易实现壮苗。达到促根、增蘖、稳穗数，无论旱年或正常年份均能获得稳产高产。

(2)沟播可以增温保墒，提高土墒水分有效利用率。小麦沟播后，由于沟埂的屏障作用，使沟内昼夜温差变小，沟内温度明显提高，据测定，小麦越冬期间沟播较平播地面，温度高0.6~2 ℃。沟播后沟底土壤水分适宜，加之地温较高，同时沟内覆土较浅。因而一般沟播较平播出苗快，分蘖早，利于形成冬前壮苗。同时垄沟还有纳雪集雨作用，因此沟播较平播墒情好。据测定，小麦越冬期间，0~5 cm、5~10 cm、10~20 cm的土壤含水量，沟播比平播分别提高1.5%、1.1%和0.3%，返青期分别提高0.7%、1.1%和0.3%。因此，沟播有效提高了旱地小麦水分利用率。

(3)沟播可以有效地控制分蘖，实现节水增效。冬前能否达到壮苗是旱地小麦稳产丰产的关键。小麦沟播后，因温度和水分条件的改善，即使旱年或冬前降温较早，也容易实现壮苗，如果冬前温度偏高，生长过旺，则可以利用中耕平沟培土来控制小分蘖，节水节肥。据试验，越冬期培土，能有效地抑制小分蘖，越冬和返青两次培土，对促大蘖、控小蘖作用更强。小麦沟播一般可分为一沟单行和一沟双行两种方式。一沟单行指用耧沟播或用单行沟播机播种，其沟播规格多为沟距23~24 cm、沟深5~6 cm、种子覆土深度3~4 cm。一沟双行指用沟播机播种，其规格多为沟距30~35 cm，沟深10~12 cm，沟内播两行小麦，行距13~14 cm，种子覆土深度3~4 cm。目前沟播多用一沟两行的沟播机进行播种，沟播机由四轮拖拉机牵引，沟距为36 cm、行距9 cm、一沟双行、沟深8~10 cm、种子覆土3~4 cm，并且可随意调节播种量和沟行距，可以开沟、施肥、播种、覆土、镇压等工序一次完成。此外，还有长葛农机修造厂生产的两沟四行畜力沟播机，新乡农机研究所生产的三沟三行沟播机，以及西安农机厂研制的一沟两行沟播机。在没有沟播机的地方，也可在普通耧铧的上部，加设铁皮制成翅形分土器，做成简易沟播机耧，播种后适当镇压。

3. 覆膜穴播

地膜覆盖穴播栽培是近年来在旱地小麦栽培上应用的一项新技术，由于地膜覆盖具有显著的增温保墒作用，因此进行覆盖穴播栽培是旱地小麦稳产丰产的有效途径。

旱地小麦覆膜穴播增产的原因主要表现在以下四个方面：

(1)地膜覆盖能有效阻断土壤与大气间水分交换，抑制土壤水分蒸发，提高土壤水分利用率，改善土壤的供水状况，在无雨补偿水分的情况下，覆盖的时间越长，保墒效果越明显。据测定，0~10 cm土层含水量覆膜比裸地增加4.8%、10~20 cm增加4%、20~30 cm增加2.4%，所以地膜覆盖具有显著的保墒作用，为旱地小麦的播种出苗提供了较好的水分条件。

(2)覆膜穴播有显著的增温效应。地膜覆盖在地表形成一层土壤与大气交换的障碍层,隔离了膜内外的空气流动,最大限度地降低了气流热交换,同时也减少了土壤热量向大气中的散发,在这种小气候条件下,可使膜内温度升高,有利于冬小麦的生长发育。据测定,冬前覆膜穴播较裸地5 cm地温提高1.3~1.8 ℃,增加积温100 ℃左右,2月中旬至拔节提高0.5~1.0 ℃,增加积温50 ℃左右(王虎全等,1998)。地温的提高,积温的增加,有利于小麦分蘖和延长穗分化的时间,对增加穗数和形成大穗有利。

(3)覆膜改善了土壤的理化性状。地膜覆盖使土壤温度增加,水分适宜,促进了土壤微生物的活性,加速了土壤有机质的分解,改善了土壤的理化性状,提高了小麦对矿物质营养的利用率。

(4)覆膜穴播促进了小麦的生育。冬小麦覆膜后,由于提高了土壤温湿度,使小麦干物质积累增多,大分蘖增加,或成穗率提高,幼穗分化早、历时长,穗部发育良好,因而使产量增加。

覆膜穴播一般在当年的7月份深耕晒垡,8月中旬浅耕耙保墒,播种前施肥整地,然后按70~80 cm宽进行平作覆膜,膜面宽60 cm、膜与膜间距20 cm,覆膜后5~7 d用小麦穴播机进行播种。每带种4行,行距20 cm、穴距10 cm,每穴7~8粒。由于采取早整地、早覆膜,可以减少土壤水分蒸发,加上采用穴播机播种,播种深度一般4~5 cm。因此,在土壤水分不太足的情况下,有利于小麦的萌发出苗,出苗率一般可达90%以上。

覆膜穴播具有明显的增温、保墒和促进小麦生育的作用,在应用时应注意,要施足底肥、精细整地,灭净根茬、消灭坷垃,这样不仅有利于出苗,而且还可以防止损伤薄膜。此外,还要按地膜宽度做畦打埂,以便于覆膜。覆膜穴播,宜选用弱冬性、分蘖力较强的丰产品种,不宜选用春性品种,在播种时还要掌握适宜的播种量,播种量应适当增加。

(三)旱地小麦的探墒播种技术

探墒播种也称起干种湿,在土壤表层墒情不足,但土层10 cm以下仍有湿土时采用。播种时,前面用一耧,耧铧上绑草把等物,用以耠开干土,接着用耧顺前一耧开的沟将种子耩在湿土上,播后镇压。

深播刮土与探墒播种一样也是在土壤表墒不足、土层10 cm以下有墒时采用。即在播种时适当深播,把种子耩在湿土上,播深一般为8~10 cm,上面覆盖松土层,待种子萌动后(一般播后4~5 d),再用刮板刮去表层干土,这样既可减少水分蒸发,又利于保墒出苗。但在应用时应注意,整地要细,播种时深浅要一致,刮土时要轻刮细刮,以免刮土时伤芽。

(四)旱地小麦的无墒播种技术

旱地小麦无墒播种是指在小麦适宜播种期内或适宜播种期已过,土壤仍干旱无墒、含水量在8%以下,不能满足小麦发芽的最低墒情时的播种技术,称旱地小麦的无墒播种。旱地小麦在长期干旱无墒的情况下,多采用干旱寄种或雨后晚播的应变措施。

1. 干旱寄种技术

在与干旱进行长期的斗争过程中,广大劳动群众积累了丰富的小麦抗旱播种经验,对旱地小麦的播种提出了"有墒不等时,时到不等墒"的原则,其"时到不等墒"就是在播种时间已经到了的情况下,不要再等墒即可播种,即干旱寄种。研究表明,在干旱年份,小麦寄种时,只要一次降雨在15 mm以上时均可实现全苗。因此,寄种是旱地小麦抗旱播种的积极措施。干旱寄种的可行性表现在以下几方面：

(1)小麦种子萌动后具有一定的耐旱性。试验表明，萌发后的小麦种子在0～5 cm土壤水分下降到3.6%以下，5 cm以下土壤水分下降到5.25%以下，断水42 d后供水。其成活率达98.7%以上，而断水86 d后，再供水，其平均成活率仍在90%以上，说明种子萌动后具有一定的耐旱性(李友军，1998)。

(2)种子在土壤中具有一定的存活时间。试验表明，土壤含水量在8%以下的环境条件下，小麦种子在土壤中经历40～169 d，降雨后出苗率仍可达60%～80%。种子入土后，气温下降，土壤疏松，通气良好，在干旱无雨的情况下，能保持相对干燥，不易出现种子霉烂，已萌动的种子，因气温下降，蒸发量减少，土壤水分不会完全丧失，所以萌动的种子一般不会回芽。

(3)寄种对小麦发育的影响。研究表明，寄种与正常播种相比，小麦各生育期均明显依次向后推迟，各生育时期推迟时间的多少依次为分蘖期>拔节期>抽穗期>成熟期，即分蘖期、拔节期推迟较多，抽穗期、成熟期推迟较少，但寄种与雨后晚播相比，则出苗早，单株发育快，产量也高于雨后晚播麦田。

干旱寄种是旱地小麦抗旱播种的积极措施，与雨后晚播相比，寄种具有出苗早、苗情发育好、产量高的特点。但寄种又是一项技术性非常强的播种技术，应用不当反而会造成出苗不齐、产量降低的现象。

干旱寄种时应掌握以下几点原则：

(1)根据土壤含水量来确定播种方式。在土壤0～20 cm深，含水量小于8%时，可根据“时到不等墒”的原则进行干旱寄种，不要等天靠雨。如果土壤含水量在8%～10%的范围内，则不能采取干旱寄种的方式播种。

(2)选择合适品种。干旱寄种宜选用弱春性品种，因为春性品种冬前达到壮苗所要求的积温较少，可以晚播早熟。

(3)适当增加播量。寄种麦田主要靠主茎成穗。因此，为保证有足够的穗数，则必须增加播量，一般应比正常播量增加20%～50%，每公顷播量在180～225 kg为宜。

(4)严格掌握播种深度。干旱寄种往往容易造成播种过深，通气性差，会使种子发生霉烂，即使出苗，也因播种过深，出苗时间长，苗弱，分蘖少，而造成减产。因此，应严格掌握播种深浅，一般播种深度在4～5 cm为宜。

(5)精选种子，药剂拌种。干旱寄种，种子在土壤中停留时间长，养分消耗多。因此，所用种子一定要经过精选，选用籽粒饱满的种子播种，还要进行药剂拌种，以防病虫为害。

2. 雨后晚播技术

雨后晚播是指土壤墒情在既不适应抢墒早播，又不适合探墒播种和干旱寄种的情况下，采取的一种应变措施。当土壤0～20 cm的含水量在8%～10%的范围内，如果采用干旱寄种，则容易造成回芽。因此，应采取雨后晚播来作为补救措施。

晚播小麦的生育特点主要表现在以下几方面：

(1)晚播小麦的生育期。随播期的推迟，各生育时期均明显依次向后推迟，但对各生育阶段的影响却不同。播种至出苗和出苗至分蘖，播期越晚，经历的天数越多，而以后各个阶段则是播种越晚，经历天数越少，抽穗以后各个发育阶段历时天数则与正常播种的差距逐渐缩小，直至成熟。

(2)晚播小麦冬前叶片小，分蘖期短，单株分蘖和单株成穗数都相应减少。但雨后晚播小麦冬前分蘖更少，春季分蘖是其成穗的基础，因而争取雨后晚播小麦的冬春季分蘖，是争取晚播小麦稳产丰产的重要措施。

(3)晚播小麦幼穗分化。晚播小麦的幼穗分化特点是开始晚、时间短、进程快，但后期与适期播种小麦接近一致。

(4)晚播小麦的籽粒形成与灌浆。雨后晚播小麦开花晚，但开花后籽粒灌浆速度快，灌浆历时短，因此易受高温等不良天气的影响。

雨后晚播小麦的关键技术：

(1)精细整地，待雨抢种。雨后晚播小麦由于播前土壤墒情一般较差，应抓紧时间，精细整地，最好按一定的行距开沟待雨。只要一次降雨使沟内有 3 cm 的湿土，即可播种，播后将沟上湿土覆盖在沟内即可。

(2)选用晚播早熟良种。由于雨后晚播小麦的生育期相应缩短，在品种应用上宜选用春性品种。

(3)根据播期早晚适当增加播种量。

(4)增加磷肥用量。

(5)采用地膜覆盖等。

五、旱地小麦保护性耕作技术

近年来，旱区各地将少耕、免耕、深松耕等保水、保土耕作措施与覆盖措施相结合，形成了多种类型的旱地保护性耕作技术，如地膜覆盖耕作法、秸秆覆盖还田耕作法、深松秸秆覆盖法、免耕整秸秆覆盖法、少耕秸秆全程覆盖法等。多年的研究和实践表明，这些措施的推广和应用在一定程度上保持了地力，对减少水土流失、风蚀及地表水分的蒸发，增加土壤有机质，提高作物产量，减少劳动力、机械设备和能源的投入，简化耕作手续，降低生产成本，提高劳动生产率和经济效益均有一定的效果，是实现作物高产、高效、生态、安全的重要措施。保护性耕作技术的综合应用，实现了农业生态、经济和社会效益有机统一，使资源节约、循环利用和环境保护相互促进，在发展生产的同时，改善了生态环境，实现了人与自然和谐相处、和谐发展，是构建和谐社会的重要体现。

(一)秸秆覆盖技术

秸秆覆盖是指利用农作物的秸秆、麦糠、残茬以及树叶等有机物，覆盖在土壤表面。秸秆覆盖栽培还田能够增加土壤有机质含量，补充土壤氮、磷、钾和微量元素含量，改善土壤理化性能，促进土壤中物质的生物循环，提高土壤的导水率和蓄水能力，促进植株地上部生长。由于秸秆是热的不良导体，在覆盖情况下，能够形成低温时的“高温效应”和高温时的“低温效应”，可调节土壤温度，有效缓解气温激变时对作物的伤害，有利于农作物生长发育，最终达到高产、稳产的目的(刘巽浩等，2002)。

秸秆覆盖的形式：

(1)玉米秸秆粉碎还田覆盖。玉米秸秆粉碎还田覆盖方式多采用联合收割机自带粉碎装置和秸秆粉碎机作业两种。玉米秸秆粉碎还田机具作业要求以达到免耕播种作业要求为宜。

（2）小麦秸秆粉碎还田覆盖。可用麦秸和麦糠覆盖玉米或其他秋作物的行间。玉米在播后25 d，将麦秸均匀覆盖在玉米行间，以盖严地皮不留天窗为宜，覆盖后有蓄水保墒、调节地温、抑制杂草等作用，特别是调节地温，这对作物生产具有积极的作用。对于玉米行间覆盖，夏季高温季节可降低耕层温度2～6 ℃，杂草减少80%左右，可增产5.9%～65%，平均增产15%。该项技术措施采用联合收获机自带粉碎装置或秸秆粉碎还田机，在前作收获后将作物秸秆按要求的量和长度均匀地撒于地表，达到保墒和提高土壤有机质的目的。地表不平或杂草较多时可进行浅松或浅耙作业，秸秆过长时可用粉碎机或旋耕机浅旋作业。

（3）小麦整秆还田覆盖。适合机械化水平低，用割晒机或人工收获的地区。麦秆运出脱粒、土地进行深松、再覆盖脱粒后的整株秸秆。

（4）玉米秸秆翻压还田。将机械收获的玉米秆粉碎均匀，抛撒地面，粉碎程度10～15 cm，同时撒施农家肥和化肥，用重型拖拉机翻耕，然后耙磨整地、机播下种。该项技术措施采用玉米联合收获机自带粉碎装置或秸秆粉碎机，在玉米收获后将作物秸秆按要求的量和长度均匀地撒于地表，若秸秆太多或地表不平时，还可以用圆盘耙或旋耕机进行表土作业（曾木祥等，2001）。

（5）小麦留高茬免耕覆盖还田。麦收前3～7 d，浇水造墒。采用机械收割小麦，留高茬20～30 cm，其余秸秆抛撒于地表，实现小麦秸秆全量还田，还田量一般在1 500～2 250 kg/hm^2，覆盖率大于95%。播种前10～20 d进行适当的地表处理，然后用免耕播种机进行作业，播后苗前喷施除草剂。此法不用耕翻，能够节约生产成本，农民能及时播种，不误农时，并且有蓄水保墒、抑制杂草的作用（曾木祥等，2001）。

（6）玉米高留茬覆盖还田。留高茬覆盖在风蚀严重地区以防治风蚀为主，可采用机械收获时留高茬＋免耕播种作业，或机械收获时留高茬＋粉碎浅旋播种复式作业方式处理。玉米成熟后，用联合收获机收割玉米果穗和秸秆，留茬高度至少20 cm以上，在收获玉米果穗的同时，秸秆被粉碎并抛撒在地表。深松前，用圆盘耙重耙切茬，最后将切碎的秸秆连同小麦底肥一起翻耕入土，残茬留在地表，播种时用免耕播种机进行作业。还田量一般6 000～9 000 kg/hm^2，此项技术增产幅度在5%～31.6%，平均增产13.6%（曾木祥等，2001）。

（二）免耕播种技术

免耕技术是近代发展起来的一项保护性耕作技术。免耕技术是以作物秸秆残茬覆盖在地面，不翻耕土壤，通过特定的免耕播种机一次完成破茬、开沟、播种、施肥、撒药、覆土、镇压等作业。在以后作物全部生长期间，除了采用除草剂控制杂草，不再进行任何田间作业，直到收获。

1. 免耕的作用

（1）免耕可减少地表径流量。由于地表覆盖秸秆或留有作物残茬，增加了地表的粗糙度，阻挡了雨水在地表的流动，增加了雨水向土体的入渗，相应减少了地表径流量。国外的研究表明（Jones O. R. & Hanser V. L.，1994；Dick W. A.，1989），免耕与传统耕作相比，地表径流可减少50%左右，传统耕作的地表径流为576.7 kg/hm^2，而免耕为239.9

kg/hm^2,相对减少了58.4%。免耕下产生径流的时间与传统耕作不同。在降雨强度为1.375 mm/min时,传统耕作5 min产生径流,免耕25 min产生径流,且径流量小。免耕的这一作用在降雨较少的干旱和半干旱地区表现得特别明显,而在降雨较多的湿润地区相对较弱。据中国农业大学测定,保护性耕作比传统翻耕径流量减少60%。

(2)免耕可减少土壤侵蚀。免耕由于不扰动土壤,增加了土壤的抗蚀性,加之土壤表层的秸秆减少了雨水与土壤表层直接接触的机会,同时可吸收下降雨滴的能量,减弱了土壤侵蚀的动力来源,相应减少了雨水对土壤的冲刷,从而减少土壤侵蚀,在降雨大的地区更为明显。研究表明,免耕可大大减少土壤侵蚀甚至减少为零。Blevins长期试验结果表明,与传统耕作的土壤侵蚀量19.79 kg/hm^{2}相比,免耕仅为0.55 kg/hm^2,相对减少94.5%;免耕的平均土壤侵蚀量不足传统耕作的10%。

(3)免耕可减少土壤水分蒸发,提高土壤水分的有效性。由于地表的秸秆减少太阳对土壤的照射,降低土壤表层温度,加之覆盖的秸秆阻挡水汽的上升,因此免耕条件下的土壤水分蒸发减少。免耕条件下,在太阳辐射中,土壤接受的红外光(630 nm)和远红外光(730 nm)的量随着秸秆量的增加逐渐减少,并且土壤的最高温度和平均温度低于传统耕作(Teasdale J. R. ,1993)。

(4)免耕可以改善土壤结构。由于免耕不扰动土壤,这对于保持和改善土壤结构大有好处。许多研究表明,免耕可增加土壤团聚体数量、改善土壤结构。免耕条件下土壤的水稳性团聚体可增加50%~67%(West L. T. ,1992)。传统耕作一方面由于耕作对土壤的扰动破坏土壤结构,另一方面由于机械对土壤的压实作用,往往造成表层土壤容重增加,土壤板结,从而影响作物根系的生长。

(5)免耕可提高土壤有机质含量。由于秸秆的分解,每年向土壤中增加一部分秸秆分解物质,因此免耕可增加土壤有机质。免耕表层0~7.5 cm土壤生物碳、全碳、有机磷、有机硫、有机氮高于土层7.5~15 cm,而传统耕作中则相差不大;免耕中表层土壤生物碳和有机质含量比传统耕作中分别高27%和8%。Balesdent经过同位素试验证明,免耕中土壤有机质含量高除与秸秆分解有关外,土壤中有机质的矿化率低也是其原因之一。在土壤表层(0~30 cm)有机碳初始含量3.6 kg/hm^{2}情况下,一年的传统耕作中矿化(C)0.95 kg/hm^2,而免耕中仅矿化(C)0.45 kg/hm^2。美国长期调查结果表明,翻耕减少有机质,免耕则增加土壤有机质。其机理主要是翻耕时,土壤中的有机碳与空气接触被氧化,形成气态CO_2而释放到大气中。加拿大对土壤有机质含量与大气CO_2平衡的研究表明,19世纪以前,土壤有机质含量高,大气CO_2含量低。随着20世纪农业的开发,机械化深耕深翻土地,土壤中有机质含量迅速下降,造成CO_2大量向空中排放,大气中CO_2含量增高,温室效应加剧,全球气候恶化。20世纪末,随着保护性耕作的推广,土壤有机质含量上升,大气的CO_2含量又开始减少,形成既有利于培肥地力又减少温室效应的良性循环(吴红丹等,2007)。美国和澳大利亚对保护性耕作的治沙效果进行了测定,只要免耕并保持30%的秸秆覆盖,田间起沙程度可减少70%~80%。

2. 旱地小麦免耕播种方法

小麦播种时应选择优良品种,并对种子进行精选处理。要求种子的净度不低于98%,纯度不低于97%,发芽率达95%以上。播前应适时对所用种子进行药剂拌种或浸种处理；播种量在 180 ~ 225 kg/hm²；播种深度一般在 2 ~ 4 cm，落子均匀，覆盖严密；播种时动土量要小，采用旋耕播种时，旋耕动土面积应不大于总面积的 30%；尽量采用开沟、施肥、播种、覆土、镇压一条龙作业；播种是在地表有大量的秸秆覆盖且大多为免耕条件下进行，地表作业条件复杂，又要同时完成施肥作业，对免耕播种机具的作业性能有较高的要求，必须用合适的免耕播种机来完成。播种机要有良好的通过性和可靠性，避免被秸秆杂草堵塞，影响播种质量。免耕播种机具是该环节作业质量好坏的关键。小麦免耕播种机有 2BMF－7(6)型、2BMFS－12 型小麦旋播机、2BMF－7 型小麦免耕播种机、2BMFS－9 型小麦旋播机等。播种时在种箱内加上适量的种子（不少于种箱容积的 1/2），免耕播种机设计行距是 17 cm，一般不进行调整。性能优良的免耕播种机是采用保护性耕作的关键，免耕播种机除要有普通播种机的功能外，还需有清草排堵功能、破茬入土功能、种肥分施功能和地面仿形等能力。

（三）深松的作用及技术

20 世纪 50 年代苏联农学家马尔采夫创造了用无壁犁深松土壤的耕作方法，称为马尔采夫耕作法，这种耕作法可以改善土壤结构，大大提高作物产量。

1. 深松的作用

多年连续旋耕会造成坚硬的犁底层，影响了土壤固、液、气正常自然调节，导致作物根系腐烂。传统耕作方法的代表为“四全”，即全翻、全耙、全镇压、全起垄。此耕作方法适于大面积连片机械化作业。由于我国土地经营规模较小，铧式犁大面积耕作模式已不适应。为适应一家一户的零散作业，灭茬旋耕作业方法应运而生。但旋耕法耕层浅，对土壤团粒结构的破坏和犁底层的打压作用明显。尤其是经过十几年的连续旋耕，犁底层的积累越来越厚、越来越硬，不利于作物根系的生长，也不利于地下水位的恢复提高，且易造成水土流失和洪涝灾害。土壤深松就是用大型农用机械牵引深松机具，对土壤进行力学加工的一种手段，它能够疏松土壤、打破犁底层、增加水的渗入速度和数量。作业后耕层土壤不乱，动土量小，不仅减少了机具作业量，而且减少了由于翻耕后裸露的土壤水分蒸发的损失。深松方式可分为局部深松或全方位深松。

2. 深松耕作的方式

深松既可以作为秋收后主要耕作措施，也可用于春播前的耕地、休闲地松土、草场更新等。深松方式可分为局部深松和全方位深松，其具体形式有全面深松、间隔深松、深松浅翻、灭茬深松、中耕深松、垄作深松、垄沟深松等。

3. 深松耕作的技术要点

（1）适耕条件。土壤含水量在 15% ~22%。

（2）作业要求。小麦深松间隔 40 ~ 60 cm；深松深度 23 ~ 30 cm；深松时间在播前或苗期，苗期作业应尽早进行。也可以局部深松，但为了保证深浅均匀，应在松后进行耙地等表土作业，或采用带翼深松机进行下层间隔深松，表层全面深松。

（3）配套措施。天气过于干旱时，可进行人工造墒。

（4）作业周期。一般 2 ~ 4 年深松一次。

（5）机具要求。一般机具为凿形铲式，密植作物地区可采用带翼形铲的深松机。

第五节　旱地小麦主要病虫害的综合防治

河南旱地小麦病虫害的发生规律和主要防治技术与平原水浇地基本相同。总体来看,由于旱地小麦多数年份的群体偏小,通风透光较好,加之大气和土壤湿度较小,病虫发生程度一般较水浇地轻些,其防治技术和药物也大致相同,因而本书不再对小麦病虫害一一加以叙述,仅就对小麦不同生产时段的主要病虫危害及防治技术予以概述。

一、播种前地下虫防治

(一)对小麦危害的主要地下虫

河南省严重危害麦田的地下虫主要是蛴螬、蝼蛄、金针虫三类,而且金针虫、蝼蛄有上升趋势。

蛴螬主要危害小麦幼苗分蘖节基部,咬成比较整齐的断茬,使地上部枯死,造成缺苗断垄。拔节后可大量取食根系,有的蛴螬在小麦抽穗后还可危害须根,导致白穗或死株。

蝼蛄的成虫和若虫均能危害刚播种的种子、种芽和幼苗,春季危害小麦分蘖的根部和茎基部,它还能在大田中钻行,造成缺苗断垄,对小麦生产有严重危害。

金针虫在冬前危害小麦幼苗,造成缺苗断垄,春季危害造成小麦死株。

(二)综合防治措施

(1)土壤处理。用40%甲基异柳磷(或50%辛硫磷)乳油200 mL,兑水5 kg,掺细土20 kg撒施地面翻耕入土。也可以用3%甲基异柳磷或辛硫磷颗粒剂3 kg,掺细土30 kg撒施,这次土壤处理可以同时防治吸浆虫。

在燕麦严重的地块,可用40%燕麦畏乳油200 mL兑水30～40 kg喷洒地面翻耕入土。

(2)采用包衣种子。选用信誉好的大公司的包衣种子,可有效防治地下害虫。如15%保丰收1号种衣剂所包种子,可以同时防治蛴螬、金针虫、蝼蛄、地老虎、麦根蝽等多种虫害。

(3)药剂拌种。小麦拌种剂的种类很多,如2.5%适乐时种衣剂按种子量的0.2%拌种;25%辛硫磷微胶囊缓释剂、50%辛硫磷,按种子量的0.15%～0.2%加水50倍拌种闷种5 h以上。其他拌种农药要按照说明书使用。

(4)毒谷、毒饵防治。用50%辛硫磷乳剂3～8 mL,加水50～100 mL,与炒熟的谷子混拌均匀与麦种混合播种。春季可用50%敌百虫2～3 mL加水与麦麸2～3 kg混合撒于麦行间。

二、返青—拔节期病虫害防治

(一)病虫危害

此期主要的病害是纹枯病,近几年有些地方的全蚀病也开始发展。虫害以红蜘蛛为主,有时蚜虫也会发生,而且传播黄矮病。防治要早,治病虫要混合用药。

小麦纹枯病又名立枯病,是一种重要的真菌土传病害。小麦发芽后即可感病。小麦返青至拔节期,随着气温升高,病菌危害加剧,感病植株茎基部呈现椭圆状病斑,腐蚀叶鞘和茎秆,造成主茎和大分蘖不能抽穗或形成白穗。纹枯病在河南省有日益加重的趋势,应当引起高度关注。

小麦红蜘蛛,又叫小麦害螨,主要危害小麦的叶、茎和叶鞘,严重时麦叶枯黄,甚至整片小麦植株死亡。红蜘蛛喜温暖干燥气候,在春季气温达到 15～20 ℃,相对湿度在 50%以下,蜘蛛危害最重,因此在丘陵旱地春季最易发生红蜘蛛危害。

小麦蚜虫(麦二叉蚜)在返青拔节期危害加重,特别在干旱瘠薄地块危害严重。

(二)综合防治措施

以上纹枯病、红蜘蛛和蚜虫都在小麦返青—拔节期开始危害加重,因此此期是防治病虫的关键时期。

对纹枯病和两种虫害春季防治宜早不宜迟,要在纹枯病发病初期及时喷药,可以起到事半功倍的效果。应当在 2 月底至 3 月 10 日及时喷药。常用药物有:15% 粉锈宁粉剂 100 g(或 20% 粉锈宁乳油 50～100 g),或 20% 井岗霉素 50～100 g＋40% 氧化乐果 50～100 mL 兑水 50 kg/亩,病害严重时要隔 7 d 再喷一次。

三、抽穗扬花期病虫害防治

小麦抽穗扬花期是多种病虫发生危害的重要生育期,也是防治的关键时期。此期的主要病害是条锈病、白粉病和赤霉病,主要害虫是蚜虫和吸浆虫,少数年份黏虫也能大面积发生。

(一)几种病虫对小麦的危害

(1)条锈病:俗称黄疸病。主要危害小麦的叶片和叶鞘,有时也危害穗部。小麦被条锈菌侵染后,逐渐形成鲜黄色粉疱,即发病的夏孢子堆,在叶片上排行成列,与叶脉平行。幼苗期也可被浸染。发病的最适温度 9～13 ℃,最高 21 ℃。小麦锈病具有暴发流行的特点。目前我国的条锈病优势小麦种为条中 33 号和条中 32 号。

(2)白粉病:白粉病由真菌中的禾布氏白粉菌引起。叶片受病菌侵染后开始产生黄色小点,后扩大成圆形或长圆形病斑,上生白粉状霉层(病菌分生孢子),病斑可连片,导致叶片变黄枯死。空气湿度高有利于发病。目前是河南省小麦的重要病害之一。

(3)赤霉病:由镰孢属真菌若干种引起。小麦各生育期都可被赤霉病菌感染,可引起苗腐、秆腐和穗腐,而以穗腐发生最普遍,为害最重。穗腐是病菌在小麦抽穗扬花期侵入,在灌浆到乳期显症。初期在小穗颖壳上出现水渍状淡褐色斑点,逐渐扩大到整个小穗,再蔓延到邻近小穗,在小穗基部或颖片合缝处产生粉红色霉层。病菌侵染穗颈或穗轴时,侵染点变为褐色,以上穗部枯死形成白穗。赤霉病喜欢潮湿天气,在小麦抽穗扬花期如遇 3 d以上阴雨,即可造成赤霉病大流行。小麦赤霉病过去属于长江流域麦区病害,在河南省信阳地区较重。但由于气候变化,近年在全省广泛传播,由过去“偶发性”病害变为“常发性”病害,对河南省小麦生产已造成较大危害,必须高度重视。

(4)蚜虫:危害小麦的蚜虫主要有二叉蚜、麦长管蚜、禾缢管蚜等。长管蚜和二叉蚜在麦田与杂草上寄生,一般一年繁殖 10～20 代。三种蚜虫可分别在分蘖期开始危害,并传播黄矮病。3 月份后随气温升高麦蚜大量发生,4 月中旬至 5 月,正值小麦抽穗灌浆,蚜虫集中危害穗部。影响麦蚜发生的重要条件是气候变化，一般气温 13 ~ 25 ℃，相对湿度 35% ~ 75%，适宜蚜虫活动。早播的丘陵旱地，如果冬季不冷，春季干旱，往往造成管蚜大发生。由于三种蚜虫世代交替，抽穗至成熟麦蚜可连续发生，因此穗期要连续防治才能收到良好效果。

（5）吸浆虫：河南省的吸浆虫有两种，即红吸浆虫和黄吸浆虫，在洛阳地区伊洛河流域、伏牛山的卢氏、栾川、嵩县等地为害较重。吸浆虫一年一代，在土壤中越冬，返青起身期幼虫由茧内爬出上升到土表，蛹期一般 8 ~ 10 d，至抽穗扬花期即羽化为成虫。成虫在尚未扬花的穗上产卵，孵化后的幼虫爬到嫩麦粒表皮上，用口刺吸内部的浆液，使麦粒空秕。因此，吸浆虫在小麦抽穗扬花期是防治幼虫危害的重要时期，如果前期未进行药剂土壤处理，拔节期未进行撒药，则必须抓好抽穗期防治。

（二）三病两虫综合防治

综合防治的关键是适时用药，一般要在抽穗期至扬花 30% 的几天内及时喷药，选用对三病两虫都有较好防效的药物混合喷洒。目前农药种类很多，而且药物种类也不断变化，可根据当地市场供应选择药物，但一定要保证农药质量，避免假药。常用配方为：20% 粉锈宁乳剂 80 mL（或 15% 粉锈宁粉剂 100 g）+ 50% 多菌灵 80 mL + 100% 吡虫啉 10 ~ 15 g（或 40% 氧化乐果 50 ~ 100 mL），混合兑水 50 kg 喷洒。病虫发生较重年份可以隔 7 d 左右再喷一次。对蚜虫危害较重的田块，要经常查看，及时用药。

此期防治病虫的关键是把握时机，适时用药，一定不能错过时期，方能起到事半功倍的效果。

第六节　抗（耐）旱主要小麦品种简介

选用对路的小麦品种是最经济有效的优质高产措施，在生产上应根据本地区的气候、土壤、地力、种植制度、产量水平和病虫害情况等，选择好栽培品种。根据豫西地区生态、生产条件和产量水平，小麦生产上宜选用抗旱性和抗寒性好、抗灾能力强、稳产性好的半冬性品种。目前适合旱肥地推广的小麦品种主要有洛旱 3 号、洛旱 6 号、洛旱 7 号、洛旱 8 号、偃佃 9433、漯优 7 号、济麦 6 号；适合旱薄地推广的小麦品种主要有洛旱 9 号、洛旱 13、晋麦 47 等。以下简单介绍品种的特征特性及主要栽培技术要点。

一、洛旱 3 号（洛 9505）

选育单位：洛阳市农业科学研究所。

审定编号：豫审麦 2004003。

品种权号：CNA20040.28.1。

品种来源：（豫麦 2 号 × 豫麦 18）F1/豫麦 48 号。

特征特性：半冬性中熟旱地品种。幼苗半直立，长势较壮，分蘖力中等，大分蘖多，成穗率较高；株型紧凑，旗叶上冲，夹角小，株高 80 cm 左右，茎秆粗壮，抗倒性好；穗小，长方形，小穗排列紧密，穗层不整齐，结实性好，短芒、白壳、白粒、半角质，黑胚率低；亩成穗数 40 万左右，穗粒数 30 ~ 38 粒，千粒重 38 ~ 42 g。

抗性鉴定：高抗叶锈病，中抗条锈病和叶枯病，中感白粉病和纹枯病。抗旱指数0.919 7，抗旱级别2~3级，抗旱性中等。

品质分析：容重795 g/L，蛋白质16.31%，湿面筋36.8%，沉降值34.5 mL，形成时间2.8 min，稳定时间2.8 min 。

产量表现：2001~2002年度参加河南省旱地小麦区试，9点汇总，平均亩产286.37 kg，比对照豫麦2号增产6.7%，达极显著水平，居10个参试品种第1位；2002~2003年继试，10点汇总，平均亩产342.5 kg，比对照豫麦2号增产4.6%，达极显著水平，居10个参试品种第2位。2003~2004年度参加河南省旱地小麦生试，6点汇总，平均亩产320.4 kg，比对照豫麦2号增产10.6%，居5个参试品种第1位。

二、洛旱6号

选育单位：洛阳市农业科学研究所。

审定编号：国审麦2006020，豫审麦2006024。

品种权号：CNA20040329.X。

品种来源：豫麦49×山农45。

主要特征：洛旱6号属半冬性大穗型中熟品种，全生育期219 d，与对照品种洛旱2号熟期相同。幼苗半直立、苗长势壮，抗旱性较强，起身拔节快，抽穗早，分蘖力中等，大分蘖多，成穗率较高，株型半紧凑，有蜡质，色深绿，旗叶宽大上举，茎秆粗壮，弹性好，株高85 cm左右，抗倒伏；穗层整齐，穗长方形，大穗大粒，成熟落黄好，长芒，白壳，白粒，椭圆形，腹沟浅，容重817 g/L，角质，千粒重高，成产三因素为：亩穗数33万~35万，穗粒数34~36粒，千粒重45~48 g。护颖白色，无茸毛，椭圆形，肩斜嘴锐，脊部明显。

主要特性：

(1)高产稳产、适应性广。从2002年以来先后参加了河南省、国家黄淮旱地小麦区试、生产试验，连续3年每个类别的区试、生试中产量表现获得了5个第一的好成绩。参加各级试验以来，丰产性突出，从预试、区试到生产试验，4年来65个点次区试中，增产点次达59个，增产率达91%。

(2)抗旱性较好。经国家指定的小麦抗旱性鉴定单位洛阳市农科所，采用国家小麦抗旱性鉴定标准进行鉴定结果，洛旱6号的抗旱指数0.914 3~1.097 4，抗旱级别3级，抗旱性中等，抗旱性和对照种豫麦2号相当。

(3)综合抗性好。2004~2005年度黄淮旱地区试抗病性鉴定结果：中抗白粉病，慢条锈病，中感至高感叶锈病和秆锈病，中感黄矮病。2005~2006年度经河南省农科院植保所对洛旱6号进行抗病性鉴定结果为：高抗条锈、中抗纹枯病、中抗白粉、中感叶锈和叶枯。综合抗性较好。

(4)品质优良。2004~2005年度国家黄淮旱地区试品质分析：容重805 g/L，蛋白质含量13.99%，湿面筋含量31.4%，沉降值26.8 mL，吸水率61.1%，形成时间2.4 min，稳定时间1.8 min，最大抗延阻力(E.U.)142，拉伸面积34 cm^2。2004年河南省区试抽样品质化验结果：容重808 g/L，粗蛋白质含量(干基)12.82%，湿面筋含量27.5%，沉降值23.6 mL，吸水率59.2%，形成时间2.4 min，稳定时间1.9 min，属优质中筋小麦。

适宜地区:黄淮旱作麦区的中原旱肥地、丘陵旱薄地种植。

三、洛旱7号

选育单位:洛阳市农业科学研究院。

审定编号:国审麦2007018,豫审麦2007010。

品种权号:CNA20060421.X。

品种来源:豫麦41号/山农45。

特征特性:半冬性,中熟品种,幼苗半匍匐,分蘖力中等,成穗率较高。株高85 cm左右,株型半松散,茎秆粗壮、蜡质,叶色浓绿,穗层整齐,穗码较密。穗长方形,长芒,白壳,白粒,半角质,饱满度较好,黑胚率2%。平均亩穗数32.8万穗,穗粒数31.0粒,千粒重44.7 g。抗倒性较好。熟相好。

抗旱性鉴定:抗旱性中等。

抗病性鉴定:抗秆锈病、叶锈病,高感条锈病、白粉病、黄矮病。2006年、2007年分别测定混合样:容重764 g/L、772 g/L,蛋白质(干基)含量13.54%、15.03%,湿面筋含量29.1%、32.8%,沉降值20.7 mL、23.1 mL,吸水率57.6%、59.4%,稳定时间1.3 min、1.4 min,最大抗延阻力90E.U.、88E.U.,延伸性11.3 cm、11.8 cm,拉伸面积15 cm^2、14 cm^2。

产量表现:2005~2006年度参加黄淮冬麦区旱肥组品种区域试验,平均亩产401.3 kg,比对照洛旱2号增产5.3%;2006~2007年度续试,平均亩产391.1 kg,比对照洛旱2号增产11.3%。2006~2007年度生产试验,平均亩产386.7 kg,比对照洛旱2号增产9.2%。

适宜地区:黄淮冬麦区的山西、陕西、河北、河南、山东旱肥地种植。

四、洛旱8号

选育单位:洛阳市农业科学院。

审定编号:豫审麦2008013。

品种权号:CNA20060422.8。

品种来源:温麦6号/豫麦48。

特征特性:属半冬性多穗型中熟品种,全生育期223 d。幼苗半直立,长势壮,苗脚利落,分蘖成穗率高,抗寒性一般,返青起身早,两级分化快;株高76 cm,秆低粗壮,抗倒性好;株型较紧凑,旗叶略披,穗层整齐,成熟早,落黄好;长方形穗,穗偏小,穗码较密,长芒;白粒、偏粉质、饱满度好。亩成穗数36.3万,穗粒数33.7粒,千粒重36.5 g。

2007~2008年度全生育期抗旱性鉴定:抗旱指数1.127 7,抗旱级别2级,抗旱性较好。

2007年经河南省农科院植保所抗病性鉴定:中抗叶枯病中感白粉、条锈、叶锈、纹枯病。

品质分析:2006年经农业部农产品质量监督检验测试中心(郑州)测试,容重774 g/L,粗蛋白质含量15.16%,湿面筋含量34.7%,降落值365 s,吸水量53.8 mL/100 g,形成时间3.7 min,稳定时间4.4 min,沉淀值72.2 mL。

产量表现:2005~2006年度参加省旱地组区试,平均亩产352.96 kg,比对照洛旱2号增产5.32%,不显著;2006~2007年度省旱地组区试,平均亩产350.71 kg,比对照洛旱2号增产6.59%,不显著。2007~2008年度参加省旱地组生试,平均亩产366.0 kg,比对照洛旱2号增产10.6%。

适宜地区:河南省丘陵旱地早中茬地种植。

五、漯优7号

选育单位:漯河市农科院。

审定编号:豫审麦2007011。

品种来源:豫同843/周麦9号//豫麦2号/千斤早。

特征特性:属半冬性大穗型中熟品系,生育期228 d,与对照洛旱2号熟期相同。幼苗半直立,苗势壮,苗脚利落,抗寒性一般,返青起身快,分蘖力强,成穗数中等;株高83 cm,株型较紧凑,茎秆粗壮,抗倒性好;旗叶短上举,穗层整齐,成熟落黄好;长方形穗,长芒、白粒,半角质,千粒重高,商品性好。成产三要素为:亩穗数37.6万,穗粒数39.2粒,千粒重38.8 g。

抗性鉴定:2006年经河南省农科院植保所抗病性鉴定:对条锈病高抗,对叶锈病、叶枯病中抗,对白粉病高感,对纹枯病中感。

品质分析:2005年农业部农产品质量监督检验测试中心(郑州)分析:容重796 g/L,粗蛋白质含量14.31%,湿面筋含量29.2%,降落值358 s,吸水率56%,形成时间2.2 min,稳定时间1.6 min,弱化度142,沉淀值65.2 mL。

2006年全生育期抗旱性鉴定:抗旱指数0.914 3,抗旱级别3级,抗旱性中等。

产量表现:2003~2004年度河南省小麦品种旱地组区试,10点汇总,8点增产,2点减产,平均亩产380.7 kg,比对照品种豫麦2号增产5.7%,达显著水平,居10个参试品种第2位;2004~2005年度河南省小麦品种旱地区试,10点汇总,8点增产,2点减产,平均亩产350.6 kg,比对照品种洛旱2号增产5.8%,不显著,居10个参试品种的第3位。2005~2006年度河南省小麦品种旱地区试,8点汇总,6点增产,2点减产,平均亩产360.1 kg,比对照品种洛旱2号增产7.5%,达显著水平,居12个参试品种的第2位。

2006~2007年度参加河南省小麦品种旱地组生产试验,7点汇总,7点增产,平均亩产380.2 kg,比对照洛旱2号增产6.5%,居4个参试品种第2位。

适宜地区:河南省京广线以西丘陵及旱地麦区种植。

六、济麦6号

审定编号:豫审麦2008014。

选育单位:济源市农业科学院。

品种来源:百农64/豫麦21。

特征特性:属半冬性中熟品种,全生育期228 d,与对照品种洛旱2号熟期相同。幼苗半匍匐,长势壮,苗脚利落,抗寒性一般;返青起身早,两极分化快,分蘖成穗率高;株高76 cm,茎秆细、弹性好,较抗倒伏;株型半紧凑,旗叶较短、平展,成熟略晚,落黄好;纺锤形穗,穗层整齐,短芒、小粒、半角质,较饱满。亩成穗数36.3万,穗粒数33.7粒,千粒重

36.5 g。

2007~2008年度全生育期抗旱性鉴定:抗旱指数1.033 9,抗旱级别3级,抗旱性中等。

2007年经河南省农科院植保所抗病性鉴定:中抗条锈、叶锈、叶枯病,中感纹枯、白粉病。

品质分析:2007年经农业部农产品质量监督检验测试中心(郑州)测试:容重790 g/L,粗蛋白质含量15.08%,湿面筋含量33.3%,降落值387 s,吸水量58.4 mL/100 g,形成时间3.5 min,稳定时间3.8 min,沉淀值67.0 mL。

产量表现:2005~2006年度参加省旱地组区试,平均亩产351.77 kg,比对照洛旱2号增产4.97%,不显著;2006~2007年度省旱地组区试,平均亩产348.82 kg,比对照洛旱2号增产6.02%,不显著。

2007~2008年度参加省旱地组生试,平均亩产356.3 kg,比对照洛旱2号增产7.6%。

适宜地区:河南省丘陵旱地早中茬地种植。

七、偃佃9433

选育单位:偃师市偃庄镇农技站。

审定编号:豫审麦2006025。

品种来源:周麦9号/豫麦18。

特征特性:半冬性大穗型中熟品种。幼苗匍匐,叶色深绿,抗寒性强,耐高温,抗旱,分蘖力强,成穗率高。起身拔节快,抽穗扬花早。株高70 cm左右,根系活力强,成熟落黄好。白粒,子粒细长,有光泽,半角质,黑胚率低,商品性好。产量三要素协调,亩穗数35万~38万,穗粒数35粒左右,千粒重42 g左右。

产量表现2004~2005年参加河南省小麦品种旱地组区域试验,平均亩产480 kg,高产可达600 kg。

抗性鉴定: 高抗叶锈病,中抗条锈病、纹枯病、叶枯病,中感白粉病。

八、洛旱9号

选育单位:洛阳市农业科学研究院。

审定编号:国审麦2009022。

品种名称:洛旱9号。

品种来源:豫麦49/山农45。

特征特性:弱冬性,中晚熟,成熟期比对照晋麦47晚熟2 d。幼苗半匍匐,分蘖力较强,成穗率一般。株高78 cm左右,株型较松散,旗叶上举,叶长叶宽。穗层整齐,穗大、粒大,结实性好。穗长方形,长芒,白壳,白粒,籽粒半角质、饱满度较好。两年区试平均亩穗数30.6万,穗粒数25.6粒,千粒重43.8 g。

抗旱性鉴定,抗旱性3级,抗旱性中等。抗倒性较好。落黄好。

接种抗病性鉴定:高感条锈病、叶锈病、白粉病,感黄矮病。

2007年、2008年分别测定品质(混合样):籽粒容重775 g/L、781 g/L,硬度指数61.0(2008年),蛋白质含量16.39%、14.31%,湿面筋含量35.7%、30.9%,沉降值24.7 mL、

20.7 mL,吸水率59.4%、58.6%,稳定时间1.4 min、1.2 min,最大抗延阻力114 E.U.、78 E.U.,延伸性14.2 cm、10.8 cm,拉伸面积23 cm^2、12 cm^2。

产量表现：2006～2007年度参加黄淮冬麦区旱薄组品种区域试验,平均亩产268.7 kg,比对照晋麦47号增产5.6%;2007～2008年度续试,平均亩产300.8 kg,比对照晋麦47号增产6.3%。2008～2009年度生产试验,平均亩产272.0 kg,比对照晋麦47号增产3.7%。

九、洛旱13

选育单位:洛阳市农业科学研究院。

审定编号:国审麦2009023。

品种名称:洛旱13 品种来源:洛旱2号/晋麦47。

特征特性:半冬性,中熟,成熟期与对照晋麦47相当。幼苗半匍匐,分蘖力强,成穗率一般。株高75 cm左右,株型紧凑,叶色浅绿,叶片较小。穗层整齐,结实性好。穗长方形,长芒,白壳,白粒,籽粒角质,饱满度较好。两年区试平均亩穗数30.1万,穗粒数28.2粒,千粒重42.4 g。

抗旱性鉴定:抗旱性中等。冬季抗寒性好。抗倒性较好。落黄好。

接种抗病性鉴定：高感条锈病、叶锈病、白粉病,感黄矮病。

2008年、2009年分别测定品质(混合样):籽粒容重804、790 g/L,硬度指数66.0、65.5,蛋白质含量12.92%、13.01%;面粉湿面筋含量30.3%、30.4%,沉降值29.6、28.0 mL,吸水率62.3%、62.0%,稳定时间1.6、1.6 min,最大抗延阻力166 E.U.、124 E.U.,延伸性17.2、16.6 cm,拉伸面积42、30 cm^2。

产量表现:2007～2008年度参加黄淮冬麦区旱薄组品种区域试验,平均亩产307.9 kg,比对照晋麦47号增产8.8%;2008～2009年度续试,平均亩产246.0 kg,比对照晋麦47号增产2.9%。2008～2009年度生产试验,平均亩产278.5 kg,比对照晋麦47号增产6.1%。

十、晋麦47

选育单位:山西省农业科学院棉花研究所。

品种审定编号:国审麦980001。

品种来源:12057/(旱522/K37-30)。

特征特性:弱冬性,幼苗半匍匐,长势稳健,分蘖力较强,成穗率较高,株高85～90 cm,叶片上倾,株型紧凑,穗层整齐,穗长方形,长芒,白壳,白粒,穗粒数28～35粒,千粒重42～45 g。中早熟品种,抗旱耐冻性较好,灌浆速度快,落黄好,熟相好,抗干热风能力强,抗倒伏能力较好,中感条、叶锈病。籽粒粗蛋白含量14.29%,湿面筋30%。1993、1994年参加北方冬麦区黄淮旱地区试,平均亩产281.7 kg,比对照品种增产9.5%。

参考文献

[1] 河南省农业科学院. 河南小麦栽培学[M]. 郑州:河南科学技术出版社,1998.
[2] 王绍中,郑天存,郭天财,等. 河南小麦育种栽培研究进展[M]. 北京:中国农业科学技术出版社, 2007.
[3] 李友军,付国占,张灿军,等. 保护性耕作理论与技术[M]. 北京:中国农业出版社,2008.
[4] 李友军,段变芳,牛惠民,等. 旱地小麦干旱寄种技术研究[J]. 麦类作物,1997,11(1).
[5] 李友军. 旱地小麦根系生育与调控效应的研究[J]. 干旱地区农业研究,1997,15(3).
[6] 李友军,段变芳,闫兴斌,等. 旱地小麦抗旱播种方式研究[J]. 干旱地区农业研究,1997,15(1).
[7] 李友军,谷登斌,韩如岩,等. 晚播小麦高产栽培途径与技术研究[J]. 麦类作物,1997,17(5).
[8] 李友军,付国占,史国安,等. 小麦高产栽培途径研究[J]. 麦类作物,1997,17(4).
[9] 李友军,郭秀璞,史国安,等. 小麦抗旱鉴定指标的筛选研究[J]. 沈阳农业大学学报,1999,30(6).
[10] 李友军,黄明,吴金芝,等. 不同耕作方式对豫西旱区坡耕地水肥利用与流失的影响[J]. 水土保持学报,2006,20(2).
[11] 陈明灿,孔祥生,苗艳芳,等. 钾对旱地小麦生育及籽粒灌浆的影响[J]. 干旱地区农业研究, 2000,18(3).
[12] 陈明灿,李友军,熊英,等. 豫西旱地小麦不同种植方式增产效应分析[J]. 干旱地区农业研究,2006,24(1).
[13] 王化岑,刘万代,李巧玲,等. 从豫西旱地生态条件谈旱作小麦增产技术[J]. 中国农学通报,2004,20(6).
[14] 王晨阳,毛凤梧, 周继泽,等. 不同土壤水分含量对小麦籽粒灌浆的影响[J]. 河南职业技术师范学院学报,1992,20(4).
[15] 王晨阳,马元喜. 不同土壤水分条件下小麦根系生态生理效应的研究[J]. 华北农学报,1992,7(4).
[16] 吴少辉,高海涛,王书子,等. 干旱对冬小麦粒重形成的影响及灌浆特性分析[J]. 干旱地区农业研究,2002,20(2).
[17] 周苏玫,马元喜,王晨阳,等. 干旱胁迫对冬小麦根系生长及营养代谢的影响[J]. 华北农学报,2000,15(2).
[18] 王晨阳,付雪丽,郭天财,等. 花后干旱胁迫对两种筋力型小麦品种旗叶光合特性的影响[J]. 麦类作物学报,2006,26(6).
[19] 王晨阳,马元喜,周苏玫,等. 土壤干旱胁迫对冬小麦衰老的影响[J]. 河南农业大学学报,1996,30(4).
[20] 王晨阳. 土壤水分胁迫对小麦形态及生理影响的研究[J]. 河南农业大学学报,1992,26(1).
[21] 张希彪. 陇东黄土高原土地资源特点与可持续利用对策[J]. 中国农业资源与区划,2004,25(4).
[22] 张希彪,上官周平. 黄土高原粮食生产潜势及可持续发展途径探讨[J]. 干旱地区农业研究,2002,20(1).
[23] 赵朝阳,杨洁莉. 关中小麦生产的现状与可持续发展前景[J]. 陕西农业科学,2008,(4).
[24] 冯起,徐中民,程国栋. 中国旱地的特点和旱作农业研究进展[J]. 世界科技研究与发展,1999,21(2).
[25] 袁宝玉,李友军,付国占,等. 旱地小麦“135”高产栽培技术[J]. 麦类作物,1998,18(9).
[26] 彭珂珊. 西北地区生态环境恶化致灾与改良对策[J]. 自然灾害学报,1995,2(4).

[27] 杨建设. 我国北方旱区农业发展的成就与展望[J]. 干旱地区农业研究, 1990,15(4).
[28] 娄成后,王天铎. 主要农作物高产高效抗逆的生理基础研究[J]. 生命科学,1993,5(5).
[29] 王绍中,田云峰,郭天财,等. 河南小麦栽培学(新编)[M]. 北京:中国农业科技出版社,2010.
[30] 张灿军. 小麦抗旱性的鉴定方法与指标[M]//中国小麦育种与产业化进展. 北京:中国农业出版社,2002.
[31] 雒魁虎. 河南省旱地小麦高产理论与技术[M]. 北京:中国农业科技出版社,1999.
[32] 裴腊梅,等. 旱地小麦[M]. 成都:四川科学技术出版社,2000.
[33] 科技部农村中心. 节水农业在中国[M]. 北京:中国农业科技出版社,2006.
[34] 赵聚宝,李克煌. 干旱与农业[M]. 北京:中国农业出版社,1995.
[35] 许越先. 节水农业研究[M]. 北京:科学出版社,1992.
[36] 河南省土壤普查办公室. 河南土壤[M]. 北京:中国农业出版社,2004.
[37] 武继承,王志和,等. 河南省旱作节水农业建设的技术途径[M]. 郑州:黄河水利出版社,2006.
[38] 李建民,周殿玺,王璞,等. 冬小麦水肥高效利用栽培技术原理[M]. 北京:中国农业大学出版社,2000.
[39] 李友军,付国战,张灿军,等. 保护性耕作理论与技术[M]. 北京:中国农业出版社,2008.
[40] 曹广才. 华北小麦[M]. 北京:中国农业出版社,2001.
[41] 曹广才,魏湜,等. 北方旱田禾本科主要作物节水种植[M]. 北京:气象出版社,2006.
[42] 陈秀敏,等. 河北小麦[M]. 北京:中国农业科技出版社,2008.
[43] 邹琦. 作物抗旱生理生态研究[M]. 济南:山东科技出版社,1994.
[44] 张翔,等. 河南植烟土壤与烤烟营养[M]. 郑州:中国农业科技出版社,2009.
[45] 河南省气象局. 河南省单项农业气候分析和区划成果选编[G]. 1982,4.
[46] 时子明,等. 河南自然条件与自然资源[M]. 郑州:河南科学技术出版社,1983.
[47] 仝石琳,司锡明,冯兴祥,等. 河南省综合自然区划[M]. 郑州:河南科技出版社,1985.
[48] 王绍中,李春喜,茹天祥,等. 丘陵红黏土旱地冬小麦根系生长规律的研究[J]. 植物生态学报,1997,21(2).
[49] 苗果园,等,黄土高原旱地冬小麦根系生长规律的研究[J]. 作物学报,1989,15(2).
[50] 吕军杰,等. 坡耕旱地土壤养分分布规律初探[J]. 河南农业科学,2002,6.
[51] 阎灵玲,朱建明,等. 丘陵旱地抗旱播种技术[J]. 河南农业科学,2001,9.
[52] 张玉芳. 小麦地膜覆盖栽培技术[J]. 河南农业科学,2001,9.
[53] 武继承,等. 试论河南省旱地节水农业发展的有效途径[J]. 河南农业科学,2006,1.
[54] 康玲玲,魏义长,等. 黄土高原水土保持世行贷款项目实施后土壤肥力的变化[J]. 河南农业科学,2004,1.
[55] 河南省农科院土肥研究所. 河南省旱作农业分区及其战略研究[R]. 1987,12.
[56] 许为钢,曹广才,魏湜,等. 中国专用小麦育种与栽培[M]. 北京:中国农业出版社,2006.
[57] 张德奇. 宁南旱区谷子地膜覆盖与化学制剂效应研究[D]. 西北农林科技大学硕士论文,2005,6.
[58] 河南省农业区划办公室. 河南省县级综合农业区划简编[M]. 郑州:中原农民出版社,1989.
[59] 农业部小麦专家指导组. 现代小麦生产技术[M]. 北京:中国农业出版社,2007.
[60] 西北农业大学. 旱农学[M]. 北京:农业出版社,1991.

[61] 马耀光,张保军,罗志成,等. 旱作农业节水技术[M]. 北京:化学工业出版社,2004.

[62] 李玉中,程延年,安顺清. 北方地区干旱规律及抗旱综合技术[M]. 北京:中国农业科学技术出版社,2003.

[63] 张洁,吕军杰,王育红,等. 豫西旱地不同覆盖方式对冬小麦生长发育的影响[J]. 干旱地区农业研究. 2008,26(2).

[64] 王育红,姚宇卿,吕军杰. 豫西旱地冬小麦农田耗水特征及调控措施的研究[J]. 中国农学通报 2001,17(5).

[65] 李忠民,高九思,张云峰. 豫西丘陵旱地小麦优化栽培模型研究[J]. 信阳师范学院学报,1999,12(4).